哈尔滨工业大学（深圳）教改经费资助出版

高等分析化学

张嘉恒　张　玲　主编

科学出版社
北　京

内 容 简 介

本书详细阐述了现代前沿的分析检测方法、材料结构分析技术以及样品的前处理技术。本书共五部分。第一部分为绪论，主要介绍高等分析化学的方法和应用以及发展趋势。第二部分为天然药物的现代前处理技术，包括溶剂提取、水蒸气蒸馏、超临界流体萃取、沉淀、结晶和膜分离等。第三部分为分子或离子的快速、灵敏、便捷的检测方法和细胞成像技术，包括现代比色分析、荧光分析、电化学发光分析和微型电化学传感器。第四部分为分子和二维材料的扫描探针显微镜结构表征技术，包括原子力显微镜技术、扫描隧道显微镜技术和扫描电化学显微镜技术。第五部分为纳米材料的结构和成分分析技术，包括扫描电子显微镜技术、透射电子显微镜技术、X射线电子衍射技术和X射线光电子能谱技术。

本书可作为高等院校分析化学、应用化学、材料化学、医学成像等专业的研究生和高年级本科生教材，也可供分析测试工作者参考。

图书在版编目（CIP）数据

高等分析化学 / 张嘉恒，张玲主编. —北京：科学出版社，2020.12
ISBN 978-7-03-066998-8

Ⅰ.①高…　Ⅱ.①张…　②张…　Ⅲ.①分析化学-高等学校-教材
Ⅳ.①O65

中国版本图书馆 CIP 数据核字（2020）第 231533 号

责任编辑：杨新改 / 责任校对：杜子昂
责任印制：吴兆东 / 封面设计：东方人华

科学出版社出版
北京东黄城根北街16号
邮政编码：100717
http://www.sciencep.com
北京九州迅驰传媒文化有限公司 印刷
科学出版社发行　各地新华书店经销
*
2020年12月第 一 版　开本：720×1000　B5
2021年 8 月第二次印刷　印张：12 1/2
字数：220 000
定价：88.00元
（如有印装质量问题，我社负责调换）

序

分析化学是科学技术的“眼睛”，是认识和探索微观物质世界的一门科学。随着电子、生物、材料和信息技术等行业的不断发展以及人们对快速、灵敏、准确和便携的分析检测技术需求的不断提高，分析化学学科已不再只包含化学滴定分析和大型的仪器分析检测技术。现代的分析科学装置已逐渐人工智能化和微型化，检测技术水平已达到单分子级和单细胞级。科研工作者利用人工模拟酶的催化作用、抗原与抗体的特异性识别作用、金属离子与核酸分子的特异性结合作用、纳米材料表面位点的选择作用，开发了一系列小分子、离子、核酸、蛋白质的新型比色、荧光和电化学发光分析方法。这些分析方法和所使用的仪器具有快速、灵敏、低成本和操作简单的优点，是现代医学中疾病诊断、食品工业中的成分分析、环境中有害物质检测、军事领域中炸药分子检测的主要技术，属于高等分析化学的范畴。

对于进一步从事分析化学研究的学生，一本汇集现代分析检测方法和技术的教材具有重要的价值。本书作者在分析化学领域的前辈著作的基础上，进一步阐述了现代分析化学领域的研究方法和原理。本书结构清晰、内容完善，结合了两位作者在分析科学、分离科学和材料科学学领域的研究思想和学术成果，阐述了现代药物的分离与提取方法，药物分子、有机分子、生物分子、碱金属离子、重金属离子的常用的现代检测分析方法，新兴的生物分子探针表征技术和纳米材料的结构与成分分析，可作为高等院校分析化学专业研究生和高年级本科生的教材。

本书体现了以下突出的特点：

实用性强。本书首先从原理出发，有助于读者理解和掌握各种分析方法。内容包含比色分析方法、荧光分析方法、电化学发光分析方法这三类常用的方法在小分子、核酸、抗原抗体、重金属离子的灵敏、快速、低成本的检测方面的原理与应用；分析科学中常用的样品提取与分离技术和材料科学中常用的结构表征技术。能够满足刚刚踏入分析化学等领域的科研工作者对于现代分析方法和技术的了解与掌握的需求。

内容新颖。本书介绍了20世纪80年代兴起的扫描探针显微镜技术，即分子结构的原子级别的可视化表征技术，包括DNA、蛋白质、氨基酸、药物分子的二维结构可视化表征，具有新颖性，能够弥补国内这一表征技术方面的书籍出版的空白。

具有前瞻性。本书详细介绍高水平化学和材料期刊中的分析检测和纳米材料合成的研究成果，可帮助读者理解前瞻性科学研究内容和方向，具有指导作用。

本书图文并茂，条理清晰，内容简单易懂、剖析深入。本书作者具有较高的学术水平，已在国际顶级期刊和重要期刊上撰写和发表多篇科研研究论文，科研成果丰富、写作功底扎实，且致力于一线科研教学工作。本书结合了最近十年分析化学领域的科研成果，内容丰富、详细、新颖，具有较高的学术价值和社会应用性。

张玉奎

中国科学院院士

2020年10月

前　言

分析化学学科在化工生产、食品加工、环境健康、军事安全领域中起着举足轻重的作用。本书详细阐述了工厂和实验室中常用的现代前沿的分析检测方法，包括分子或离子的快速检测、分子和纳米材料的结构分析技术以及样品的前处理方法。

现代分析方法具有实时、便捷和快速的优点，能够满足社会发展需要。本书主要介绍了现代比色分析法、现代荧光分析法、现代电化学发光分析法、现代电化学传感器在分子或离子的快速检测、细胞成像、便携式检测中的应用。同时介绍了新型分子的结构表征技术（如扫描探针显微镜）以及常用材料结构表征技术（如电子显微镜技术、X 射线衍射技术和光电子能谱技术）。这些方法统称为高等分析化学方法。本书共 8 章，其中第 1 章和第 8 章由哈尔滨工业大学（深圳）材料科学与工程学院教授张嘉恒编写，第 2～7 章由哈尔滨工业大学（深圳）理学院教师张玲编写，全书由张嘉恒定稿。

第 1 章为绪论部分，主要介绍高等分析化学方法的种类、应用和分析化学的发展趋势。第 2 章为天然药物的种类和现代提取与分离技术部分，可供读者了解天然药物分子的结构和提取与分离方法，为分子检测方法的选择提供理论基础。第 3～5 章分别为现代比色分析法、现代荧光分析法和现代电化学发光分析法部分，介绍分子或离子的快速、灵敏、便捷的检测方法和细胞成像原理。第 6 章为微型化电化学生物传感器部分，介绍微型化电化学装置的种类和构建方法。第 7 章为扫描探针显微镜技术部分，介绍三种探针技术的工作原理、特点、仪器构造和主要应用。第 8 章为电子显微镜分析与 X 射线衍射和光电子能谱分析技术，介绍其工作原理、仪器构造和主要应用。

本书内容涉及最新的分析化学研究发展方向、现代化工生产中常用的分析技术和实验中常用的纳米材料的结构表征技术，具有前沿性和实用性。从作者的角度分析前沿发展领域的研究成果，对于从事分析化学领域科学研究工作的研究生和高年级本科生以及即将从事化工生产的研究人员具有指导意义。

编　者

2020 年 4 月

目　　录

第 1 章 绪　　论

本章要点

- 了解现代分析科学方法的类别及应用。
- 了解分析科学的发展趋势。

1.1 高等分析化学的方法与应用

1.1.1 高等分析化学的方法

分析方法多种多样，包括色谱分析法、光谱分析法、滴定分析法、电化学分析法、电子显微镜分析、X 射线衍射分析等。现代分析方法应具有实时、便捷和快速的优点，能够满足社会发展需要。其中，比色分析法、荧光分析法、化学发光分析法和电化学分析方法能够实现分子或离子的快速检测、细胞成像、便携式装置的构建，是分析化学中前沿、热门的研究领域。扫描探针显微镜技术包括原子力显微术、扫描隧道显微术和扫描电化学显微术，是一类新兴的分子结构表征方法，与核磁共振方法和电子显微术方法相比，具有可视化、无损伤、原位分析的特点。电子显微术、X 射线衍射和 X 射线光电子能谱是纳米材料结构表征和成分分析的常用方法。所以，本书中将详细介绍这些现代前沿的分析方法和常用的分析方法，并将其统称为高等分析化学方法。不同的方法均具有自身的特点和主要应用领域。

1.1.1.1 现代比色分析方法

顾名思义，比色分析法是基于待测物质或反应生成物质对紫外-可见区波长吸收的光强度不同而建立的一种分析方法。该法使用测量仪器为紫外-可见分光光度计，具有操作简单、检测成本低的优点。如果待测物质或生成物质在可见区吸收较强，则可以用肉眼判断反应前后的颜色变化。比色分析法是最为方便、快捷的分析方法之一，是微量组分分析的首选方法。比色分析法的灵敏度相对较高，能够检测 10^{-7}～10^{-4} $g \cdot mL^{-1}$ 的微量组分，检出限一般在 10^{-7} $mol \cdot L^{-1}$ 左右。传统比色分析法根据物质本身对紫外-可见区光吸收的不同进行检测，不具有选择性，灵敏度较低。现代比色分析法则是根据分析对象与有机物或生物分子间的特异性结合作用而建立的一种间接的分析检测方法，其选择性和灵敏度都有了很大的提高。已有的现代比色分析方法的检测对象包括金属离子、抗原、抗体、核酸、氨基酸、三硝基甲苯等。

如含有增色基团的大环分子中的 O 原子能与碱金属离子形成配位键，N 原子能与 Cu^{2+}、Ni^{2+}、Hg^{2+}等过渡金属和重金属离子形成配位键，进而形成络合物，使大环分子的吸光光度值发生变化。不同金属离子与大环分子间形成的络合物的稳定性不同，根据调控大环分子中的 O、N 原子数目，可以调节络合物的稳定性，进而能够进行金属离子的选择性检测。此外，富含鸟嘌呤（guanine，G）的脱氧核糖核苷酸（deoxyribonucleotide，DNA）单链分子在+1 价和+2 价金属离子的存在下，能够形成特殊的顺式或反式 G 四极子结构。具有顺式结构的 G 四极子结构能够与血红素分子络合，形成具有过氧化物还原催化活性的络合物（被称为过氧化物人工模拟酶）。过氧化物酶能够催化过氧化氢和联氮类或联苯胺类共轭有机分子的显色反应，且不同种金属离子形成的 G 四极子结构和稳定性不同，进而实现这些金属离子的选择性检测[图 1-1（a）][1]。现代免疫比色分析主要指天然辣根过氧化物酶标记的抗体或抗原与固定基底表面的待测抗原的特异性结合来实现抗原或抗体分子的灵敏检测。市面上销售的各种抗原检测试剂盒则采用比色分析法进行检测[图 1-1（b）]。基于氨基酸或氨基修饰的 Au 纳米粒子的聚集而产生的紫外-可见吸收光谱的变化则能够实现组氨酸和三硝基甲苯的选择性检测。

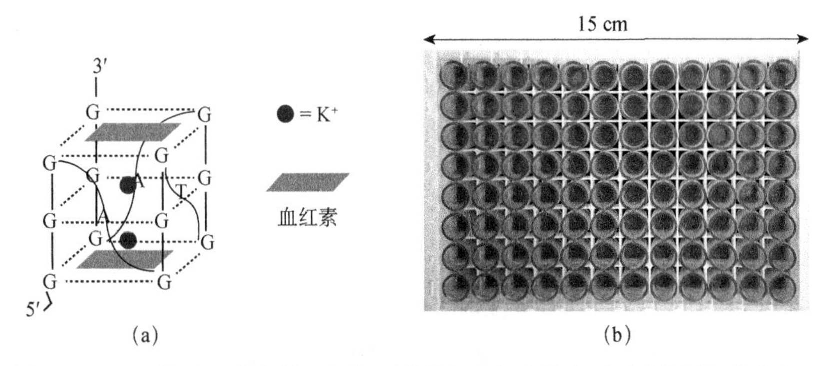

图 1-1　(a) 基于 K^+稳定的 G 四极子结构与血红素结合后形成的过氧化物人工模拟酶结构示意图[1]（图片引用经 Royal Society of Chemistry 授权）；(b) 基于比色分析法的 96 个微反应池的商业化酶联免疫分析试剂盒实物图

1.1.1.2　现代荧光分析方法

荧光分析方法是一种光致发光的方法，能够进行分子或离子含量的灵敏检测以及分子结构的初步分析。荧光分光光度计的发射光的检测光路与激发波的光路垂直，发射光强度不受激发光强度的影响，因此该法的灵敏度更高，适用于样品的痕量分析（检测范围约 10^{-5}～10^{-10} mol·L^{-1}）。传统荧光分析方法中分析对象较少，仅限于对部分天然药物分子的初步结构鉴定和官能团分析。而现代荧光分析方法则将分析对象拓展到 DNA、抗原抗体、生物小分子、有机分子、金属离子等，应用十分广泛。特别是时间分辨荧光免疫分析，灵敏度极高，检出限能够达到 10^{-9}～10^{-10} mol·L^{-1}，常用于医院的生化分析中。

1.1.1.3　化学发光分析方法

化学发光则是在氧化还原反应中含有共轭结构的分子的价电子被激发到激发态，随后返回基态，产生发光现象，发射波长在可见区范围内。化学发光分析法不需要激发光源，只需要检测终端或者肉眼即可进行样品含量的分析。通常情况下，需要加入催化剂如金属离子来诱导化学发光反应的发生。化学发光分析法同时具有比色和荧光分析方法的优点，即仪器简单、操作便捷且灵敏度高。化学发光分析法已广泛应用于核酸检测、免疫分析、有机分子、生物分子和离子的检测中。

电化学发光（electrochemiluminescence，ECL）亦称电致化学发光，是化学发光的一种，通过施加氧化或还原电压诱导化学反应的发生，从而引起共轭分子的激发态的形成，产生发光现象。与化学发光相比，电化学发光反应不需要加入催化剂，通过外加电位的调控就可以控制化学反应的发生，且发光反应只在电极表面发生，试剂消耗量少，不施加合适的电压时发光反应在几秒中甚至更短的时间内就会停止，可控性强，从而提高准确度，且灵敏度高，检出限可达 10^{-15} mol·L^{-1}。与化学发光法相比，其灵敏度提高了 10～100 倍。

1.1.1.4 电化学分析方法

电化学分析方法是基于对待测物质在外加电压的作用下在电极表面发生氧化还原反应产生的电流、电阻信号或离子浓度差产生的电势差信号进行检测的一种方法。通常采用循环伏安法、恒电位法、示差循环伏安法检测不同浓度待测物质溶液的电流信号，是常用的电化学分析方法。电化学分析方法使用的电化学工作站体积小，仪器成本低，灵敏度较高，检出限约为 10^{-7}～10^{-8} mol·L^{-1}。现在已有商业化的掌上型电化学工作站，结合丝网印刷电极的使用，能够实现便携式的电化学检测。离子在电极的敏感膜两端的浓度不同会引起膜两端的电势差不同，如果将膜一端与含有已知浓度的某一种离子的溶液封装，形成一个电极，电极浸入到含有未知浓度的该种离子的溶液中，通过电势差的测量即可获得溶液中该种离子的浓度。这种电极被称为离子选择电极，我们熟知的 pH 计则属于氢离子选择电极。其他类型的离子选择电极，如氟离子、氯离子、银离子、钠离子、钙离子、铅离子的离子选择电极已经商品化，数据读取终端装置已便携化。

1.1.1.5 扫描探针显微镜分析

扫描探针显微镜（scanning probe microscope，SPM）分析基于探针与基底之间的电子传递、力的相互作用和电荷传递而产生不同种信号的原子级别分子成像的方法。根据作用原理，可分为扫描隧道显微镜（scanning tunneling microscope，STM）、原子力显微镜（atomic force microscope，AFM）和扫描电化学显微镜（scanning electrochemical microscope，SECM）。其中 STM 最早被研制，其发明者于 1986 年获得了诺贝尔物理学奖。STM 的探针针尖（直径为 50～100 nm）与导电的基底之间的距离小于 1 nm 时，针尖和基底的电子云重叠，产生量子隧道效应，形成隧道电流。导电基底表面原子的几何结构和电子结构随着位点的变化而变化，当针尖在基底表面进行扫描时，得到不同位点的隧道电流成像，隧道电流成像能够反映基底表面的原子排列信息，进而能够得到分子的结构。为了得到准确的分子结构信息，分子一般在基底电极表面进行有序的自组装，通过对自组装结构的晶胞参数的分析，确认是否为该分子而不是杂质。

AFM 和 SECM 均是在 STM 的基础上发展起来。由于生物大分子、半导体纳米材料不导电，不能用STM进行表征。因此，美国IBM公司进一步开发了AFM装置，该种装置基于探针与基底表面原子的力的相互作用而引起的微悬臂的旋转和激光路径的变化而进行成像。染色体、红细胞均可以通过AFM成像。AFM的另一种典型应用为过渡金属硫化物、石墨烯等二维材料纳米材料的单层或几层厚度的测量，相邻两个原子层的间距在0.1～1 nm之间。

SECM则是由美国电化学家艾伦·巴德（Allen J. Bard）提出和发展起来的一种扫描探针显微镜技术，是基于探针电极与导电基底之间形成的电流回路的一种能够反映催化活性位点的成像分析。SECM的探针电极则为超微电极，直径在1～10 μm之间。在探针电极和基底电极附近分别发生氧化或还原反应，生成的带电物质在探针电极与基底电极之间扩散。探针与基底间间距越小，则电流越高；若基底某一位点具有催化能力，则这一位点的电流越高，从而能够得到基底表面微米级的起伏高度的成像和催化活性位点的分辨率为微米级的成像分析。采用直径更小的探针电极，最高能够达到分辨率为30～50 nm的SECM成像，这已达到理论的极限。

1.1.1.6 电子显微镜分析

电子显微镜分析则是一种基于电子与待测样品直径的碰撞或穿透而引起二次电子的形成和电子的衍射而获得纳米材料的形貌和边缘原子结构排列的分析方法，包括扫描电子显微镜（scanning electron microscope，SEM）分析和透射电子显微镜（transmission electron microscope，TEM）分析。SEM主要应用于样品的形貌分析和元素分布分析，要求样品具有导电性，若样品导电性弱则可对样品进行喷金处理。SEM的电子束与纳米材料表面原子的原子轨道发生碰撞时，可以引发该轨道电子的逸出，逸出的电子被称为二次电子。逸出电子的数目受样品表面的起伏状况影响，从而能够反映样品的形貌，分辨率为2～3 nm，这取决于电子束的强度。同时，在电子束与样品碰撞时，引起原子的低轨道能级电子向高能级跃迁，并以X射线的形式释放能量。X射线的波长与原子种类有关，所以通过检测X射线波长和强度能够进行样品元素的定性和定量分析。TEM主要用于晶体的结构分析和元素分析。TEM装置中电子束晶体的原子或离子形成的晶格点阵，产生波的衍射和干涉，最后在电磁屏呈现不同数目的有规律的点，反映晶体的晶格结构和表面原子排列结构，分辨率为1 Å。

1.1.1.7 X射线衍射分析

X射线衍射（X-ray diffraction，XRD）分析方法是基于晶体中的有序的点阵序列对 X 射线的衍射，衍射后的条纹间距与入射波长和晶胞参数有关。入射波长已知，晶胞参数即可通过条纹间距的计算而得出。迄今为止，XRD 分析方法已成为分析金属晶体、半导体晶体、蛋白质晶体等物质结构的最常用的方法。历史上基于 XRD 分析方法的建立和在不同领域中的应用研究成果而颁发的诺贝尔奖项近 20 项，分别为：

（1）1914 年，德国物理学家马克斯・冯・劳厄（Max von Laue）由于利用 X 射线通过晶体时获得的衍射图样，证明了晶体的原子点阵结构而获得诺贝尔物理学奖。

（2）1915 年，英国物理学家威廉・亨利・布拉格（William Henry Bragg）和威廉・劳伦斯・布拉格（William Lawrence Bragg）父子因在用 X 射线研究晶体结构方面所作出的杰出贡献而分享了诺贝尔物理学奖。

（3）1936 年，荷兰物理学家彼得・德拜（Peter Debye）因利用偶极矩、X 射线和电子衍射法测定分子结构而获诺贝尔化学奖。

（4）1954 年，美国化学家莱纳斯・卡尔・鲍林（Linus Carl Pauling）由于在化学键方面的研究以及用化学键的理论阐明复杂的物质结构而获得诺贝尔化学奖（他的成就与 X 射线衍射研究密不可分）。

（5）1962 年，美国分子生物科学家詹姆斯・杜威・沃森（James Dewey Watson）、英国生物学家和物理学家弗朗西斯・克里克（Francis Crick）、英国分子生物学家莫里斯・威尔金斯（Maurice Hugh Frederick Wilkins）因发现核酸的分子结构（双螺旋结构）及其对生命物质信息传递的重要性分享了诺贝尔生理学或医学奖（他们的研究成果是在 X 射线衍射实验的基础上得到的）。

（6）1962 年，英国生物学家佩鲁茨（Max Ferdinand Perutz）和约翰・肯德鲁爵士（Sir John Kendrew）用 X 射线衍射分析法首次精确地测定了蛋白质晶体结构而共同获得了诺贝尔化学奖。

（7）1964 年，英国生理学家和细胞生物学家艾伦・劳埃德・霍奇金爵士（Sir Alan Lloyd Hodgkin）因在运用 X 射线衍射技术测定复杂晶体和大分子的空间结构取得的重大成果获诺贝尔生理学或医学奖。

（8）1969 年，挪威物理化学家奥德・哈塞尔（Odd Hassel）与英国有机化学家德里克・哈罗德・理查德・巴顿（Derek Harold Richard Barton）因提出“构象分析”的原理和方法，并应用在有机化学研究中而分享了诺贝尔化学奖。

（9）1976 年，美国无机化学家威廉・纳恩・利普斯科姆（William Nunn Lipscomb）因用低温 X 射线衍射和核磁共振等方法研究硼化合物的结构及成键规律的重大贡献而获得诺贝尔化学奖。

（10）1980年，美国生物学家保罗·伯格（Paul Berg）发展了DNA重组技术，英国化学家弗雷德里克·桑格（Frederick Sanger，有“基因之父”之称）和美国生物学家沃特·吉尔伯特（Walter Gilbert）确定了DNA核苷酸顺序以及基因结构，而共获诺贝尔化学奖。

（11）1982年，南非化学家和生物物理学家阿龙·克卢格（Aaron Klug）因在测定生物物质的结构方面的突出贡献而获诺贝尔化学奖。

（12）1985年，美国晶体学家豪普特曼（A. Hauptman）与卡尔勒（J. Karle）因发明晶体结构直接计算法，为探索新的分子结构和化学反应做出开创性的贡献而分享了诺贝尔化学奖。

（13）1988年，德国科学家约翰·戴森霍费尔（Johann Deisenhofer）、罗伯特·胡伯尔（Robert Huber）、哈特穆特·米歇尔（Hartmut Michel）因用X射线晶体分析法确定了光合成中能量转换反应的反应中心复合物的立体结构，共享了诺贝尔化学奖。

（14）2003年，美国科学家彼得·阿格雷（Peter Agre）与罗德里克·麦金农（Roderick MacKinnon）因发现细胞膜水通道以及对细胞膜离子通道结构和机理研究做出的开创性贡献被授予诺贝尔化学奖（他们的成果是用X射线晶体成像技术获得的）。

（15）2006年，美国生物学家亚瑟·科恩伯格（Arthur Kornberg）被授予诺贝尔生理学或医学奖，以奖励他在“真核转录的分子基础”研究领域做出的贡献（他是利用X射线衍射技术结合放射自显影技术开展研究的）。

1.1.1.8 X射线光电子能谱分析

X射线光电子能谱（X-ray photoelectron spectrum，XPS）分析的原理与SEM和TEM中产生特征X射线光谱的原理刚好相反。其是利用X射线光子辐照样品表面时所发射的光电子及俄歇电子能量分布，以此测定周期表中除氢、氦以外所有元素及其化学态的一种非破坏性表面分析方法。不同原子的电子结合能和逸出功不同，则逸出电子的动能也各不相同，通过测量不同原子产生的逸出电子的运动轨迹和运动速率则可对样品表面原子的种类和数目进行分析。XPS主要用于样品表面元素分析，分析深度约为2～3 μm。

1.1.2 高等分析化学的应用

高等分析化学中所涉及的检测技术可应用于疾病诊断、食品分析、化妆品分析、化工分析、药物分析、环境监测、军事安全分析等领域。

1.1.2.1 重大疾病诊断

免疫分析是基于人体免疫系统中产生的抗体和外侵物质抗原的定性和定量分析的检测。免疫分析的应用十分广泛，能够对人体的重大疾病进行准确的诊断与分析。例如，血清中甲胎蛋白的升高与肝癌等多种癌症发生有关。甲胎蛋白具有很多重要的生理功能，包括运输功能、作为生长调节因子的双向调节功能、免疫抑制、T 淋巴细胞诱导凋亡等。当人体细胞非正常分裂时，细胞中甲胎蛋白含量升高，通过血液循环进入到血液中。目前，甲胎蛋白在临床上主要作为原发性肝癌的血清标志物，用于原发性肝癌的诊断及疗效监测。抗原是一类不属于人体内本身的成分的总称，可以是病毒、细菌、核糖核酸（ribonucleic acid，RNA）、DNA、多肽分子等。当人体有抗原存在时，淋巴系统会产生相应的抗体。抗体是一种球蛋白，同时也被称为“免疫球蛋白”（immunoglobulin，Ig），能够与抗原高度特异性结合，达到破坏分解抗原的目的。如表 1-1 所示，我国广州市达瑞生物技术股份有限公司（简称达瑞公司）开发的基于时间分辨荧光分子标记的免疫分析方法，可用于不同抗原类的检测和疾病的诊断。

表 1-1 我国达瑞公司开发的时间分辨免疫分析方法对不同抗原的检测和疾病的诊断

类别	疾病种类	检测对象	原理
内分泌科检查	先天性甲状腺功能低下	甲状腺球蛋白	含量升高
	糖尿病	胰岛素/C 肽	Ⅰ型糖尿病患者含量降低
	发育缓慢	生长激素	含量降低
肿瘤科检查	癌	癌胚抗原	含量升高
传染病检查	乙肝	乙肝表面抗原	含量升高
	艾滋病	HIV 病毒	阳性
妇产科检查	先天性卵巢发育不全	促卵泡激素	含量升高
血液科检查	贫血	铁蛋白/维生素 B_{12}/叶酸	含量降低
遗传科检查	产前筛查（唐氏筛查）	h-甲胎蛋白	含量升高

1.1.2.2 环境监测

环境中的有毒有害物质包括气体、重金属离子、有机物等危害人类的健康。有毒气体主要包括臭氧、氯气、一氧化氮、一氧化碳、二氧化硫等，主要源于煤炭、汽油等物质的不完全燃烧、煤气管道泄漏或化工厂气体泄漏等。有机污染物主要包括芳香环化合物、含氮或含硫有机化合物，来源于农药、工厂等。气体可通过半导体传感器、电化学传感器等便携式装置进行检测。重金属离子可通过离子选择性电子、比色分析、荧光分析等方法快速检测。有机污染物质则可通过电化学分析、荧光分析、化学方法分析等方法快速检测。检测的灵敏度、准确性、成本和效率是方法选择的主要依据。

1.1.2.3 食品和化妆品分析

食品分析主要包括有效营养物质含量的测定、食品添加剂或色素含量的测定等。例如，牛奶或饮料中所含的蛋白质、氨基酸、糖类、K^+、Na^+、Ca^{2+}等有效成分的检测，食品中防腐剂如苯甲酸钠、山梨酸钠、乳酸钠以及色素如红曲、叶绿素、胭脂红、柠檬黄等成分的检测。化妆品分析主要包括有效成分如维生素、透明质酸、卵磷脂、氨基酸、胶原蛋白，以及添加剂或有害物质如矿物油、表面活性剂、合成香料、重金属离子、二甲苯酮、甲醛的分析检测。现代分析化学技术在这两个领域的应用十分广泛。

1.1.2.4 药物分析

药物分子种类多种多样，包括天然药物和合成药物。药物分子中含有氨基、羟基、巯基、羧基等活性基团，能够发生化学反应而生成具有光学活性和电化学活性的物质，从而能够通过现代分析化学方法检测。在各类药物的鉴定和含量检测过程中，对于常量样品的分析，可采用比色或荧光分析法进行初步的鉴定。对于微量和痕量样品的检测，则需采用现代比色分析法、现代荧光分析法、化学发光分析法、电化学发光分析法、电化学方法进行灵敏、快速的检测。

1.1.2.5 军事安全分析

军事安全分析主要包括炸药分子的检测，是机场安检、地铁安检、商业办公楼安检等场合的重要检测项目。炸药分子所含有的化学键的键能极高，且在摩擦或加热的条件下爆炸，主要包括含氮原子较多的芳香烃类化合物如三硝基甲苯，硝化甘油，离子型氮化物，过氧化物，含氮无机物如硝酸铵等。炸药检测分析方法主要包括X射线和γ射线检测法、电磁测量检测法、中子检测法、激光检测法、电化学检测法、比色检测法、荧光检测法等，其中，电化学、比色、荧光检测法能够判别待测样品的化学成分。X射线只能检测物体的密度和有效原子序数，但无法分辨其化学成分；中子检测时所需的辐射防护很难达到；而电磁测量检测法可能对磁记录介质和磁性材料造成破坏。所以，产业界和学术界从未停止过对新型爆炸物检测技术和装置的探索。由于炸药一般以粉尘或颗粒的形式存在，容易扩散到衣物、包裹表面。在机场的第一道安检中使用的“擦拭纸”则采用离子迁移的工作原理对人身或者携带包裹进行爆炸物的痕量探测。在大气或迁移气体中将被测样品电离形成离子，然后在外加电场中漂移。由于不同样品的迁移率不同，样品中的不同成分在迁移管内分开，一般情况下重分子比轻分子迁移速度慢。这样，根据测量得到的迁移时间就可以知道样品的成分。这种方法十分快捷，但需要外加磁场，检测成本高于比色分析法。但比色分析法的灵敏度低于离子迁移法，所以提高比色分析试纸的灵敏度是降低检测成本的关键。

1.1.2.6 纳米材料结构分析

纳米材料多种多样，包括贵金属纳米材料、过渡金属硫化物或氧化物纳米材料、半导体纳米材料等。纳米材料是指在某一维度上其尺寸在纳米范围（小于 200 nm），从形貌上可以分为纳米线、纳米棒、纳米片、纳米粒子、纳米花、纳米枝、纳米笼等。纳米材料多为晶体，能够通过透射电子显微镜和 X 射线电子衍射技术获得晶体结构，如晶型、晶相等信息。利用扫描电子显微镜技术和电子显微镜技术可获得纳米材料的形貌等信息，利用 X 射线电子能谱可获得纳米材料的表面化学成分和化合价态等信息。利用原子力显微镜可分析其原子层厚度等信息。纳米材料的结构和形貌决定其光学、化学等性质。所以，分析纳米材料的结构和形貌对于优化其性质十分重要。

1.2 分析化学的发展趋势

1.2.1 人工智能化

现代分析化学装置要求人工智能化，即能够随时随地读取待测物质的含量，特别是在手机终端设备、手表等随身携带的电子产品终端显示人体体表的温度、脉搏跳动、汗液中化学成分含量等数值。人体的汗液中包含着丰富的健康状况信息，其含有的 0.2%～1.0%的溶质中包括 K^+、Na^+、Cl^-、葡萄糖、尿素、乳酸、氨基酸、激素、蛋白质等代表人体新陈代谢状况的信号分子。例如，汗液中 K^+、Na^+、Cl^-浓度的升高预示体内电解质的流失，需要及时补充含有盐类成分的水，如运动饮料等。

另外，汗液中葡萄糖浓度的检测可以对糖尿病患者的血糖浓度进行评估和预警；而对于肝胆疾病和尿毒症的患者，汗液中的胆红素和尿素浓度则偏高。因此，汗液的检测在疾病的诊断、药物滥用检测、运动员体征分析方面具有重要的应用，其具有非侵入性的特点逐渐在分析检测领域占有主流的发展趋势。因此，科研工作者集中于汗液中有效成分的实时检测和通过手机终端进行信号检测的研究（图 1-2）[2]。目前初步的装置已有构建，但在装置的灵敏度、稳定性和使用寿命等性能方面有待于进一步的提高。

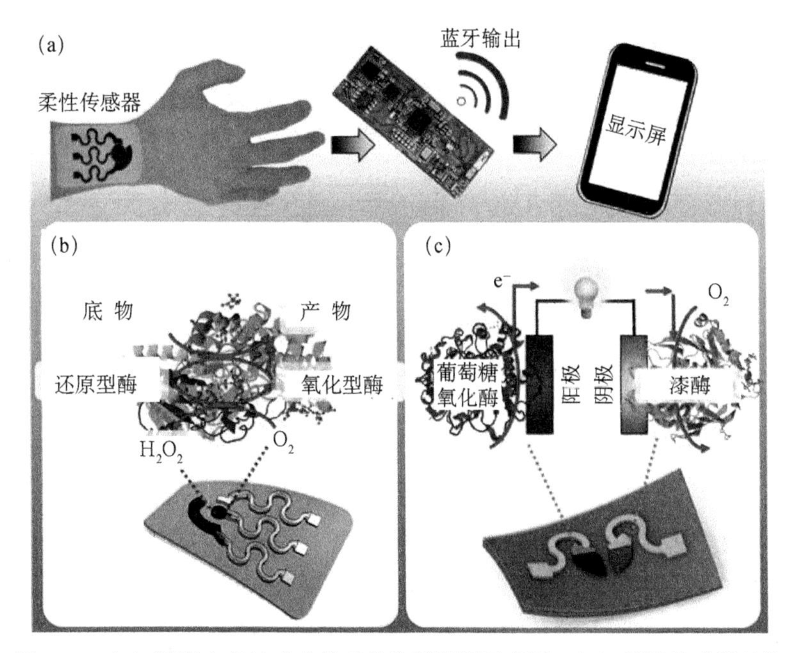

图 1-2　（a）汗液中有效成分的手机终端检测示意图；（b）柔性传感器结构示意图；（c）柔性生物燃料电池结构示意图[2]

图片引用经 American Chemical Society 授权

1.2.2　微型化

随着电子学、制造业、微纳加工等技术的发展，分析化学仪器装置也逐渐向微型化发展，如芯片实验室、免疫分析试剂盒、丝网印刷电极。芯片实验室是 20 世纪 90 年代发展的一种微全分析系统。在一块几平方厘米（甚至更小）的芯片上构建微型实验室分析平台。该平台集成了生物和化学分析领域中所涉及各种基本操作单位，如样品制备、反应、分离、检测及细胞培养、分选、裂解等，可取代常规生物或化学实验室的各种功能。芯片实验室涉及分析化学、微机电加工、计算机、电子学、材料科学与生物学、医学和工程学，有利于实现分析检测从试样处理到检测的整体微型化、自动化、集成化与便携化这一目标。目前，芯片实验室装置主要处于研发中，包括免疫分析和食品分析中的样品处理和检测等（图 1-3）[3, 4]。

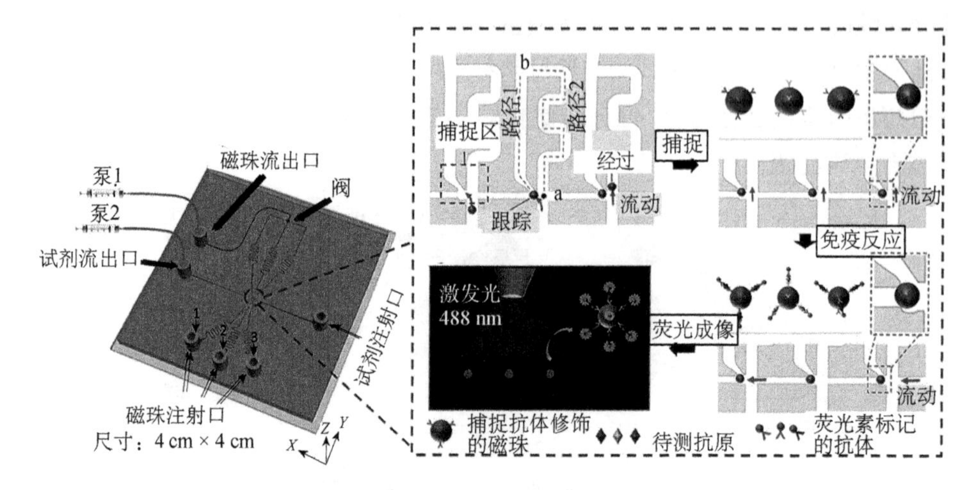

图 1-3 芯片实验室在免疫分析中的应用[3]

图片引用经 American Chemical Society 授权

1.2.3 精准分析

高等分析化学的发展趋势之一为单分子和单细胞的精准测量、表征和操控。采用荧光、比色、化学发光、电化学发光等方法能对单分子进行精准的测量，进而能够对表面修饰有相应分子的单细胞进行精准的成像。对于单分子的测量，包括反应机理和含量分析。单分子反应机理的研究则要求每个分子均参加化学反应且每个分子的性质一致。如果不能保证每个分子性质一致，则需要通过扫描探针技术进行位点的分析，但难度较大。单分子的检测则属于痕量和超痕量的分析，样品量极少或样品中的待测组分浓度极低，需要更高的灵敏度的检测方法。这一点可以从灵敏度较高的分析方法即化学发光和电化学发光上突破。单分子和单细胞的结构表征则依赖于成像技术，归根结底在于单分子的灵敏检测。单分子和单细胞的操控则依赖于扫描探针技术，需要从仪器的分辨率和稳定性上进行突破。

1.2.4 原位分析

原位分析则包括反应过程中催化活性位点的分析、细胞表面分子结合过程的动态分析、化学反应过程的动态分析等。反应过程中催化活性位点的分析则依赖于扫描探针技术；细胞表面分子结合过程的动态分析则依赖于荧光分析、比色分析、化学发光分析技术；化学反应过程的动态分析则依赖于光谱学如荧光光谱、紫外-可见光谱、电化学谱、化学发光谱、红外光谱、表面增强拉曼光谱等技术。这需要在跟踪过程中详细分析，并保证仪器的分辨率和信号的稳定性。

思 考 题

1. 高等分析化学主要包含哪些方法，具有哪些优点？
2. 高等分析化学的主要应用有哪些，请举例说明。
3. 分析化学的发展趋势是什么，请举例说明。

第 2 章　天然药物的种类和现代提取与分离技术

本章要点

- 了解天然药物的结构、种类、性质及其在自然界中主要分布。
- 掌握天然药物现代提取、分离与纯化技术。

2.1　天然药物的分布与种类

2.1.1　天然药物的分布

天然药物种类繁多，广泛分布于自然界中。根据药物的来源，天然药物可以分为植物药、动物药、海洋药、微生物药、矿物药等。其中，植物药种类最多，研究也最为成熟，其来自于植物的根、茎、叶、花、果实等，如人参、三七、金银花、莲子。植物细胞中含有的有效药物成分包括生物碱、多酚、萜类、苷类、糖类、有机酸等。

动物药可以是动物体的一部分（如牛黄、鹿茸、穿山甲片、血浆等），也可以是全体（如蜈蚣、全蝎）。动物细胞中的主要药物成分为氨基酸、蛋白质、酶类、激素类、固醇类等。例如，牛黄，具有清热解毒的功效，其有效成分为胆酸、胆红素、牛磺酸、胆固醇等；胶原蛋白，来源于皮类动物药，可用于制备阿胶、黄明胶等，具有美容养颜的功效。

海洋药来源于海洋生物，因其物种繁多，近年来得到了广泛的重视，所以单独列出。例如，海绵、海藻、海鞘、软珊瑚、鱼类等，因其含有丰富的多肽、多糖、萜类、生物碱、皂苷、氨基酸、蛋白质、卵磷脂、鱼肝油等药物成分，已成为天然药物的主要来源。特别是我们熟知的用于缓解心脑血管疾病、骨质疏松等症状的鱼肝油等保健品。

微生物药包括原核生物单细胞、真核单细胞生物，如细菌、真菌、菌丝等。例如，酵母菌中含有丰富的蛋白质、维生素、多糖和酶等生理活性物质，能够治疗饮食不合理引起的消化不良（如酵母片）。

矿物药来源于矿物质，以无机盐为主要成分，通常为阳离子起主要的药效作用，包括钠化合物、钾化合物、铁化合物物、汞化合物、砷化合物、硅化合物等。常见的矿物药有芒硝、硼砂、朱砂、磁石、雄黄、滑石等。

2.1.2　天然药物的种类

2.1.2.1　生物碱

生物碱是一类广泛存在的天然药物成分，是止咳药、镇痛药、感冒药、抗癌药的主要成分。生物碱的经典定义为一类存在于生物体内（主要为植物）的一类含氮的有机化合物的总称。有机化合物中的氮原子以一级胺、二级胺、三级胺以及季铵盐的形式存在，具有一定的碱性。新的概念认为，植物体内的生物碱是氨基酸次生代谢物。也就是说，植物体内的生物碱来源于氨基酸。

根据来源和化学结构，生物碱主要分为鸟氨酸系列生物碱、赖氨酸系列生物碱、苯丙氨酸和酪氨酸系列生物碱、色氨酸系列生物碱、邻氨基苯甲酸系列生物碱、萜类系列生物碱和甾体类系列生物碱。其中萜类系列生物碱中的氮原子来源于萜类分子的氨基化，属于非氨基酸类生物碱，又被称为伪生物碱。甾体类系列生物碱属于含氮的天然载体，但氮原子不在甾体母核内，是甾体的衍生物。

鸟氨酸系列生物碱都含有四氢吡咯五元环，为鸟氨酸衍生物，主要包括吡咯类、托品烷类、吡咯里西啶类（图 2-1）。吡咯类生物碱结构简单，数量较少，例如，水苏碱和红豆古碱。水苏碱由四氢吡咯和一个羧基组成，由于其分子小、含有三级胺和羧基，所以具有亲水性，主要以季铵盐的形式存在。水苏碱具有活血调经、利尿消肿、收缩子宫的作用，可以从益母草、青风藤等植物中提取。托品烷类生物碱种类较多，多见于茄科植物中，代表性的托品烷类生物碱有东莨菪碱、可卡因、樟柳碱等。该类生物碱多由托品烷衍生的氨基醇和不同有机酸缩合而形成的酯，在碱性条件下易水解，具有呼吸中枢神经系统兴奋作用，同时对大脑皮质有抑制作用，具有麻醉、止痛、平喘的功效。吡咯里西啶类生物碱是一类具有双稠吡咯烷结构的生物碱，其在植物中多以酯的形式存在，主要分布于菊科千里光属植物中。例如，野百合碱，具有酯的结构，不溶于水，通过外敷可用于治疗皮肤癌。

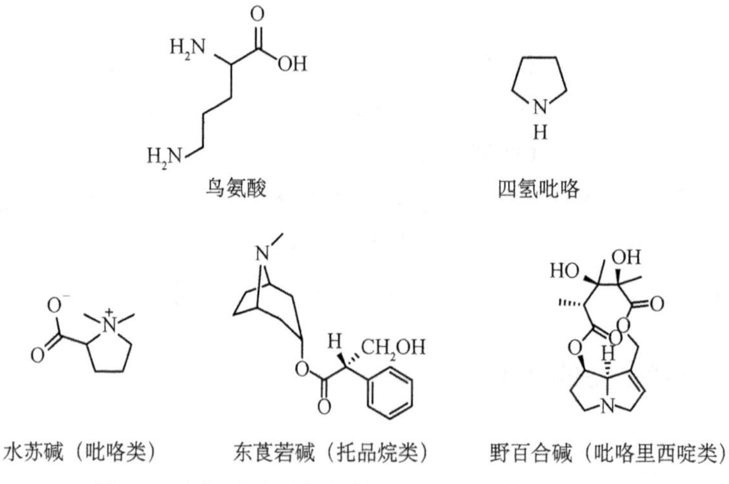

图 2-1　鸟氨酸系列生物碱的主要类别和代表性化合物

赖氨酸系列生物碱含有哌啶结构，为赖氨酸衍生物。主要分为哌啶类、喹诺里西啶类和吲哚里西啶类（图 2-2）。哌啶类生物碱结构简单，分布广泛，如槟榔碱、胡椒碱等。喹诺里西啶生物碱是由两个哌啶共用一个氮原子的稠环衍生物，如苦参碱、金雀碱等，在生源关系中，由赖氨酸衍生的戊二胺为前体。吲哚里西啶类生物碱属于吡咯和哌啶共用一个氮原子的稠环衍生物，该类化合物数目较少，但具有较强的生理活性，如一叶荻碱具有中枢神经系统兴奋作用，临床用于治疗面神经麻痹。

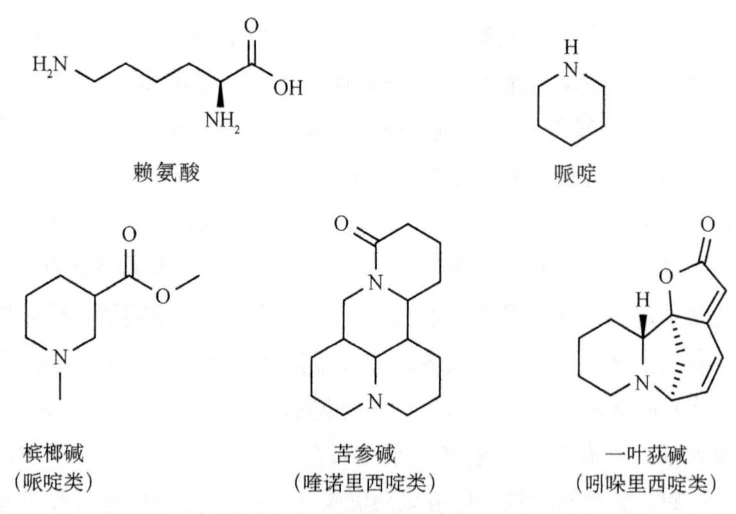

图 2-2　赖氨酸系列生物碱的主要类别和代表性化合物

苯丙氨酸和酪氨酸系列生物碱是一类数目庞大的天然药物化合物，数量有1000多种，分布广泛，活性多样。苯丙氨酸和酪氨酸结构相似，酪氨酸比苯丙氨酸多一个酚羟基[图 2-3（a）]。该类生物碱主要包括苯丙胺类、异喹啉类、苄基苯乙胺类和吗啡烷类[图 2-3（b）和图 2-4]。苯丙胺类生物碱的氮原子不在环化结构中，代表性化合物有麻黄碱、伪麻黄碱等，是感冒药、哮喘药的主要成分[图 2-4（a）]。异喹啉类生物碱含有喹啉母核，该母核可以呈现不同的饱和状态，也可以连接苄基和苯乙基等结构，或通过醚键形成双分子结构，从而形成多种类型生物碱。例如，黄连中含有的小檗碱，由两个异喹啉环共用一个氮原子稠合而成，具有抗菌的作用[图 2-4（b）]。罂粟中的罂粟碱成分，由异喹啉母核和一个苄基组成，对血管、支气管、胃肠道、胆管等平滑肌都有松弛作用[图 2-4（c）]。另外，罂粟中含有的吗啡和可待因，属于吗啡烷类生物碱，具有不饱和的菲核结构，具有镇痛、止咳的功效[图 2-4（d）]。苄基苯乙胺类生物碱主要分布于石蒜属、水仙属和网球花属植物中，代表性成分有石蒜碱、加兰他敏等，可用于神经系统疾病及外伤所致运动障碍等疾病的治疗[图 2-4（e）]。

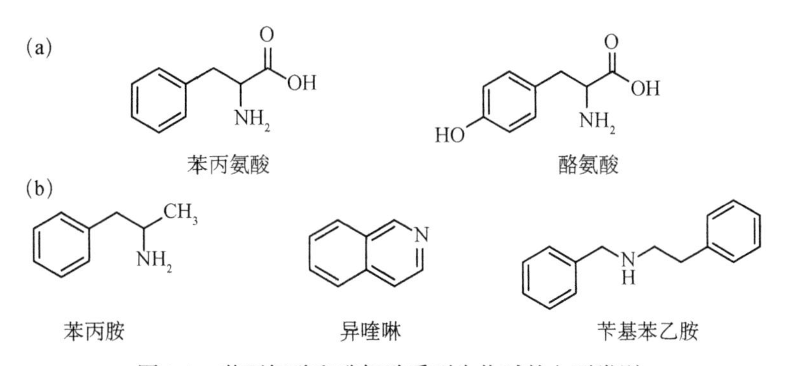

图 2-3　苯丙氨酸和酪氨酸系列生物碱的主要类别

色氨酸系列生物碱也称为吲哚类生物碱，数目最多，结构复杂，约占生物碱总数的四分之一（图 2-5 和图 2-6）。其主要存在于夹竹桃科、马钱科、芸香科、苦木科植物中，在海洋生物中亦有分布。色氨酸系列生物碱可以分为简单吲哚类生物碱、β-卡波林碱类生物碱、半萜吲哚类生物碱、单萜吲哚类生物碱。例如，芦竹中提取的芦竹碱，除吲哚核外没有杂环，属于简单吲哚类生物碱，作用类似于麻黄碱[图 2-5（b）]。β-卡波林碱类生物碱的代表性化合物为吴茱萸碱，具有镇痛、利尿、降血压的功效[图 2-5（c）]。半萜吲哚类生物碱又称为麦角碱类生物碱，由吲哚衍生物和一个异戊二烯组成，集中分布于麦角菌类微生物中，如麦角新碱，能够引起肌肉痉挛收缩，常用作产后出血的止血剂[图 2-5（d）]。单萜吲哚类生物碱由一个吲哚母核和一个 C_9 或 C_{10} 的裂环番木鳖萜及其衍生物组成，如降血压药物成分利血平，抗癌药物成分喜树碱、长春碱，抗疟疾药物成分奎宁等（图 2-6）。

(a)

麻黄碱与伪麻黄碱
（苯丙胺类）

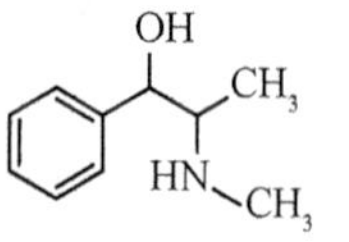

(b)

小檗碱
（异喹啉类）

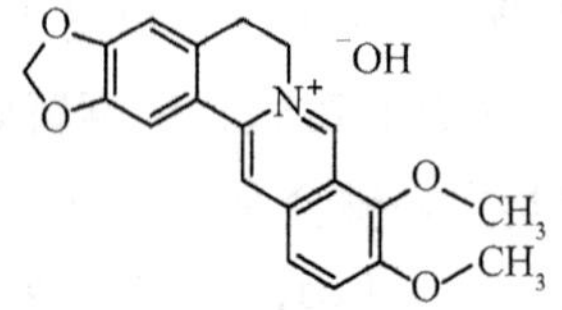

(c)

罂粟碱
（异喹啉类）

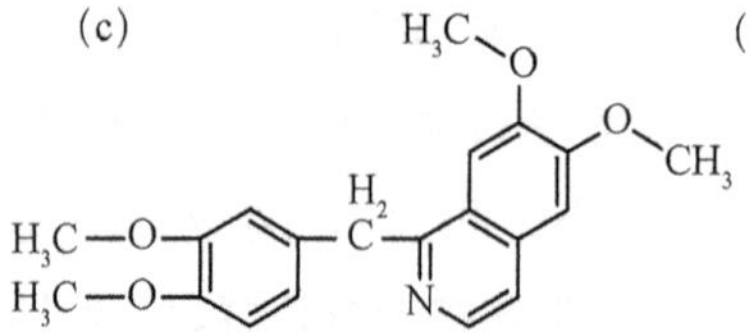

(d)

吗啡
（吗啡烷类）

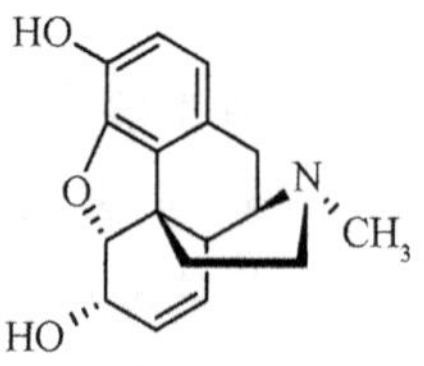

(e)

加兰他敏
（苄基苯乙胺类）

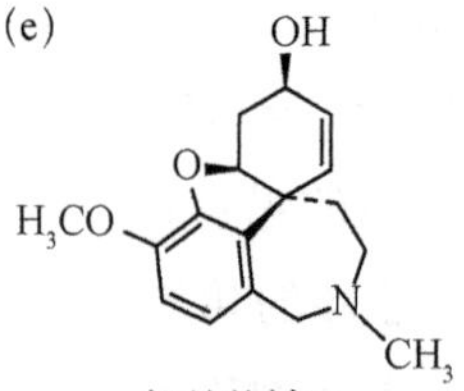

图 2-4 代表性苯丙氨酸和酪氨酸系列生物碱分子结构式

(a)

色氨酸

(b)

芦竹碱
（简单吲哚类）

(c)

吴茱萸碱
（β-卡波林碱类）

(d)

麦角新碱
（半萜吲哚类）

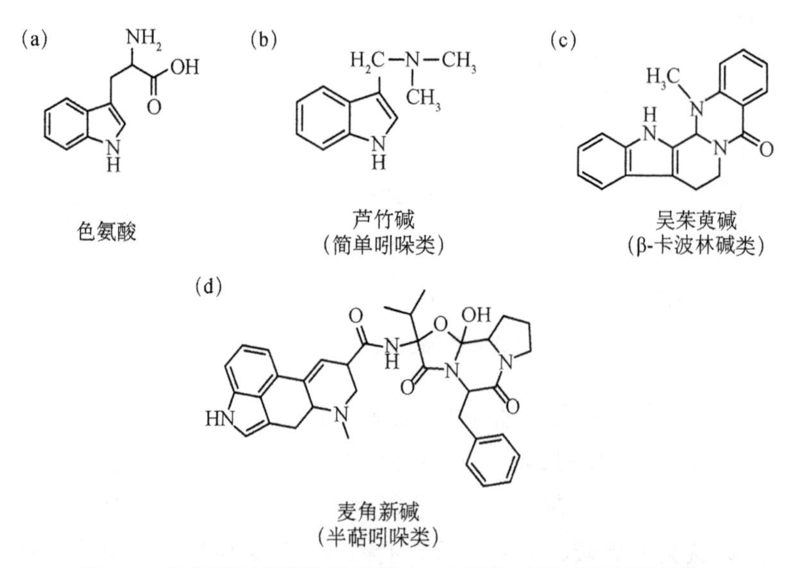

图 2-5 色氨酸以及简单吲哚类、β-卡波林碱类及半萜吲哚类生物碱分子结构式

邻氨基苯甲酸系列生物碱主要包括喹啉类和吖啶酮类[图 2-7（a）～（c）]。喹啉类代表性化合物为白鲜碱和茵芋碱，为呋喃喹啉的结构[图 2-7（d）和（e）]。白鲜碱具有抗菌作用，可用于皮肤湿疹、皮肤瘙痒的治疗。茵芋碱具有麻黄碱的作

用，虽然强度较弱，但有较强的抗菌作用。山油柑碱具有吡喃吖啶母核结构，具有显著的抗癌活性[图 2-7（f）]。组氨酸系列生物碱主要为咪唑类生物碱，数目较少，代表性的有毛果芸香碱，为亲水性和亲脂性化合物，具有缩瞳、促进外分泌腺分泌的作用，临床主要用于青光眼的治疗[图 2-7（g）和（h）]。

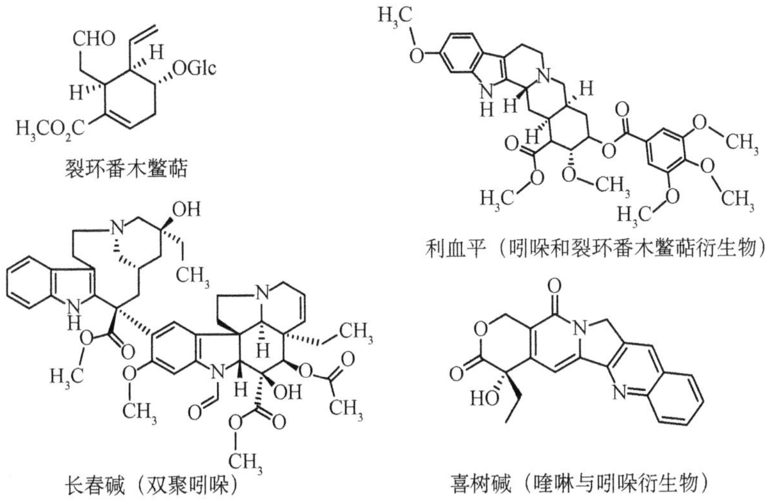

裂环番木鳖萜
利血平（吲哚和裂环番木鳖萜衍生物）
长春碱（双聚吲哚）
喜树碱（喹啉与吲哚衍生物）

图 2-6　代表性单萜吲哚类生物碱分子结构式

(a)
(b)
(c)
邻氨基苯甲酸
喹啉类
吖啶酮类
(d)
(e)
(f)
白鲜碱（喹啉类）
茵芋碱（喹啉类）
山油柑碱（吖啶酮类）
(g)
(h)
组氨酸
毛果芸香碱（咪唑类）

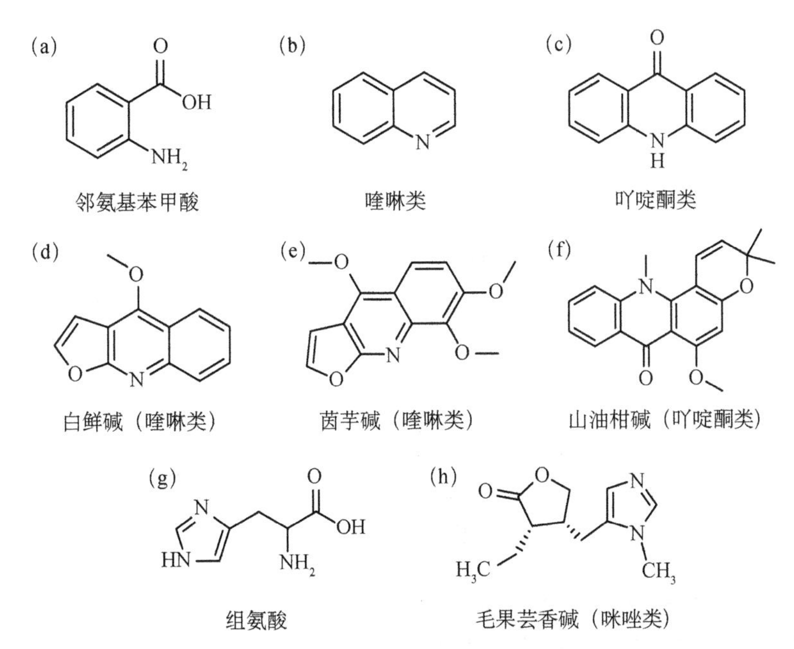

图 2-7　（a）邻氨基苯甲酸和（c）邻氨基苯基酸生物碱种类及其（d）～（f）代表性化合物以及（g）组氨酸和（h）组氨酸生物碱分子式结构

生物碱多为无色或白色的结晶性固体，少数为非晶形粉末和液体，少数带有颜色。亲脂性的生物碱数目较多，如大多数的叔胺碱和仲胺碱，一般溶于甲醇、乙醇、丙酮、乙酸乙酯、苯、卤代烃等有机试剂。亲水性的生物碱数目较少，一般为季铵碱、具有醚键或配位键的分子量较小的化合物。亲水性生物碱可溶于水、甲醇、乙醇等极性试剂。大多数生物碱与酸形成生物碱盐，其一般易溶于水、甲醇、乙醇等极性试剂。所以，多采用酸性水溶液、甲醇、乙醇等试剂提取天然药物中的生物碱，然后通过提取液的碱化和三氯甲烷等试剂的萃取，分离出天然药物中的亲水性和亲脂性的生物碱。

2.1.2.2 萜类和挥发油类

萜类化合物是由甲戊二羟酸衍生且分子骨架含有异戊二烯（C_5 单元）基本结构单元的化合物及其含氧衍生物，碳原子数一般为 5 的倍数，常具有多环结构，可以是醇、醛、酮、羧酸、酯等，结构多样[图 2-8（a）和（b）]。该类化合物在自然界中分布广泛、种类繁多，具有抗菌、消炎、解热、扩张冠状动脉、抗癌等功效，近年来已发现近 3 万种萜类化合物，一半以上分布在植物界中。特别是我们熟知的 2015 年的诺贝尔医学奖授予的研究成果——新型抗疟药青蒿素的提取，其中青蒿素即属于倍半萜化合物[图 2-8（c）]。

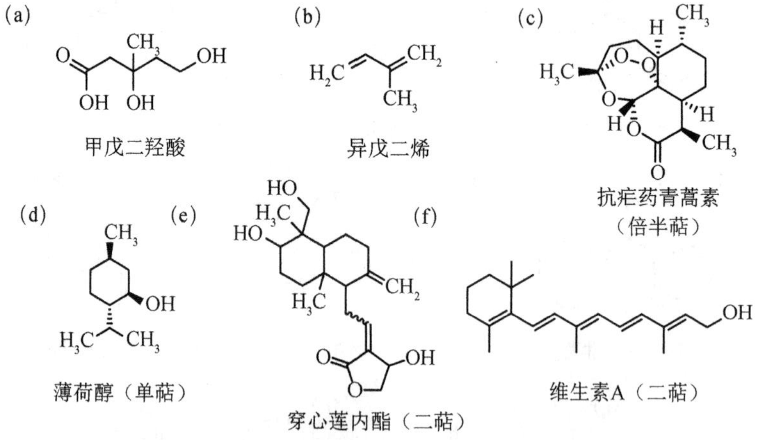

(a) 甲戊二羟酸　(b) 异戊二烯　(c) 抗疟药青蒿素（倍半萜）

(d) 薄荷醇（单萜）　(e) 穿心莲内酯（二萜）　(f) 维生素A（二萜）

图 2-8　萜类和挥发油类代表性化合物分子结构式

根据含碳原子数目，萜类化合物可以分为单萜、倍半萜、二萜、二倍半萜、三萜、四萜和多萜等。单萜类化合物由 2 个异戊二烯结构单元衍变而成，基本骨架含有 10 个碳原子。倍半萜则由 3 个异戊二烯结构单元衍变而成，含有 15 个碳原子，依次类推（表 2-1）。单萜类和倍半萜类化合物是挥发油的主要成分，在唇形科、伞形科、樟科、松科、菊科等多种植物以及真菌和海洋类生物中有分布，能够随水蒸气蒸馏[图 2-8（d）]。它们具有提神、杀菌、抗炎、驱虫、解热、止咳、平喘、调节激素平衡的功效，广泛应用于医药、化妆品、食品等行业。其中，倍半萜类化合物是萜类化合物种类最多的一种。

表 2-1　萜类天然药物的分类、在自然界中的主要分布、主要功效和代表性化合物

类别	异戊二烯个数	碳原子个数	主要分布	功效	代表性化合物
单萜	2	10	植物	提神、杀菌、消炎、止咳、降血糖等	香叶醇、薄荷醇、樟脑、梓醇
倍半萜	3	15	植物、真菌、海藻、海绵	提神、杀菌、消炎、止咳等	青蒿素、山道年、愈创木醇
二萜	4	20	植物、菌类、海洋生物	抗癌、抗菌、消炎、凝血、抗心律失常	穿心莲内酯、雷公藤内酯、紫杉醇、维生素 A
二倍半萜	5	25	植物、菌类、海绵、昆虫	杀菌、抗氧化	呋喃海绵素、蛇孢假壳素
三萜	6	30	植物、菌类、海洋生物、动物	溶血、抗癌、抗炎、抗菌、抗病毒、降低胆固醇	人参皂苷、黄氏皂苷
四萜	8	40	植物	强肝、利尿、抗氧化、促进细胞生长、调节血脂平衡和抗癌	胡萝卜素、番茄红素
多萜	n	$10n$	植物	黏稠性，耐稀酸，耐稀碱	橡胶

二萜类化合物由 4 个异戊二烯单元构成，含 20 个碳原子，是树脂的主要成分，主要集中在五加科、马兜铃科、豆科、橄榄科等多种植物中，在菌类代谢物和海洋生物中也有分布。二萜类化合物分子量较大，通常不具有挥发性，不能随水蒸气蒸馏。二萜类化合物具有抗癌、抗菌、消炎、凝血、抗心律失常等功效，是一类具有一定应用前景的化合物[表 2-1、图 2-8（e）和（f）]。二倍半萜由 5 个异戊二烯结构单元衍变而成，含有 25 个碳原子，发现较晚且数量最少，主要分布在羊齿植物、菌类、地衣类、海洋生物海绵和昆虫分泌物中，具有杀菌、抗氧化的功效[表 2-1、图 2-9（a）]。

三萜类化合物由 6 个异戊二烯结构单元衍变而成，含有 30 个碳原子，在菌类、蕨类、单子叶和双子叶植物、动物和海洋生物中分布较多[表 2-1、图 2-9（b）]。其在自然界中以游离态形式或与糖结合为苷或酯的形式存在，具有溶血、抗癌、抗炎、抗菌、抗病毒、降低胆固醇等功效，是天然药物研究领域的重要部分。三萜苷类化合物多数可溶于水，其水溶液振摇后产生大量的类似肥皂样的泡沫，因而被称为三萜皂苷。

四萜类化合物则由 8 个异戊二烯结构单元衍变而成，含有 40 个碳原子，主要为一些脂溶性的色素，如胡萝卜素、番茄红素、玉米黄素、辣椒红素，具有强肝、利尿、抗氧化、促进细胞生长、调节血脂平衡和抗癌等功效，有利于人体健康，在植物中分布广泛[表 2-1、图 2-9（c）]。多萜类化合物则是含有多个异戊二烯结构单元的高聚物，具有黏稠性，耐稀酸、稀碱，如橡胶。

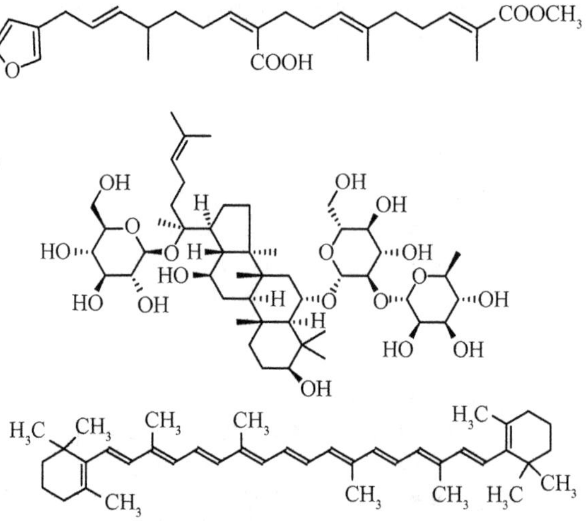

(a) 呋喃海绵素（二倍半萜）

(b) 人参皂苷（三萜）

(c) 胡萝卜素（四萜）

图 2-9 二倍半萜、三萜和四萜类代表性化合物分子结构式

单萜和倍半萜多为具有特殊香气的油状液体，具有挥发性。二萜、三萜、四萜和多萜化合物多为结晶性固体。萜类化合物亲脂性较强，但随含氧官能团的数目增加，水溶性增加。萜类的苷具有一定的亲水性。萜类化合物多采用水蒸气蒸馏（挥发油类）、溶剂提取等方法提取。

2.1.2.3 甾体类

甾体类化合物是广泛存在于自然界的一类具有环戊烷并多氢菲结构的天然药物有效成分，基本骨架为四环，由 3 个六元环和 1 个五元环组成。根据甾核上 C_{17} 的取代基的不同，甾体类可以分为强心苷（R=不饱和内酯）、甾体皂苷（R=含氧螺杂环）、C_{21} 甾类（R=甲羰基衍生物）、植物甾醇（R=8～10 个碳的脂肪烃）、胆汁酸（R=戊酸）、昆虫变态激素（R= 8～10 个碳的脂肪烃）等类型。其中强心苷和甾体皂苷在自然界中分布最广，临床应用较多。强心苷存在于许多有毒的植物中，以玄参科、夹竹桃科植物最普遍。在临床上其主要用于治疗充血性心力衰竭及节律性障碍等心脏疾病，如毛花苷 C、地高辛、毛地黄毒苷等[图 2-10（a）～（c）]。甾体皂苷是一类由螺甾烷类化合物和糖结合的寡糖苷，广泛分布于植物界，如薯蓣科、百合科、玄参科，至今已发现 1 万多种。甾体皂苷具有防治心脑血管疾病、抗肿瘤、降血糖和免疫调节的功效，如薯蓣皂苷[图 2-10（d）]。

激素按照化学结构可以分为蛋白质类激素和类固醇类激素。类固醇激素则属于甾体类化合物，具有极重要的医药价值，在维持生命、调节性功能，对机体发展、免疫调节、皮肤疾病治疗及生育控制方面有明确的作用[图 2-10（e）]。肾上腺糖皮质激素则是类固醇激素的一种能够治疗风湿性关节炎，并在免疫调节上具有重要价值，是临床应用中不可缺少的甾体类药物[图 2-10（f）]。但类固醇激素药物具有很强的内分泌干扰作用，对人体和生态环境危害极大，目前已在环境中被不断检出，其主要来源于包括人类在内的脊椎动物的排放。例如，过量的肾上腺糖皮质激素诱发骨坏死的发生，常常是在治疗原发性疾病，如变态反应疾病、胶原性疾病、血液病、器官移植等的过程中发生的。

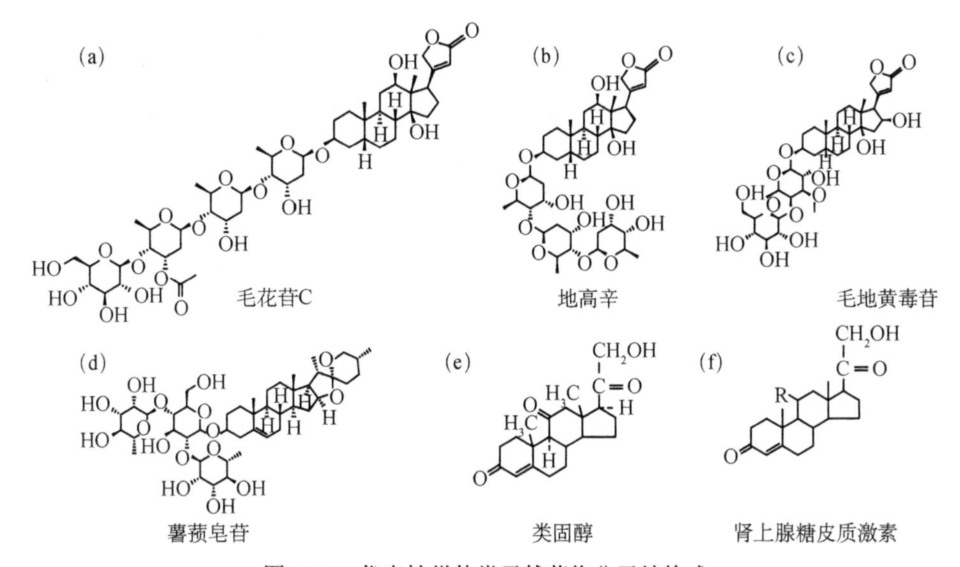

图 2-10　代表性甾体类天然药物分子结构式

2.1.2.4　苷类

苷类化合物是由糖或糖衍生物的端基碳原子与另一类非糖物质（称为苷元、配基，R）连接形成的化合物，又称配糖体。其种类繁多，分类方法也多种多样。根据苷元结构，可分为黄酮苷、吲哚苷、蒽苷、皂苷、强心苷、香豆素苷和环烯醚萜苷等。前面所提到的强心苷和毛花苷 C 就属于甾体类苷。根据糖的名称，可分为葡萄糖苷、鼠李糖苷、三糖苷、芸香糖苷等。最常见是根据连接的化学键种类分为醇苷（—C—O—R）、酚苷（—C—O—Ph）、酯苷（—CO—O—R）、碳苷[—C—C（R）]、氰苷、氮苷、硫苷等，取决于糖中的碳原子或氧原子与苷元中的哪一种原子相连。

醇苷由苷元的醇羟基和糖端基羟基脱水缩合而成。其主要分布在藻类、毛茛科、杨柳科、景天科及豆科等植物中，如龙胆苦苷，由葡萄糖和环烯醚萜构成，专门用于治疗黄疸型肝炎疾病[图 2-11（a）]。与醇苷连接原子类似的是酯苷和酚苷，其中，酯苷由葡萄糖内酯的醇羟基与苷元的羧基脱水缩合而成，如具有抗真菌活性的山慈菇苷，酯键不稳定，易水解[图 2-11（b）]。酚苷由葡萄糖内酯的醇羟基与酚羟基脱水缩合而成，如具有镇静、催眠作用的天麻苷[图 2-11（c）]。

碳苷由糖端基碳直接与苷元上碳原子相连组成。组成碳苷的苷元有黄酮类、蒽醌和没食子酸等。如异芒果苷，具有较好的镇咳祛痰疗效及强心、利尿、抗抑郁的作用[图 2-11（d）]。氮苷则是由糖端基碳与苷元上的氮原子相连的苷，如胞苷、巴豆苷、腺苷等。其中腺苷则是我们所熟悉的三磷酸腺苷的主要结构部分，由呋喃核糖（五碳糖）和腺嘌呤（吲哚类）通过氮原子相连组成[图 2-11（e）]。硫苷则是由糖端基羟基与苷元上的巯基缩合而成，主要分布在十字花科植物中。例如，萝卜苷、黑芥子苷、大蒜，有含巯基化合物所特有的特殊气味，具有祛痰、理气、抗癌、抑菌、抗氧化等功效和活性[图 2-11（f）]。氰苷主要是指一类具有 α-羟腈的苷，易水解，分解成醛（或酮）和氢氰酸。例如，蔷薇科植物的成熟果实中的苦杏仁苷，小剂量有镇咳平喘的功效，大剂量则会有中毒的危险[图 2-11（g）]。

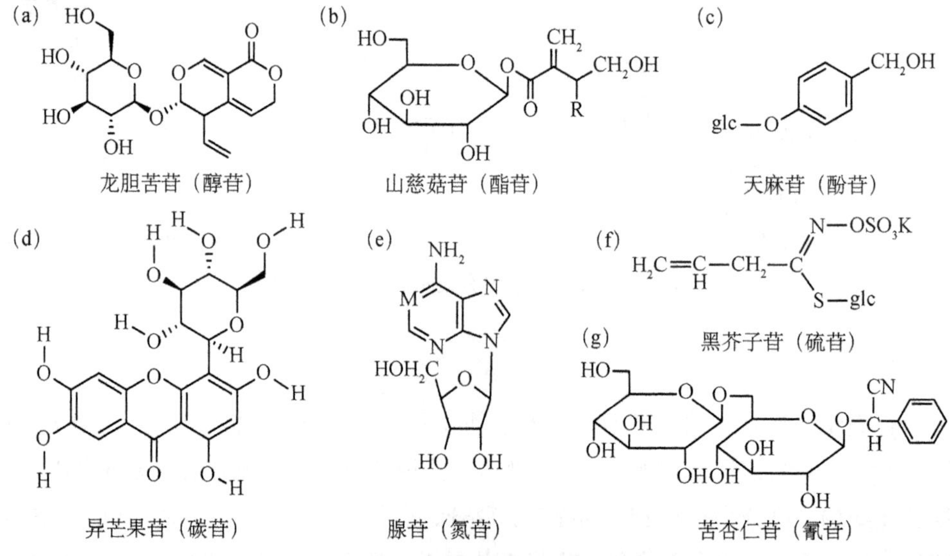

图 2-11 代表性甾体类天然药物分子结构式

（c）和（f）中 glc 代表葡萄糖基团

根据糖的名称可以将苷类化合物分为葡萄糖苷、鼠李糖苷、三糖苷、芸香糖苷等。其中，糖分子以环状的内酯结构存在，如葡萄糖分子的醛基被氧化为羧基，与 C_5 连接的羟基脱水缩合，形成两种不同构型的环状的内酯结构[图 2-12（a）]。

根据苷元结构，可分为黄酮苷、吲哚苷、蒽苷、皂苷、强心苷、香豆素苷和环烯醚萜苷等。前面所提到的人参皂苷、毛花苷 C 分别属于三萜类皂苷和甾体类皂苷，多以通过氧原子连接，属于醇苷类，并含有多个内酯环，容易起泡，所以称为皂苷。吲哚苷、强心苷、环烯醚萜苷也属于生物碱类和甾体类，其中环烯醚萜苷则属于单萜类化合物。黄酮类天然药物则是具有 2-苯基色原酮结构的一类化合物[图 2-12（b）]。其分子中有一个酮式羰基，第一位上的氧原子具碱性，能与强酸成盐，其羟基衍生物多具黄色，故又称黄碱素或黄酮。黄酮类化合物在植物体中通常与糖结合成苷类，小部分以游离态（苷元）的形式存在。绝大多数植物体内都含有黄酮类化合物，它在植物的生长、发育、开花、结果以及抗菌防病等方面起着重要的作用。黄酮类天然药物具有保肝、抗菌、抗炎、抗病毒、抗氧化、改善血液循环、调节生理功能等多种功效。常见的色素如花青素则属于黄酮类化合物，含有多个酚羟基，且多以苷的形式存在，可溶于水，在食品、医药、化妆品行业中广泛应用[图 2-12(c)]。

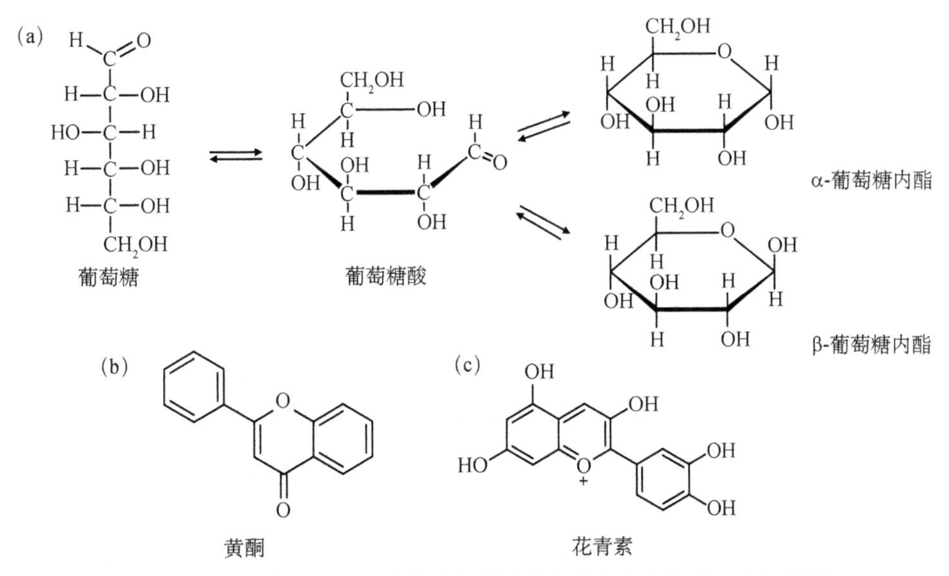

图 2-12　（a）葡萄糖、葡萄糖酸和葡萄糖内酯分子结构式；（b）黄酮和（c）黄酮类天然药物分子结构式

2.1.2.5　有机酸类

有机酸是广泛存在于生物体中的一种含有羧基的酸性有机化合物（不包括氨

基酸)。磺酸、亚磺酸、硫羧酸等也属于有机酸。天然有机酸在植物的叶、根，特别是果实中广泛分布，如乌梅、五味子、覆盆子等。天然有机酸化合物包括脂肪族和芳香族两大类。脂肪族的一元、二元、多元羧酸包括酒石酸、草酸、苹果酸、柠檬酸、抗坏血酸（即维生素 C）等[图 2-13（a）和（b）]。水果中的脂肪族有机酸具有抗氧化的功效，可软化血管，促进钙、铁元素的吸收，能刺激消化腺的分泌活动，有增进食欲、促进消化和新陈代谢、预防疾病等功能，可以作为食品添加剂使用。草酸广泛分布于菠菜、苋菜等植物中，可以作为显色助染剂、漂白剂等。芳香族有机酸包括苯甲酸、水杨酸、咖啡酸等，可以作为防腐剂、皮肤消炎药等。水杨酸具有解热镇痛的作用，常见的退烧药阿司匹林则是由水杨酸和乙酸酐缩合而成，即乙酰水杨酸[图 2-13（c）]。有机酸一般都可与钾、钠、钙等结合成盐，有些也可与生物碱类结合成盐。脂肪酸多与甘油、高级醇结合形成酯、蜡、树脂、挥发油等化合物[图 2-13（d）]。

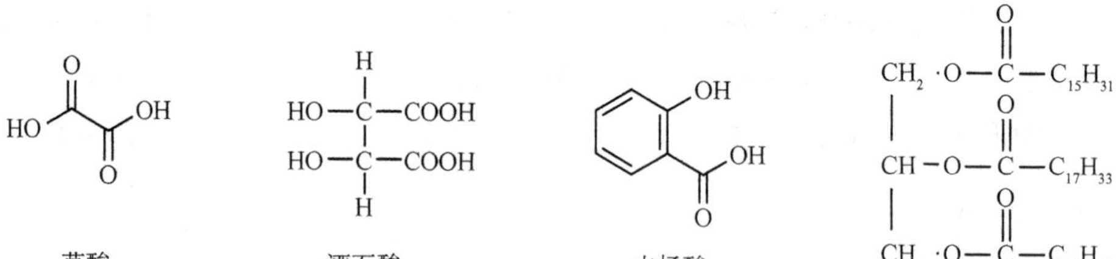

草酸 (a)　酒石酸 (b)　水杨酸 (c)　脂肪 (d)

图 2-13　常见的有机酸类天然药物分子结构式

2.1.2.6　糖类

糖类是一类碳水化合物的总称，与生命过程密切相关。很多糖类具有生理活性，是一类重要的天然药物分子，主要分布于植物、动物和微生物中。糖类可以分为单糖、低聚糖（少于 10 个糖基）和多糖。例如，葡萄糖、果糖属于单糖，麦芽糖属于低聚糖，淀粉和纤维素属于多糖，均是由葡萄糖聚合而成（图 2-14）。不同的多糖聚合方式和结构不同。其中，淀粉含有支链结构，聚合度约为 3000；纤维素是直链结构，聚合度约为 3000～5000。所以，淀粉易溶于温水，并且膨胀，具有胶黏性质。而纤维素则结构稳定，硬度较大，不溶于水和乙醇等溶剂，是植物细胞壁中的主要成分，起到保护植物细胞的作用。

糖类具有营养、强壮、滋补的作用，如枸杞、山药、地黄、何首乌和黄精中的糖类成分。近年来药理研究表明糖类有多种生理活性作用，如香菇多糖具有抗肿瘤、降低胆固醇、增强免疫力的功效，是香菇的主要成分（图 2-15）。茯苓多糖则

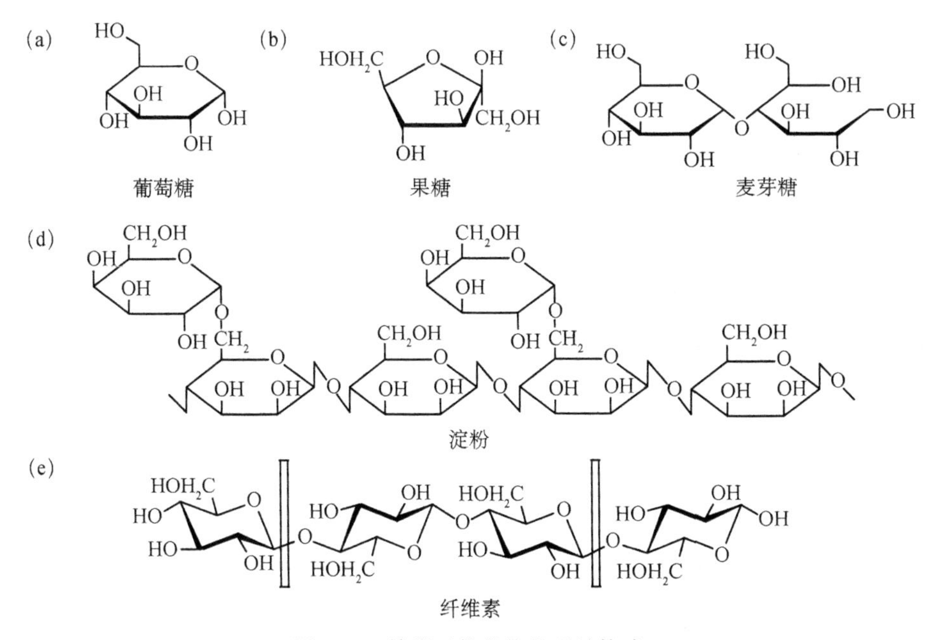

图 2-14　糖类天然药物分子结构式

具有很好的抗肿瘤功效，分布在茯苓菌核中。二者属于微生物药，是葡萄糖的聚合体，具有水溶性。透明质酸则具有调节蛋白质、水、电解质在皮肤中的扩散和转运的功能，具有保水作用、促进伤口愈合，是天然的保湿因子，在动物体内的结缔组织、关节滑液、脐带、皮肤中含量较高，属于动物类药物。壳聚糖是一种很好的止血药，并具有抗菌消炎的作用。甲壳素则是一种很好的药物辅料，可从蟹壳和虾壳中提取，具有安全无毒、人体相容性好的特点，用于包裹药物可减少对肠胃的刺激。壳聚糖、甲壳素和纤维素具有相似的结构，均不溶于水。

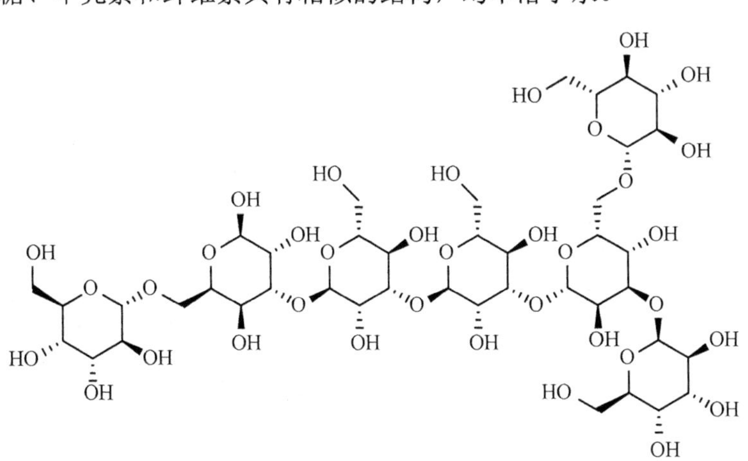

图 2-15　代表性糖类天然药物——香菇多糖分子结构式

2.1.2.7 蛋白质、多肽、氨基酸

蛋白质、多肽、氨基酸则是生物体内必不可少的成分，对于人体的新陈代谢、生长发育起到促进和调节作用。α-氨基酸是通过肽键首尾相连而成的高分子化合物，分子量在 5×10^3 以下的被称为多肽，而介于 5×10^3～1×10^7 之间的被称为蛋白质。生物体中很多重要的激素都属于蛋白质和多肽类，如促甲状腺激素释放激素，由下丘脑分泌，具有三肽结构，可增强机体对环境的适应，这类激素能够反映机体内分泌的状况。甲状腺激素则属于氨基酸衍生物，由甲状腺分泌，主要促进骨骼、脑和生殖器官的生长发育。生长激素由脑垂体前叶分泌，是在睡眠中产生的最多的一种蛋白质激素，能够促进生长发育，促进骨、软骨、肌肉以及其他组织细胞分裂增殖和蛋白质合成增加，临床主要用于侏儒症的治疗。胰岛素是由胰脏分泌的一种蛋白质激素，是机体内唯一降低血糖的激素，起到调控机体新陈代谢和维持内环境相对稳定的作用。滥用激素风险极大，能够导致肢端肥大、畸形，伤害肝和骨，引起内分泌系统失衡、心血管疾病、糖尿病等。

酶是生物体内具有催化作用的单元，主要为蛋白质，对于机体内的糖、蛋白质、氨基酸、DNA、三磷酸腺苷等重要生命物质的合成与分解有催化作用。可以分为氧化还原酶、转移酶、水解酶、裂合酶、异构酶、合成酶、易位酶，催化反应的类型各不相同（表 2-2）。

表 2-2 酶的类别、编号、功能和示例

类别	编号	功能	示例
氧化还原酶	EC 1	促进底物进行氧化还原反应	葡萄糖脱氢酶、乙醇氧化酶等
转移酶	EC 2	催化底物之间进行某些基团的转移或交换	甲基转移酶、氨基转移酶、乙酰转移酶、转硫酶、激酶和多聚酶等
水解酶	EC 3	催化底物发生水解反应	淀粉酶、蛋白酶、脂肪酶、磷酸酶、糖苷酶等
裂合酶	EC 4	催化从底物（非水解）移去一个基团并留下双键的反应或其逆反应	脱水酶、脱羧酶、碳酸酐酶、醛缩酶、柠檬酸合酶等
异构酶	EC 5	催化各种同分异构体、几何异构体或光学异构体之间相互转化	异构酶、表构酶、消旋酶
合成酶	EC 6	催化两分子底物合成为一分子的反应，伴随三磷酸腺苷的磷酸键断裂	谷氨酰胺合成酶、DNA 连接酶、氨基酸、tRNA 连接酶以及依赖生物素的羧化酶等
易位酶	EC 7	催化离子或分子跨膜转运或在膜内移动，伴随有质子交换、化学键断裂等过程	泛醇氧化酶（转运 H^+）、抗坏血酸铁还原酶（跨膜反应）等

2.2　天然药物的现代提取技术

天然药材的存在形式多种多样，包括植物的根、茎、叶、动物组织、细胞等，因此天然药材的正确处理和合适提取方法的选择对于有效成分的提取效率、纯度、最终的成本和对环境的影响至关重要。天然药物的原料在提取前需要经过净制、切制、炮炙、干燥、粉碎、研磨等物理过程或其他特殊方法的处理，以保证后续提取过程中的安全性、有效性和质量可控性。

天然药物的提取方法主要分为浸取、升华与压榨。浸取法是使用溶剂将固体或粉末状的药材中的有效成分直接提取出来，是固液传质的过程。干燥的固体或粉末首先吸收溶剂，溶剂则进入固体的小孔或细胞内，溶质成分就在其中扩散，直到相平衡。浸取法是天然药物提取的主要方法。浸取法可以分为溶剂提取、水蒸气蒸馏和超临界提取等。其中，溶剂提取方法应用广泛，是常用的天然药物提取技术。溶剂提取法包括浸渍法、渗漉法、煎煮法、回流提取法、超声波提取法、微波提取法等。超声波提取、微波提取和超临界提取是现代发展起来的新型提取技术。

2.2.1　溶剂提取法

2.2.1.1　溶剂的选择

溶剂的选择是溶剂提取法的关键，依据“相似相容原理”，根据待分离天然药物化合物的极性选择适宜的亲水性或亲脂性的溶剂进行提取。水是强极性溶剂，是最经济环保的溶剂。甲醇、乙醇、丙酮是亲水性有机溶剂，能与水任意混溶。亲脂性有机溶剂包括正丁醇、乙酸乙酯、乙醚等，不与水任意混溶，可分层。溶剂极性大小排列顺序为，石油醚<四氯化碳<苯<氯仿<乙醚<乙酸乙酯<正丁醇<丙酮<乙醇（甲醇）<水。常见的溶剂的极性和适宜提取的天然药物如表 2-3 所示。

表 2-3 常见的溶剂的极性和适宜提取的天然药物

溶剂类型	亲水性溶剂		亲脂性溶剂	
	水	丙酮、乙醇、甲醇	苯、氯仿、乙醚、乙酸乙酯、正丁醇	石油醚、汽油、环己烷
适宜对象	氨基酸、糖类、无机盐等水溶性成分	糖苷类、生物碱盐、木脂素、多酚类等极性化合物	三萜苷元、游离生物碱、有机酸、黄酮、香豆素的苷元等中等极性化合物	油脂、蜡、叶绿素、挥发油、游离甾体等极性小的化合物

此外，根据一些天然药物成分的酸碱性质，可采用酸性或碱性水溶液进行提取。酸性的水溶液可提取含氮的碱性化合物，如亲水性生物碱。碱性的水溶液可提取有机酸、黄酮、蒽醌、香豆素、内酯以及酚酸类成分。从综合角度考虑，溶剂的选择一般遵循以下原则：溶剂对有效成分溶解度大，对杂质溶解度小；沸点适中容易回收；溶剂不能与中药的成分发生化学反应；溶剂要经济、易得、使用安全等。在食品工业生产中，一般选取水、酸、无毒的盐水溶液等安全试剂或己烷、乙醇、二氯甲烷、丙酮等易挥发的溶剂。对于植物油的浸取，采用己烷、醇类或醇-水混合液作为溶剂。对于制药与化工生产，由于治疗效果比溶剂可能导致的副作用重要得多，所以溶剂的选择范围较广。食品和生物物质的浸出则可采用安全无毒的二氧化碳超临界萃取方法。

2.2.1.2 冷浸法、渗漉法、煎煮法

冷浸法属于静态提取方法，是将粉碎后的药材原料浸泡在适宜的溶剂（如氯仿、乙醇、稀醇或水）中，溶剂用量约是药材体积的 5 倍，反复浸泡 3 次，每次浸泡时间为 12～24 h 或数天。这种方法操作简单，但提取时间长、溶剂用量大、提取效率低、浓缩工作量大，如用水萃取还需防止发霉变质。冷浸法适用于新鲜、易于膨胀的药材，尤其适用于对热不稳定的药材的提取，如淀粉、树胶、黏液质和果胶等成分，不适用于贵重药材和毒性药材的提取。浸渍法主要应用于药酒的生产。

渗漉法是将药材粉碎后装入渗漉罐中，不断添加溶剂渗过药粉，使药材中的有效成分溶于渗滤液中后再使其流出。一般先浸泡 6 h，然后控制流速缓慢流出。由于溶液浓度差大，所以浸出效果好，且不破坏成分，提取效率较浸渍法高，适用于大批量的药材原料的提取。当流出液颜色极浅或渗漉液的体积相当于药材质量的 10 倍时，可以认为提取完全。渗漉法适用于热敏性、易挥发或剧毒性的药物成分，也适用于有效成分含量较低的原料。但所需溶剂的体积仍较大，提取时间较长。

煎煮法是比较传统的药物提取方法，仍延续至今，是中药水提取最常用的方法，以水作为溶剂，加热煮沸，成分即可浸出，可直接服用。煎煮法无冷凝回流装

置，所以必须以水为溶剂。煎煮法提取效率高，但不适用于热不稳定的成分，且含多糖多的成分存在过滤困难的问题。

2.2.1.3　回流提取法

回流提取方法包括简单回流提取和连续回流提取，选用合适的有机试剂通过加热回流浸提天然药物原料中的有效成分，是工业生产中常用的方法（图 2-16）。简单回流提取中，将药材原料和溶剂直接置于圆底烧瓶中，连接回流装置，使有效成分溶解到溶剂中。与煎煮法相比，回流提取法中能够使用有机溶剂，具有溶剂用量相对少、提取效率高等优点。连续提取法改进了简单回流提取法，将药物原料包裹在滤纸中，置于索氏提取器中的提取柱部分，加热底部烧瓶中的溶剂，溶剂气体经过溶剂蒸气上升管到柱冷凝柱部分，凝结成的溶剂液滴流向过滤柱，对有效成分进行提取。虹吸回流管起到防止液体在提取柱液面过高的现象。由于滴入药材原料的液滴是纯溶剂，所以连续回流提取法的提取效率高于简单回流提取法。回流提取是在较高的温度下进行的，所以提取物中含有的杂质较多，且不适用于热敏性有效成分的提取。

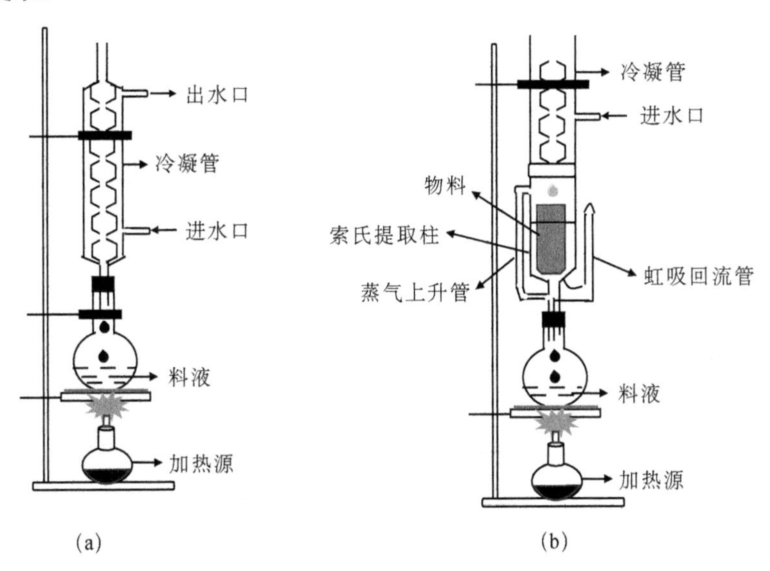

图 2-16　（a）简单回流提取装置和（b）连续回流提取装置图

2.2.1.4　超声波提取法

超声波提取法是一种现代的提取方法，特别适用于小规模和中等规模的样品处理。超声波是一种频率约为 20～50 kHz 的机械波，需要载体（介质）来进行传播，由于频率高于声波的频率上限值，所以被称为超声波。超声波中的正负交变的压强可以改变介质密度，引起介质中气泡的体积瞬间变大（负压），随后突然被绝热压缩至消失（正压），在消失过程中产生相当于7000个大气压的瞬间压强和高温，破坏天然药材料的细胞壁和细胞膜，使溶剂进入细胞中，达到提取有效成分的目的。这个过程也称为空化效应，伴随“嘶嘶”的空化噪声产生。

超声波提取法对溶剂种类没有特殊限制，可供选择的溶剂种类多。绝大多数天然药物成分可采用超声法提取。该法无需高温，通常在20～50℃水温下超声波强化提取，避免了煎煮法和回流提取法长时间加热对天然药物热不稳定有效成分的破坏。超声波强化提取20～40 min即可获最佳提取率，提取时间短。超声提取溶剂用量少，提取物中有效成分含量高，有利于进一步分离纯化，可用于黄芩苷、芦丁、水芹中总黄酮、大黄中总蒽醌、黄连中小檗碱、多糖、有机酸的提取。超声波产生的强大压强会导致蛋白质中的三级结构破坏，因此对于蛋白质样品的提取不易采用超声法。

2.2.1.5 微波提取方法

微波是指频率在300 MHz～300 GHz之间的电磁波，能够使具有一定极性分子发生转动，产生热量，具有加热溶剂和细胞的作用。微波的频率与分子的转动频率相关联，当它作用于分子上时，促进了分子的转动运动，分子若此时具有一定的极性，便在微波电磁场作用下产生瞬时极化。当频率为2450 MHz时，分子就以24.5亿次/秒的速度做极性变换运动，从而产生键的振动、撕裂和粒子之间的相互摩擦、碰撞，迅速生成大量的热能，引起温度的升高。物质的介电常数ε越大，分子中的净分子偶极矩越大，产热越大。物质的介电常数ε小于20时，物质在微波场中产热很小，提取效率很低。

在微波提取过程中，微波辐射导致植物细胞内的极性物质吸收微波能，产生热量，使细胞内温度迅速上升，细胞内的液态水气化产生的压力将细胞膜和细胞壁冲破，形成微小的孔洞。继续加热将导致细胞内部和细胞壁水分减少，细胞收缩，表面出现裂纹。同时，微波辐射下，溶剂短时间内即可沸腾，由于提取在密闭容器中进行，所以溶剂气化使容器内压强增大，溶剂沸点升高。随着受热温度增加，天然药物的有效成分被快速地提取出来。一般微波提取的时间在10～100 min之间，微波的功率在200～1000 W之间，频率范围为300 MHz～300 GHz。选取的试剂必须有一定的极性，一般溶剂的介电常数在20～80范围内。常用的溶剂有水、甲醇、乙醇、异丙醇、丙酮等。微波提取中的溶剂用量与药材原料的比值在1～20 L • kg^{-1}

范围内。该法可用于薄荷挥发油、重楼皂苷、板蓝根多糖、红景天苷等天然药物的提取。

2.2.2 水蒸气蒸馏法

上述的溶剂提取适用各种对热不稳定、对热稳定、极性和非极性的天然药物。水蒸气蒸馏提取法是一种较为特殊的提取技术，其利用水沸腾时产生的水蒸气将不溶或微溶于水、具有热稳定性并且在 100℃具有一定蒸气压的药物有效成分的气体带出。该法特别适用于提取植物中的挥发油、精油、当归、丁香、麻黄碱、槟榔碱等挥发性物质的提取，具有高度的选择性；但容易造成焦糊、有效成分水解，操作和使用时应注意。

2.2.3 超临界流体萃取法

超临界流体萃取法是一种高效、环保、温和的提取方法，始于 20 世纪 50 年代，到 70 年代末，该法广泛应用于烟草和食品工业，80 年代以来，超临界流体萃取技术在医药、化工、食品及环保等领域取得了迅速发展，特别是在中药有效成分提取分离方面日益受到重视。目前主要用于萜类、挥发油、生物碱、黄酮、苯丙素、皂苷和芳香有机酸等成分的提取分离，在青蒿素浸膏、蛇床子浸膏、胡椒精油、肉豆蔻精油等的制备分离方面已达到产业化规模。如青蒿素的工业提取流程为：青蒿（粉碎）→粗粉（乙醇超声提取）→提取液（膜滤）→滤液（减压浓缩）→青蒿浸膏（CO_2 超临界流体萃取）→青蒿素粗品。

在等容的条件下，纯物质分子的压强随温度的升高而增大，当压强和温度高于临界点即临界压强（p_c）和临界温度（T_c）时，纯物质处于超临界状态，包括密度、黏度、扩散系数等性质处于气体和液体之间，所以称为超临界流体。超临界流体的黏度小于液体，扩散系数高于液体，溶解能力与液体相同，所以与液态溶剂相比，超临界流体具有更高的渗透性和萃取能力。CO_2 超临界流体是目前应用最广泛的萃取剂，其临界压强为 7.2 MPa，临界温度为 31.1℃，临界条件容易达到。该温度范围可实现热不稳定性质的药物成分的提取，且 CO_2 无毒、无味、安全性好、价格便宜、易于回收，具有抗氧化灭菌的作用。由于 CO_2 是非极性分子，所以对于亲脂性分子如挥发油、烃类、醚类、酯类等具有较好的萃取效果，对于亲水性分子如糖类、氨基酸的和分子量较大的成分萃取能力较差。通常在 CO_2 超临界流体中加入适量的共溶剂来提高选择性和适用范围，如甲醇、乙醇、丙酮、乙酸乙酯等溶解性好的溶剂。

2.2.4 升华与压榨法

中药中的某些固体成分在受热低于其熔点的温度下，不经液态直接成为气态，经冷却后又成为固态，从而与中药组织分离这种性质称为升华，这种提取方法称为升华法。升华法能够提取生物碱类、蒽醌类、香豆素类和有机酸类等具有升华性质的的物质，但在实际中很少使用。升华法采用的温度较高，天然药物原料容易碳化，且提取产率低、成分易分解。

压榨法则使用机械研磨或挤压的方式，将原料中的有效成分提取出来，适用于精油的提取，特别是柑橘、柠檬等易焦糊原料中有效成分的提取，具有成本低、能够保持有效成分结构的优点。也适用于不易采用水蒸气蒸馏提取法的精油原料，但提取效率较低、分离较困难。

2.3 天然药物的现代分离与纯化技术

天然药物的分离与纯化包括提取液中的不同药物组分之间的分离、杂质的去除、成品的获得等操作。常用的方法包括溶剂萃取法、沉淀法、结晶法、分子蒸馏法、膜分离法、色谱法。萃取法和沉淀法操作较为方便，是较为经典的分离与纯化方法。萃取法主要针对极性相差较大的组分之间的分离。沉淀法主要用于水溶性组分的分离与纯化。结晶法则属于天然药物的固体从溶剂中析出，需要在纯化后、杂质含量低时进行，亦属于经典的分离与纯化方法。分子蒸馏法、膜分离法、色谱法为现代分离纯化技术。萃取法、沉淀法、膜分离属于初级的纯化技术，需要通过分子蒸馏、色谱、结晶等分离技术进一步纯化。萃取法、沉淀法、结晶法、分子蒸馏法、膜分离法已被工业化，色谱法则属于单元操作，适用于少量样品的纯化和未知反应的研究，但色谱法能够分离结构和性质相似的组分，是其他分离与纯化方法不能比拟的。

2.3.1 溶剂萃取法

溶剂萃取法是根据提取液中各组分在两种互不相容的溶剂中的分配系数不同

而进行的一种初级分离的方法。通常是有机相和水相之间的相互萃取。与水互不相容的有机溶剂包括石油醚、氯仿、乙醚、乙酸乙酯、正丁醇等。水萃取剂可以是酸、碱或醇的水溶液，如稀盐酸溶液、碳酸氢钠溶液、乙醇水溶液。例如，催吐萝芙木中总生物碱的盐酸提取液中水溶性杂质的去除和具有不同碱性的生物碱的分离。用氯仿对总生物碱的 1 mol • L^{-1} 盐酸水溶液进行首次萃取，分别得到氯仿层和酸性水溶液层。氯仿层中主要存在弱碱性生物碱成分，这类生物碱的水溶性较弱，在稀 HCl 溶液中仍以游离态形式存在，容易被氯仿萃取。在酸水层中则主要存在中等碱性和强碱性的生物碱，需要用氨水调节稀盐酸水层的 pH 至 8，此时中等碱性的生物碱以游离态形式存在。进一步用氯仿萃取，在氯仿层中主要存在中等碱性的生物碱。在碱水溶液层中则主要存在强碱性生物碱，此时需要将 pH 进一步调至 9，使强碱性生物碱以游离态形式存在，再用氯仿进一步萃取，得到强碱性生物碱，从而达到分离的目的。

2.3.2　沉淀法

沉淀法主要包括醇沉淀法、酸碱沉淀法和盐沉淀法。其原理是与提取液中的目标成分形成沉淀，过滤洗涤后，再重新溶解到合适的试剂中，随后对样品进行重结晶，达到目标成分的初步分离与纯化。沉淀法主要针对水溶性成分的分离，包括蛋白质、淀粉、透明质酸、多糖、多肽等。

2.3.2.1　醇沉淀法

醇沉淀法适用于溶于水但不溶于乙醇试剂的药物有效成分的分离，如水提取液中蛋白质、淀粉、香菇多糖、茯苓多糖、透明质酸。以香菇多糖的提取为例，将香菇原料在 80℃下干燥，然后粉碎至 20 目。加入 10 倍量的水，于 80℃温浸 2 h，重复提取两次，合并上清液，过滤。使用中空纤维超滤器超滤，截留分子量在 20 000～50 000 之间的物质。向截留部位加入 5 倍量的乙醇，充分搅拌、放置、过滤，并用乙醇洗涤沉淀。将得到的沉淀在室温下放置，使乙醇挥发，在 40℃烘箱中减压干燥得到淡棕色或棕色粉末，即为香菇多糖。沉淀产率约为 1%，其中多糖含量为 70%～80%。

人参总皂苷为三萜类亲水性化合物，溶于乙醇，但不溶于丙酮，可以采用醇溶丙酮沉淀的方法进行分离。如将人参粉碎后，用乙醇浸泡 3 次，随后用乙醇加热回流浸泡后的药渣，合并浸泡液和回流提取液。减压蒸馏回收乙醇，冷却后加入水，再用乙醚萃取1～2次，去除提取液中脂溶性杂质。再用正丁醇萃取人参总皂苷水层6次，合并萃取液，减压蒸馏，回收正丁醇，得到人参总皂苷粗品。将粗品溶于适量的乙醇，在搅拌下加入丙酮，过滤、回收沉淀，用少量丙酮洗涤2次，将沉淀减压抽干，70℃恒温干燥4 h，即得到白色或淡黄色人参总皂苷粉末。

2.3.2.2 酸碱沉淀法

对于有机酸或倍半萜等具有羧基基团或内酯结构的天然药物，在碱中溶解、酸中沉淀析出，如大黄素、芦荟酸/芦荟酸酯、芦丁、紫草醌、黄芩苷、倍半萜类和黄酮类化合物，能够实现其分离。以芦荟酸和芦荟酸酯混合物的提取为例，首先将芦荟用70%乙醇回流提取，得到的提取液进行减压浓缩，用乙醚萃取浓缩液中的有效成分，去除水溶性杂质。向乙醚萃取液中加入5%碳酸氢钠溶液，进行萃取操作，收集碱液层，此步骤可去除脂溶性杂质。最后向碱提取液中加入盐酸，即可得到芦荟酸和芦荟酸酯沉淀。对于芦荟中酸性较弱的虫漆酸D甲酯和芦荟大黄素药物成分，则分别需要碱性较大的水溶液如5%碳酸钠和0.5%氢氧化钠水溶液来萃取乙醚层，才能将这两种成分提取出来，然后进行酸化和沉淀操作。

碱沉法适宜提取具有碱性或弱碱性的天然药物，如生物碱的分离，采用0.1%～1%的盐酸、乙醇或酸醇混合水溶液提取生物碱后，回收乙醇溶剂，采用离子交换树脂浓缩酸提取液。然后进行碱化，此时生物碱以游离的形式存在。再用氯仿萃取，得到生物碱层。回收溶剂，得到脂溶性的总生物碱。

2.3.2.3 盐沉淀法

盐沉淀法利用金属盐能够与多种天然药物生成难溶性沉淀的原理，对一些天然药物进行分离。如醋酸铅能够与酚酸类化合物包括有机酸、氨基酸、蛋白质、黏液质、鞣质、酸性皂苷、黄酮类化合物形成难溶性盐。有机酸能够与钾、钙、钠、铵离子形成沉淀，如黄芩苷与明矾能够形成难溶性盐、有机酸与氧化钙形成难溶性有机酸钙盐、雷氏铵盐$NH_4[Cr(NH_3)_2(SCN)_4]\cdot H_2O$与生物碱形成难溶性络合物沉淀。以番泻叶中番泻苷的沉淀分离为例，用50%乙醇浸渍番泻苷粗粉12 h，再用10倍量50%乙醇渗漉提取，将渗漉液在60℃下减压浓缩，回收乙醇。将浓缩液加入适量的水，并用乙酸乙酯萃取，弃去乙酸乙酯层，保留水层，此过程可去除脂溶性杂质。向水层中加入适量的石灰水，搅拌、过滤，得到番泻苷钙盐沉淀，用少量的乙醚洗涤沉淀，低温干燥。

2.3.3 结晶法

大多数天然药物化合物在常温下以晶体的形式存在，在溶液中达到一定纯度后，可以通过结晶法进行固液分离，获得成品。反复结晶可以实现杂质的去除、产物的纯化。结晶应在适当的溶剂中进行，保证有效成分在溶剂中有一定的溶解度，能够达到饱和状态。溶剂也会影响晶体的形状、纯度。结晶在室温或更低的温度下（4℃或阴凉）进行，首先将饱和溶液加热，然后降低温度，放置一段时间（如 3～5 天），晶体则缓慢地析出。无论是水溶性物质如生物碱盐、氨基酸等，还是脂溶性物质如游离生物碱、黄酮类化合物、萜类化合物、甾体类化合物都能够在相应的溶剂中析出。

结晶常用的溶剂有石油醚、苯、乙醚、四氯化碳、氯仿、二氯化碳、乙酸乙酯、丙酮、乙醇、甲醇、水等。根据目标成分的亲水性或亲脂性的差异和在不同溶剂中溶解度的不同选择合适的溶剂。例如，具有水溶性的大黄酸可在冰醋酸中重结晶，具有一定脂溶性的醌类化合物大黄素可在丙酮中重结晶。黄酮类化合物黄芩苷在热水或无水乙醇中可重结晶，芦丁在水中可重结晶。淫羊藿苷黄酮类化合物在乙酸乙酯或乙醇中重结晶，葛根素黄酮类化合物在甲醇和醋酸混合溶液中重结晶。萜类化合物青蒿素在乙醇中重结晶，紫杉醇可以在甲醇水溶液中重结晶。甾体类化合物地高辛在丙酮或乙醇中重结晶，甾体皂苷在甲醇或丙酮中重结晶。游离生物碱可在乙醇中重结晶，生物碱盐可在水中重结晶等。

2.3.4 膜分离法

膜分离技术是近年来兴起的一种物质的现代分离与纯化方法，利用筛分原理对不同分子量和颗粒大小的物质进行分离。该法可对微米级、亚微米级的细菌、悬浮物，分子级的大分子、小分子，原子级的金属离子等不同组分进行分离，从而达到灭菌、分离、净化和浓缩的目的。膜分离可在常温下操作，且具有能耗低、分离效果好、分离时无相变的特点。根据孔径大小，即截留分子量的不同，可以将膜分离技术分为微滤（microfiltration，MF）、超滤（ultrafiltration，UF）、纳滤（nanofiltration，NF）、反渗透（reverse osmosis，RO）。

微滤膜的孔径在 0.1～1 μm 之间，可以对直径大的菌体、悬浮物、小颗粒等物质进行过滤，截留分子量在几万到几十万或几百万之间，可作为一般料液的澄清、过滤和空气除菌等。超滤膜的孔径在 50 nm～1000 μm 之间。截留分子量在 1000～

300 000之间，适用于油、胶体、蛋白质、鞣质、多糖、淀粉等物质的分离，广泛应用于料液的澄清、大分子的分离、纯化等。

纳滤膜的孔径为几纳米，截留分子量在100～1000之间，能够将糖、染料、有机小分子与水和无机盐分离，实现脱盐和浓缩。反渗透膜只能透过溶剂（通常是水），能够对离子进行截留，是去除可溶性金属盐的有效方式，广泛应用于纯净水、软化水、去离子水的生产。

膜的材料包括无机膜和有机膜两类。无机膜主要是微滤级别的膜，有陶瓷膜和金属膜。有机膜由高分子材料制成，包括纤维素、聚酰胺、芳香杂环、聚砜、聚烯烃、硅橡胶类、含氟高分子等。其中，无机膜成本低，具有高热稳定性、耐化学腐蚀、不被老化、使用寿命长、可反复冲洗优点，但孔径较大。有机膜具有结构可调、孔径可调的优点，但不耐高温，存在老化的问题，所以使用寿命短，更换较频繁。

2.3.5 分子蒸馏法

分子蒸馏技术是基于不同分子的扩散速率不同而实现的分离技术。该法需要在高真空（通常0.133～1 Pa）下进行，蒸发的分子不与残留在真空中的空气分子碰撞，自身不碰撞，处于理想气体状态。当蒸发面与冷凝板之间的距离小于或等于待分离组分蒸汽分子的平均自由程时，蒸发分子能够到达冷凝板并凝结。对于分子量较小的轻分子而言，其平均自由程大于分子量较大的重分子，当冷凝板与加热板之间的距离在二者平均自由程之间时，则轻分子能够到达冷凝板被冷凝收集。而重分子则回到液相中，从而进行两种分子的分离（图2-17）。真空度越高，分子的平均自由程越大，分离效果越好。如在0.133 Pa时，空气分子的平均自由程为56 cm，在13.3 Pa时，其自由程为0.56 cm。真空条件下液体的沸点极低，液体的受热时间短，仅为几秒或几十秒，所以适用于沸点高、热不稳定的、易被氧化的有效成分的分离，可以有效地除去提取液中的轻分子，如有机溶剂、挥发性分子等。分子蒸馏法适用于分子量相差50的混合组分或分子量接近但性质和结构有较大差异的混合组分的分离。

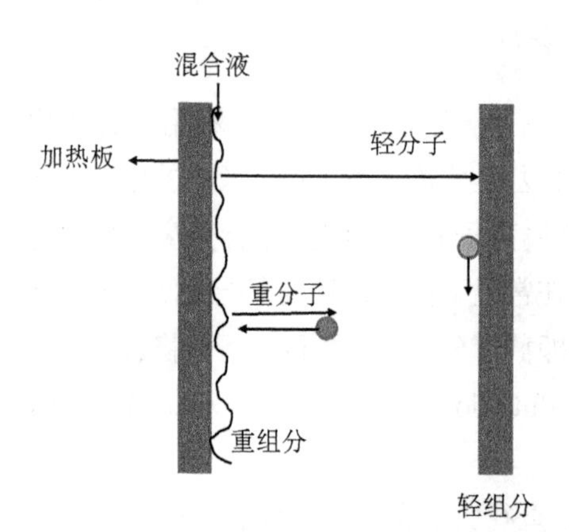

图2-17 分子蒸馏分离法原理示意图

2.3.6　色谱分离法

色谱法是一种重要的物质分离方法，亦称层析法，是根据混合溶液中各组分与固定相和流动相之间的作用力不同而实现不同物质分离的一种技术。由于被分离组分在两相之间进行连续、多次的分配，从而引起较大的迁移速率的差异，所以能够分离性质和结构相近组分，这是其他分离方法较难实现的。例如，最初的研究工作采用精馏法鉴别原油中 200 多种组分曾经用了 20 多年时间，而采用毛细管气相色谱-质谱联用法只需几个小时便可完成。不同于以吨计的精馏、萃取、膜分离、结晶等物料分离技术，目前的色谱分离方法处理的样品量较少（克级别），适用于处于试验阶段的未知反应的选择性、产物结构和产量的分析。其设备的工业化、大型化对于高效工业分离十分重要。

根据流动相的类型，可以将色谱法分为气相色谱和液相色谱，气相色谱适用于易挥发性物质的分离，而液相色谱应用性更为广泛。根据固定相的形貌，可以将色谱法分为柱色谱、薄层色谱和纸色谱。其中柱色谱最为常用，气相色谱和液相色谱都指的是柱色谱。薄层色谱以涂有固定相的玻璃板或塑料板为支撑，纸色谱以载有固定相的滤纸为支撑。薄层色谱和纸色谱操作简单，依靠溶剂的自然扩散驱动组分的迁移，无外力作用，迁移路径较短，但迁移路径和停留位置可用眼睛直接观察，更适用于组分的初步定性分析。

根据组分与固定相和流动相的作用力的不同，可将色谱法分为吸附色谱、分配色谱、排阻色谱和离子交换色谱。每种分离方法都有几种作用原理同时存在，如吸附色谱伴随有分配、排阻的作用原理。其中，反向分配色谱应用最为广泛，下述将以分离原理的不同对色谱法作详细的介绍。

2.3.6.1　吸附色谱

吸附色谱是利用组分与吸附剂之间的物理吸附（疏水或亲水）和化学吸附（氢键）作用而进行分离的一种技术。常用的吸附剂包括大孔吸附树脂、聚酰胺、硅胶、氧化铝、活性炭。

1）大孔吸附树脂色谱

大孔吸附树脂是一类具有大孔结构的高分子吸附剂，不含离子交换基团。大孔吸附树脂由苯乙烯、甲基丙烯酸甲酯、丙腈等原料聚合而成，颗粒大小在 0.3～1.3 mm 之间。根据聚合物所带官能团的不同，分为非极性、中性、极性和强极性四类。非极性大孔吸附树脂主要由苯乙烯聚合而成，不含N、O、S原子相关的极性功能基团，适用于从极性溶剂中吸附非极性分子。中极性大孔树脂含有酯基，表面兼有亲水性和疏水性，既可以从极性溶剂中吸附非极性分子，又可以从非极性溶剂中吸附极性分子，具有通用性。极性大孔吸附树脂则含有酰胺基（—CO—NH—）、亚砜基（—SO—）、氰基、酚羟基（Ph—OH）等含有N、O、S原子相关的极性功能基团，通过静电相互作用吸附极性物质，适用于分离不同种极性组分。强极性大孔树脂则含有极性更大的吡啶基、氨基等基团，适用于分离极性很强的分子。

大孔吸附树脂的分离能力主要取决于被分离物质的极性、被分离物质的分子量、溶剂。通常，被分离物质的极性与大孔树脂本身既不能太接近，也不能相差过大。极性过于接近会导致后续被分离物质的洗脱十分困难，极性相差过大则无法达到分离的效果。对于同时含有非极性基团和极性基团的分子的极性则取决于哪一种基团占主导地位。例如，三萜皂苷的苷元为非极性，糖基为极性，整个分子显极性，溶于水，但三萜皂苷既可以被非极性树脂吸附，又可以被中极性树脂吸附，可选用的树脂种类较多。大孔吸附树脂兼有分子筛的作用，即排阻色谱的原理，对于分子量大的组分，则选用孔径大的吸附树脂，反之亦然。

色谱法分离操作主要包括色谱柱的预处理、上样（吸附）、洗脱和再生。大孔吸附树脂的预处理则是为了去除树脂中残留的未聚合单体、致孔剂、分散剂和防腐剂等，避免对样品的污染。通常用乙醇浸泡大孔吸附树脂24 h，然后用乙醇洗至流出物与水比例为1∶1混合后不浑浊，再用水洗至无醇味。吸附过程中溶剂的选择则应保证待分离组分与色谱柱有一定的吸附作用，同时待分离组分在溶剂中的溶解度不能过大，否则大孔吸附树脂的吸附能力较弱。例如，在水中溶解度较大的有机酸盐、生物碱盐，在大孔吸附树脂表面的吸附力较小，达不到分离的目的。对于洗脱剂的选择，则取决于树脂和被吸附组分的极性。对于非极性树脂，多使用非极性溶剂，如三氯甲烷、乙酸乙酯等。对于中极性和极性树脂，常用极性较大的溶剂洗脱，如水、水醇混合溶剂、甲醇、乙醇、丙酮等。一般先用水洗脱多糖、蛋白质、鞣质等水溶性杂质，然后用浓度逐渐增高的乙醇或甲醇洗脱。对于具有酸碱性质的组分，则可以采用酸、碱溶液结合有机溶剂进行洗脱。树脂的再生则是为了除去残留的杂质，再生后的树脂可反复使用。通常用乙醇洗至无色，然后用5%盐酸水溶液浸泡2～4 h，用水洗至中性，再用2%氢氧化钠浸泡2～4 h，最后用水洗至中性，备用。

大孔吸附树脂具有稳定性好、耐酸碱、耐有机溶剂、吸附容量大、吸附速度快、易解析、易再生的优点，且对有机分子选择性好，不受离子的干扰。其已广泛应用于萜类、皂苷、黄酮、甾体、生物碱、蛋白质、氨基酸等天然药物的分离与纯化。但大孔吸附树脂的生产技术指标缺乏规范化，预处理和再生技术的工艺条件不够完善，质量存在不足。如国产的大孔吸附树脂刚性不强、易破碎、残留物过多，容易对待提取组分造成二次污染。

2）聚酰胺色谱

聚酰胺是由酰胺聚合而成的一类高分子聚合物，包含极性的酰胺键和非极性的脂肪链，所以既可以分离水溶性成分，又可以分离脂溶性成分。其具有氢键吸附和分配色谱的性质，是双重色谱吸附剂。与大孔吸附树脂相比，聚酰胺具有使用周期长的优点，但冲洗时间较长，聚合度较低的聚酰胺在甲醇溶剂中容易被溶解。克服的办法则是筛去尺寸较小的聚酰胺颗粒，然后与硅藻土混合装柱，进行冲洗，并采用 50%甲醇水溶液预先洗涤。目前，聚酰胺色谱已成功应用于黄酮类、醌类、酚酸类、木脂素类、生物碱类、萜类、甾体类、糖类、氨基酸等化合物的分离。

3）硅胶色谱

硅胶是一种具有多孔结构的中等极性的酸性吸附剂，硅胶颗粒表面有很多硅醇基，它可以和许多化合物形成氢键而具有一定的吸附作用。硅胶色谱适用于中性或酸性成分的分离，如有机酸类、香豆素类、蒽醌类、萜类化合物。

4）氧化铝色谱

氧化铝是中等极性的弱碱性吸附剂，化合物与氧化铝表面形成氢键而被吸附。其主要用于碱性或中性亲脂性成分的分离，如生物碱、甾体、萜类等成分；对于生物碱类的分离颇为理想。

5）活性炭

活性炭属于非极性吸附剂，对非极性物质吸附强。其主要用于分离水溶性成分，如氨基酸、糖类和部分苷类化合物，以及从稀水溶液中富集微量物质，如脱色（脂溶性色素）。

2.3.6.2 分配色谱

分配色谱是根据不同物质在固定相和流动相两相中的分配系数不同而达到分离目的的一种层析技术，是一种连续抽提法。固定相为涂有乙二醇、甘油、聚甲氧基硅烷等固定液的惰性载体硅胶，但由于固定液容易被流动相溶解，使液–液分配色谱的应用受到限制。现在常用的分配色谱的固定相为键合有不同基团的硅胶颗粒，根据键合基团的不同分为极性和非极性键合固定相。极性键合固定相则是在硅胶表面键合极性基团如氰基、羟基、氨基、卤素等，即 R 为—C_2H_4CN、

—$C_3H_6OCH_2CHOCH_2OH$、—$C_3H_6NH_2$、—$C_3H_6NHC_2H_4NH_2$、—C_3H_6Cl 等。非极性键合相则是在硅胶表面键合长链的烷基或芳香基团，即 R 为 C_1、C_4、C_6、C_8、C_{18}、C_{22} 型等不同长度的烷基烃和芳香基。这些键合相都已经商品化，其中 C_{18} 型键合相应用最广。硅胶键合固定相的热稳定性和化学稳定性良好、耐溶剂、不吸水，可在 pH 2～8 范围内的水溶液中长期工作，广泛应用于非极性、中极性和极性化合物的分离。

在分配色谱中，根据流动相与固定相间极性的差异，可以分为正向分配色谱和反向分配色谱。当固定相极性大于流动相极性时，为正向分配色谱，主要用于分离极性和中等极性化合物，流动相多为正己烷、二氯甲烷等非极性或极性较弱的溶剂。当流动相极性大于固定相极性时，为反向分配色谱，主要用于分离非极性和中等极性成分，流动相多为水、乙腈、甲醇等极性溶剂，如香豆素类、萜类化合物的纯化。其中，反向分配色谱应用最为广泛，70%的高效液相色谱常规的分析工作采用这种方法。

2.3.6.3 排阻色谱（凝胶色谱）

排阻色谱又称为凝胶色谱，利用三维凝胶网络结构的孔径大小不同而对分子量不同的化合物进行分离。凝胶不仅起到分子筛的作用，同时伴随有离子交换的作用和氢键作用。凝胶色谱主要应用于分离水溶性大分子化合物如蛋白质、酶、多肽、甾体、多糖、苷类的分离，效果较好，还可用于脱盐、吸水浓缩、除热源及粗略测定高分子物质的分子量等方面。

根据凝胶种类的不同，凝胶色谱分离的原理主要为凝胶的分子筛作用，同时伴随氢键作用和离子交换作用。在凝胶色谱中，体积大的物质沿凝胶颗粒之间的缝隙移动，受到的阻滞作用小，移动速度快，流程短，最先流出色谱柱。而体积小的物质能够进入凝胶颗粒的内部网孔中，阻滞作用大，移动速度慢，流程较长，所以后流出色谱柱。

常用的凝胶包括葡萄糖凝胶、羟丙基葡萄糖凝胶、琼脂糖凝胶、聚丙烯酰胺凝胶、聚甲基丙烯酸酯凝胶等。商品的凝胶通常为干燥的颗粒，在使用前需要经过充分的溶胀。凝胶内部网络结构的交联度越大，孔隙越小，膨胀系数小，反之亦然。凝胶颗粒的孔隙可以通过单体分子和交联剂的比例来实现，交联剂越多，则孔隙越小。对于不同类型的分子，应选择合适孔隙的凝胶进行分离。

葡萄糖凝胶（Sephadex G）由葡萄糖和甘油基通过醚键相互交联而成，含有大量的羟基，吸水膨胀，只适合在水相中使用，如蛋白质、多糖、甾体皂苷等成分的纯化。凝胶的型号和吸水量可用英文字母表示，如 Sephadex G-25 型号的凝胶表示吸水量为 2.5 mL · g^{-1} 的葡萄糖凝胶；如分离蛋白质则采用孔隙较大的葡萄糖凝胶 Sephadex G-200。香菇多糖的纯化则采用孔隙较小的 Sephadex G-15 型号的葡萄糖凝胶。葡萄糖凝胶化学性质比较稳定，不溶于水、弱酸、碱和盐溶液。由于其本身具有弱酸性，若长时间不用则需加入防腐剂。羟丙基葡萄糖凝胶（LH Sephadex G）则是在葡萄糖凝胶中的羟基上引入羟丙基，使凝胶既具有亲水性，又具有亲脂性，可以在水相和有机相中使用。例如香豆素的纯化，可采用 Sephadex LH G-20。琼脂糖凝胶（Sepharose G）为天然凝胶，多为海藻多糖琼脂，非共价键相连。其孔隙较大，适用于分离分子量在几万到几千万的生物大分子，如核酸、蛋白质和多糖的分离。其稳定性不如葡萄糖凝胶，需要在膨胀状态下保存，适宜在 pH 4.5～9.0 范围内使用。

聚丙烯酰胺凝胶（Sephacrylose G，商品名为 Bio-GelP）由丙烯酰胺单体经四甲基乙二胺催化聚合而成，化学性质较稳定，适宜在 pH 2～11 范围内使用，不耐酸。其适用于不同分子量的芳香族、杂环化合物的分离，如蒽醌类化合物。商品标号可反映分离上限，如 Bio-Gel P-4 表示排阻限（最大分离的分子质量）为 4000 Da。

2.3.6.4　离子交换色谱

离子交换色谱利用一定 pH 下分子的所带电荷种类和电量的差异而进行分离，多以离子交换树脂为固定相，水或酸、碱水溶液为流动相，在流动相中的离子性物质与树脂表面的离子进行交换而被吸附，再用适合溶剂将被交换成分从树脂上洗脱下来即可。离子交换树脂是由一类不溶于水的惰性高分子聚合物基质通过一定的化学反应共价结合上带有某种电荷基团形成的。根据电荷基团的性质不同，其可分为阳离子交换剂和阴离子交换剂。阳离子交换剂的电荷基团为负电，可以交换阳离子物质，如强酸性的磺酸基团（$—SO_3H$）、中等酸性磷酸基团（$—PO_3H$）和弱酸性的羧基基团（—COOH）。阴离子交换剂表面带有正电荷的基团，能够交换阴离子，如强碱性的季铵基[$—N(CH_3)_3^+$]、中等碱性的胺基（$—NH_2$）和弱碱性的二乙基胺基乙基等。

离子交换树脂对于生物碱盐、有机酸、氨基酸类天然药物分离效果较好。但由于离子交换树脂具有疏水性，容易导致蛋白质和多肽变性，所以多采用纤维素、凝胶作为离子交换剂的基质，如修饰有不同电荷基团的葡萄糖凝胶等。

思 考 题

1. 分别举例说明苯丙氨酸和酪氨酸系列生物碱和色氨酸系列生物碱的代表性化合物和主要功效。

2. 分析亲水性溶剂和亲脂性溶剂适宜提取的天然药物种类。

3. 采用加热的方式对天然药物原料的有效成分的提取的方法有哪些,举出3～4例。

4. 如何采用萃取方法去除催吐萝芙木中总生物碱的盐酸提取液中的水溶性杂质和分离具有不同碱性的生物碱组分?

5. 醇沉淀法适用于哪些天然药物成分的分离?

6. 超滤膜孔径大小、截留分子量范围、适用于哪些组分的分离与纯化?

7. 分子蒸馏的工作条件是什么?

8. 吸附色谱的色谱柱包括哪些材料，举出4～5例。

9. 反向分配色谱适用于哪些组分的分离与纯化?

10. 琼脂糖凝胶适用于分离哪些天然药物成分?

11. 离子交换色谱中阳离子交换剂表面带有什么电荷，一般连接有哪些基团，适于分离什么类别的药物组分?

第3章　现代比色分析方法

本章要点

- 掌握比色分析法的原理、特点，常规的显色反应和天然药物分子的初步鉴定方法。
- 掌握现代比色分析技术的原理及其在金属离子、生物分子、炸药分子等检测方面的应用。

3.1　比色分析法原理与常见的显色试剂

3.1.1　比色分析法的原理和特点

比色分析是基于溶液对光的选择性吸收而建立起来的一种分析方法，又称吸光光度法。比色分析法有两种测量方式，一种是用仪器测量，即紫外-可见分光光度计，检测限为 10^{-6} mol·L^{-1}。另一种是用人的肉眼判断，根据显色反应初步判断待测组分浓度，如 pH 试纸的使用，即人眼判断溶液中 H^+的浓度范围，准确度为 0.01 mol·L^{-1}。紫外区的波长在 200～400 nm 范围内，溶液不呈现颜色，一般为透明。可见区的波长在 400～800 nm 之间，溶液呈现人眼可以看见颜色。分子的价电子在这个波长范围内吸收光子后被激发，跃迁至激发态，激发态回到基态可以以辐射跃迁和非辐射跃迁两种形式进行。辐射跃迁即产生荧光或磷光，非辐射跃迁即激发态分子将能量传递给介质分子，以热量的形式散发出去。如图 3-1（a）所示，对于具有 π 电子共轭结构的分子来讲，主要是 n 轨道和 π 轨道上的电子向 π 的反键轨道跃迁。如果分子中含有给电子和吸电子基团，在紫外-可见区光子的激发下，则会产生分子内部的氧化还原过程，属于电荷转移跃迁。过渡金属络合物中的金属离子和配体间也可产生电荷转移跃迁，各自的化学价发生变化。通常金属离子作为电子受体，配体作为电子给体，如$[Fe^{3+}(SCN^{-})]^{2+}$吸收 480 nm 波长的可见光后，产生络合物内部的电荷转移，即生成为$[Fe^{2+}(SCN)]^{2+}$。同时还有 d-d 和 f-f 轨道配体场跃迁，高能级轨道和低能级轨道的能量差可在紫外-可见区范围内，如$[Ti(H_2O)_6]^{3+}$。其中，$\pi\rightarrow\pi^*$跃迁、电荷转移跃迁的吸光光度系数较高，配体场跃迁次之。过渡金属络合物的吸光原理分为两种：一种是金属阳离子和配体之间的电荷转移；另一种是 d-d 和 f-f 的配体场跃迁。

紫外-可见吸收光谱只研究分子对于 200～800 nm 波长范围内的光子吸收多少，不研究分子如何由激发态回到基态。比色分析法对于在可见区有吸收的物质浓度的测量十分方便和灵敏，可以用于定性和定量分析。而位于紫外区吸收的物质一般用于定性分析。对于一些染料分子和金属离子，其在可见区有吸收，能够呈现多种颜色，可以直接通过吸光光度法测量其浓度。但一些分子或离子在可见区无吸收或吸收较弱，需要通过间接的反应生成光敏物质而被检测。

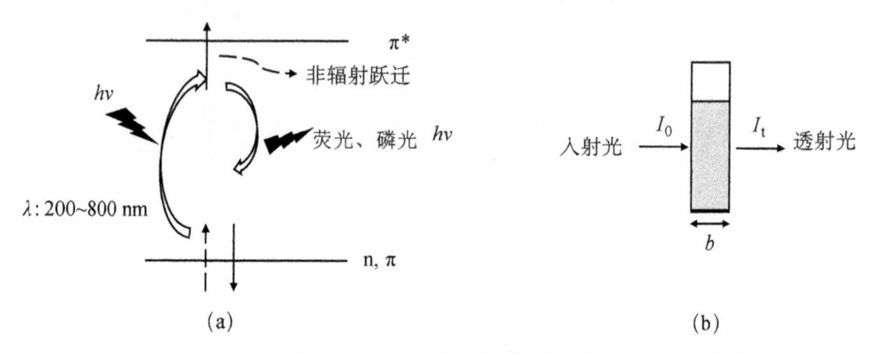

图 3-1 （a）紫外-可见光激发下的分子价电子跃迁示意图；（b）紫外-可见吸光光度计中光路示意图

紫外-可见吸光光度计中的入射光与透射光的光路在一条直线上[图 3-1（b）]。入射光强 I_0 与透射光 I_t 的差值即为待测溶液吸收的光强度。采用紫外-可见分光光度计测量物质的浓度时，要求待测组分的浓度较低，此时溶液的吸光度与待测组分的浓度成正比，即物质对光的吸收遵循朗伯比尔定律[方程（3-3）]，这是比色分析法定量分析的依据。

待测组分的吸光光度为

$$A = \lg\frac{I_0}{I_t} = \lg e^{abc} = \frac{abc}{2.303} \tag{3-1}$$

$$\varepsilon = \frac{a}{2.303} \tag{3-2}$$

$$A = \varepsilon bc \tag{3-3}$$

式中，A 为吸光度；I_0 为入射光光强；I_t 为透射光光强；ε 为摩尔消光系数，$L \cdot mol^{-1} \cdot cm^{-1}$；$b$ 为吸光光程长度，cm，通常 b=1 cm；c 为待测组分浓度，$mol \cdot L^{-1}$。

比色分析法具有价格较低、仪器简单、操作方便、快捷的优点，且准确度较高，相对误差在 1%～5%范围内。比色分析法灵敏度不高，只能测定 10^{-7}～10^{-4} $g \cdot L^{-1}$（10^{-6}～10^{-3} $mol \cdot L^{-1}$）的微量组分，检测限在 10^{-6} $mol \cdot L^{-1}$ 数量级。但由于其本身的特点，适合用于常规的免疫分析、金属离子分析、生物分子快速检测。

3.1.2 常见的显色试剂

在紫外-可见区有吸收的分子主要包括芳香族化合物和过渡金属络合物两类，吸收光子后产生电子跃迁或电荷转移。对于芳香族化合物分子来讲，分子被紫外-可见区某一波长的光子激发后，电子从基态向激发态跃迁，所以对某一波长的光有一特定的吸收。在可见区有很强的吸收和光敏感性的共轭芳香族化合物包括偶氮、杂环、吩噻嗪、酚酞系列，如 $ABTS^{2-}$、2,6-二氯靛酚（2,6-dichlorophenolindophenol，DCPIP）、亚甲基蓝（methylene blue）、溴酚蓝（bromophenol blue，BPB）、酸性绿（acid green A）（图 3-2），由于这些分子很容易得失电子并发生结构变化，同时伴随明显的颜色变化，在比色分析中常被使用。

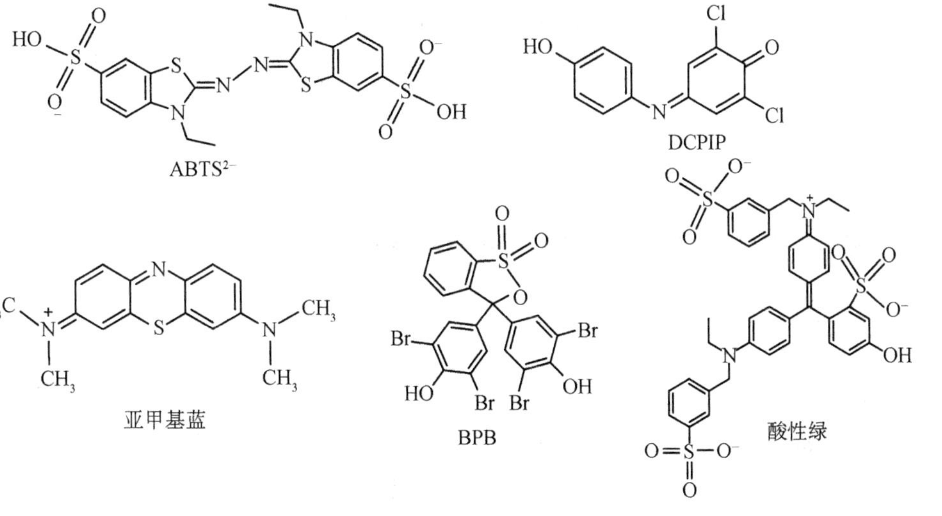

图 3-2 比色分析中常用的显色试剂

天然药物分子的官能团如酚羟基、羧基本身具有化学反应活性，能够参与化学反应的发生，产生颜色变化，实现天然药物的初步鉴定，包括醌类、苯丙素类、萜类、甾体类。在分析未知结构的分子时，可采用显色反应进行初步的分析，然后采用质谱、核磁、色谱等分析技术进一步鉴定。

3.2 金属离子的现代比色分析检测法

金属离子包括碱金属离子、碱土金属离子、过渡金属离子和重金属离子等类型。随着科技的不断发展，社会需求对于分析检测的灵敏度的要求提高，金属离子的痕量分析在军事、医药、环境和健康领域起到至关重要的作用。如单晶硅的生产中需要超纯水，其电阻率大于 18 MΩ · cm，因此其中的金属离子的浓度低于 $pg \cdot g^{-1}$ 量级。另外，重金属离子包括 Pb^{2+}、Hg^{2+}、Cd^{2+}和 Bi^{2+}等，被摄入体内后会逐渐积累，达到一定含量后轻则导致头晕、恶心，重则中枢神经系统被破坏。而常量和微量的分析达不到这些领域发展的需求。若采用原子吸收光谱法、原子发射光谱法，则价格昂贵，不宜便携实时检测。所以，开发基于比色分析方法的金属离子的痕量分析对于快速、灵敏、经济的检测具有重要研究价值。

传统的金属离子的鉴别可以通过沉淀反应来实现，但是通过该法来进行定量分析则达不到痕量分析的标准。金属离子的现代比色分析法基于金属离子与特殊类别的化合物或纳米结构形成稳定的相互作用，从而形成新的物质，如络合物、纳米催化剂或纳米结构的聚集体，从而引起颜色的变化。通过环状分子、DNA 分子、纳米材料的结构调控，建立了多种分析方法，实现了碱金属离子、碱土金属离子、过渡金属离子和重金属离子的痕量检测。

3.2.1 基于冠醚大环分子络合的金属离子比色分析法

3.2.1.1 冠醚的结构

冠醚、大环多胺、杯芳烃等大环分子是均属于超分子，是 1960 年以来发现的类似于环糊精的大分子，能够与金属离子选择性结合，被广泛应用于离子传感器的敏感膜材料。例如，冠醚中的氧原子与碱金属和碱土金属离子配位，形成冠醚-金属离子络合物（图 3-3）。不同的冠醚结构形成的络合物的稳定性不同。将大环分子与特殊的生色基团或荧光基团连接，在与金属离子结合后形成的络合物的比色或荧光性质发生变化，能够选择性检测金属离子。大环多胺中的氮原子与过渡金属离

子如 Cu^{2+}、Ni^{+}、Co^{2+}配位，适于检测 Cu^{2+}、Ni^{+}、Co^{2+}等高价的过渡金属离子[5]。大环多硫中的硫原子则与 Ag^{+}、Pb^{2+}等金属离子有特异性结合作用。

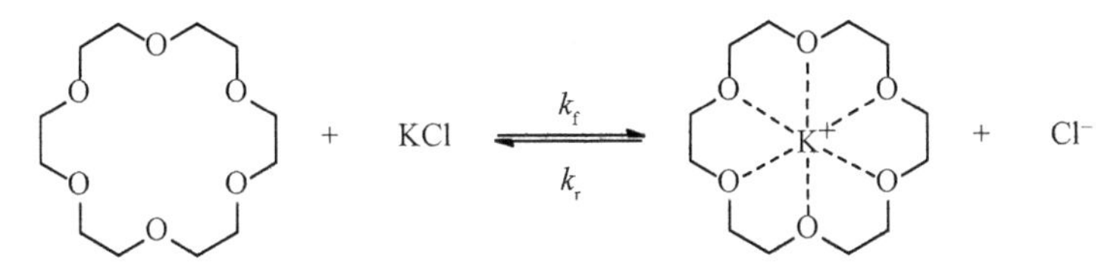

图 3-3　18-冠（醚）-6 与 K^{+}的结合[6]

图片引用经 American Chemical Society 授权

冠醚，是分子中含有多个—O—CH_2—结构单元的大环多醚。冠醚有其独特的命名方式，命名时把环上所含原子的总数标注在“冠”字之前，把其中所含氧原子数标注在名称之后，如 15-冠（醚）-5、18-冠（醚）-6、二环己烷并-18-冠（醚）-6（图 3-4）[4]。冠醚的空穴结构对离子有选择性结合作用，在有机反应中可作催化剂。冠醚有一定的毒性，应避免其蒸气吸入或与皮肤接触。冠醚的发现源于 20 世纪 60 年代，由美国杜邦公司的佩德森（C. J. Pedersen）在研究烯烃聚合催化剂，四氟硼酸重氮盐经冠醚催化发生偶联反应时被发现。之后美国化学家克莱姆（C. J. Cram）和法国化学家莱恩（J. M. Lehn）从各个角度对冠醚进行了研究，并由莱恩首次合成了穴醚。为此，佩德森、克莱姆和莱恩于 1987 年共同获得了诺贝尔化学奖。在冠醚结构的基础上可以引入杂原子或苯环，如杂环冠醚、杯芳烃冠醚。杂环冠醚则是在冠醚中的主环中引入氮杂原子。氮杂原子的引入可以使冠醚具有更丰富的结构和性质，能够调节键强、键角，并且是冠醚更容易修饰不同的基团，使冠醚的应用更为广泛。

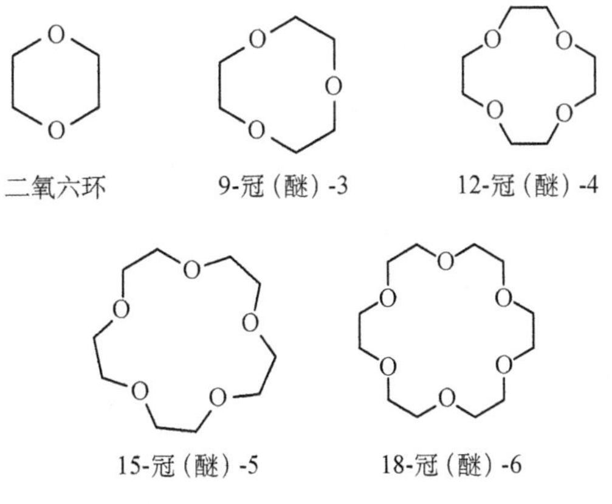

图 3-4　冠醚的命名与结构式

杯芳烃一般是指由亚甲基桥连苯酚单元所构成的大环化合物，1942 年由奥地利科学家金克（Zinke）首次合成得到，因其结构像一个酒杯而被美国科学家古奇（C. D. Gutscht）称为杯芳烃。其在常用的有机溶剂中的溶解度很小，几乎不溶于水。杯芳烃具有大小可调节的“空腔”，能够形成主客复合物，与环糊精、冠醚相比，是一类更具广泛适应性的人工模拟酶，被称为继冠醚和环糊精之后的第三代主体化合物。杯芳烃包括苯酚杯芳烃以及杂环杯芳烃如杯吡咯、杯吲哚、杯咔唑等。将杯芳烃与冠醚结合，能够使冠醚与金属离子的结合更稳定，且环的大小更容易调控，实现多种类型的离子，包括碱金属离子、过渡金属离子、重金属离子、镧系金属离子、铵根离子的检测（图 3-5）。

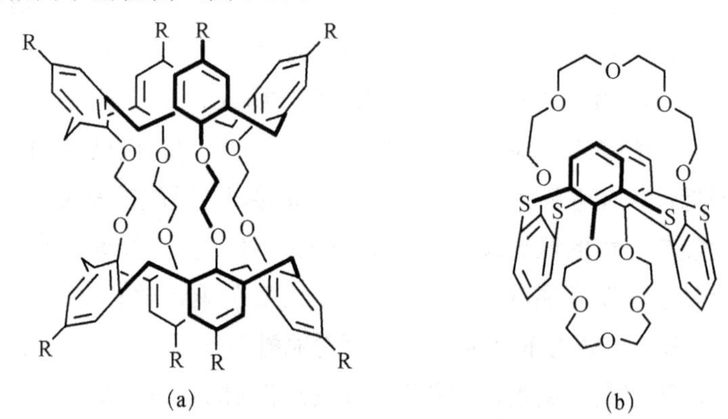

图 3-5　杯芳烃（a）和杯芳烃冠醚（b）结构举例[6]

图片引用经 American Chemical Society 授权

3.2.1.2　冠醚环状化合物的选择性和络合物的稳定性

由于冠醚是一种大分子环状化合物，其内部有很大的空间，因此能与正电离子特别是碱金属离子发生络合反应，把无机物带入有机物中。冠醚作为主体分子，也可以通过氢键与客体分子形成配合物，这种作用多发生在冠醚与铵离子之间（图 3-6）。冠醚与金属离子或铵根离子形成的络合物的稳定性取决于环的大小和金属离子的半径。冠醚环状的大小和金属离子的半径大小越匹配，形成的配位键越稳定，则选择性越强。12-冠-4 与锂离子络合而不与钠、钾离子络合；18-冠-6 不仅与钾离子络合，还可与重氮盐络合，但不与锂离子络合，可与钠离子络合[7]。

冠醚与金属离子形成的络合物的稳定性可以用稳定常数 K_s（单位为 mol^{-1}）表示，K_s 值越大，表明形成的络合物越稳定，针对某离子的选择性则越强[6]。络合反应是一个可逆的反应，K_s 为结合反应速率常数（k_f，$mol^{-1} \cdot s^{-1}$）与分解反应速率常数（k_r，s^{-1}）的比值。不同环状大小的冠醚与金属离子形成的络合物的稳定常数不同。

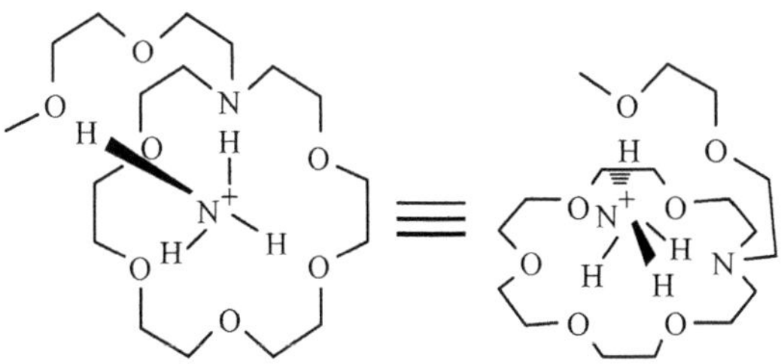

图 3-6　氮掺杂的 18-冠（醚）-6 的衍生物与 NH_4^+结合的络合物的正面图与侧面图[6]

图片引用经 American Chemical Society 授权

如表 3-1 所示，在甲醇溶剂中，12-冠（醚）-4 与钠离子和钾离子形成的络合物的 K_s 值很低，分别为 50.1 和 20.0。随着冠醚环的尺寸的增加，K_s 的值逐渐增大。18-冠（醚）-6 与钠离子和钾离子形成的络合物的稳定常数很高，分别为 2.24×10^4 mol^{-1} 和 1.20×10^6 mol^{-1}，能够选择性检测 Na^+和 K^+。冠醚本身不溶于水，溶于有机试剂，而金属离子和盐则具有极性，能够溶于水或极性有机试剂，所以在络合时采用极性有机溶剂或含有少量水的混合溶剂作为反应溶剂。极性溶剂的介电常数越大，表明极性越大。溶剂的介电常数和氢键的形成都会影响络合物的稳定性，影响因素较为复杂，其中在纯水中的稳定性最低，因为很难将金属离子从水相中萃取出来。

表 3-1　不同结构的冠醚与纳米子和钾离子的 K_s 数值比较[2]

冠醚	溶剂	介电常数	$\lg K_s$	
			Na^+	K^+
12-冠（醚）-4	甲醇	33	1.7	1.3
15-冠（醚）-5	甲醇	33	3.24	3.43
18-冠（醚）-6	二氧六环	2	4.55	/
18-冠（醚）-6	甲醇	33	4.35	6.08
18-冠（醚）-6	乙腈	37	4.8	5.7
18-冠（醚）-6	水	80	1.8	2.06

注：数据引用经 American Chemical Society 授权

3.2.1.3　基于冠醚的金属离子的比色分析

基于冠醚大环分子与金属离子的特异性结合作用和配位键的形成，在冠醚分子上修饰有显色基团，在金属离子结合前后会有吸收波长和颜色的变化，通过紫外-可见分光光度计的测量，能够实现金属离子的选择性检测，并且检测限达到 $\mu g\cdot g^{-1}$ 级。最早在冠醚分子上连接显色基团的是 1979 年报道的研究工作[8]。合成的 4′-苦胺基苯并 15-冠（醚）-5 有色冠醚[图 3-7（a）]在与钾离子结合后，能够选择性检测 10～800 $\mu g\cdot g^{-1}$ 的钾离子[8]。该种冠醚在氯仿中为黄色，用 5 mL 1.83 $mmol\cdot L^{-1}$

的 4′-苦胺基苯并 15-冠 15 氯仿溶液与 5 mL 不同浓度的钾离子的水溶液混合，收集氯仿层，检测氯仿层的吸收光谱。4′-苦胺基苯并 15-冠 15 与钾离子络合后，吸收光谱红移，吸光光度系数增加[图 3-7（b）]。这种冠醚对钾离子和铷离子的检测具有选择性，对钾离子的络合能力略高于铷离子，对锂离子、钠离子和铯离子不具有络合能力，这三种离子不产生干扰。对于钾离子和铷离子等半径较大的金属离子，1 个金属离子与 2 个 4′-苦胺基苯并 15-冠（醚）-5 配体络合。而钾离子和铷离子与 18-冠（醚）-6 则是 1∶1 络合。因此冠醚的大小和结构影响金属离子检测的选择性。

随后 1981 年的进一步的研究工作报道，如将酚羟基引入到苯并 15-冠-5 冠醚的类似物中，该种冠醚能够与锂离子特异性结合，结合后冠醚的氯仿与吡啶的混合溶液由黄色变为紫红色，这种变化十分灵敏，通过紫外-可见吸收光谱的测量，能够检测 25～250 ng・g^{-1} 的锂离子，其他的金属离子无干扰[图 3-7（c）][9]。除了在冠醚结构中引入显色基团，还可以引入具有电化学活性、光电活性、荧光性质的基团，因此，冠醚类大环分子在离子选择性电极、光电开关、荧光传感中应用也较为广泛[5, 6]。

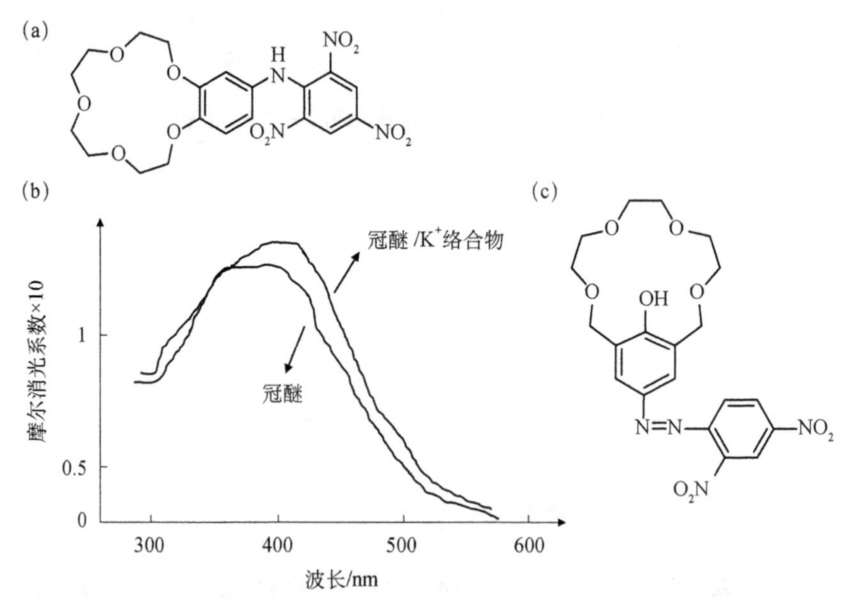

图 3-7 （a）4′-苦胺基苯并 15-冠（醚）-5 分子结构；（b）4′-苦胺基苯并 15-冠（醚）-5 与 K^+结合前后紫外-可见吸收光谱的变化；（c）含有酚羟基的 4′-苦胺基苯并 15-冠（醚）-5 分子结构

同时，2000 年的研究工作报道了对 K^+具有选择性的含有硝基苯酚显色基团的不同大小杯芳烃冠醚[10]。杯芳烃的 π 电子与钾离子相互作用，同时冠醚与 K^+有配位结合作用，最后杯芳烃冠醚与钾离子的络合物具有三维稳定结构，增加了钾离子的选择性。如单独的 *N*-(2-羟基-5-硝基苯)-18-冠-5 冠醚对 Li^+具有很好的选择性，对 Na^+、K^+、Rb^+具有一定的结合能力，对 Cs^+的结合能力最弱[图 3-8（a）和表 3-2]。单独的 *N*-(2-羟基-5-硝基苯)-18-冠-6 冠醚[图 3-8（a）和表 3-2]则对 K^+有很好的选择性，其次是 Rb^+和 Na^+，Li^+和 Cs^+次之。人体中主要含有 Na^+和 K^+，因此对于二者的选择性检测具有一定的意义。基于冠醚 2，K^+与 Na^+萃取能力的比值为 6.1∶1。而 *N*-(2-羟基-5-硝基苯)-乙酰唑胺-18-冠-4 杯冠[图 3-8（b）和表 3-2]能够提高 K^+的选择性，K^+与 Na^+萃取能力的比值为 9.0∶1。进一步将杯冠中的冠醚环大小增加到 18-冠-8 则能够增加对 Cs^+的萃取能力[图 3-8（b）和表 3-2]。从络合物的紫外–可见吸收光谱中可以得到冠醚 3 与各种碱金属离子的结合前后的吸光光谱的变化[图 3-8（c）]。结合碱金属离子前，冠醚 3 在 326 nm 波长处有吸收，结合后，326 nm 波长处的吸收峰消失，在 428 nm 波长处出现新的吸收峰。K^+和 Rb^+与冠醚 3 的络合物吸收光度最强。在该实验中，萃取前，二氯甲烷相中冠醚 3 的浓度为 50 μmol • L^{-1}，pH 12 的水相中碱金属硝酸盐浓度为 50 μmol • L^{-1}。在人体组织液和血清中，Na^+的浓度范围为 135～150 mmol • L^{-1}，K^+的浓度范围为 3.5～5 mmol • L^{-1}。在细胞内 Na^+和 K^+的浓度范围分别为 6～18 mmol • L^{-1} 和～200 mmol • L^{-1}，尿样中浓度范围分别为 120～220 mmol • L^{-1} 和 35～80 mmol • L^{-1}[11]。基于冠醚的碱金属离子检测方法的检出限和灵敏度能够满足实际生物样品中碱金属离子的含量的检测要求（表 3-3）。

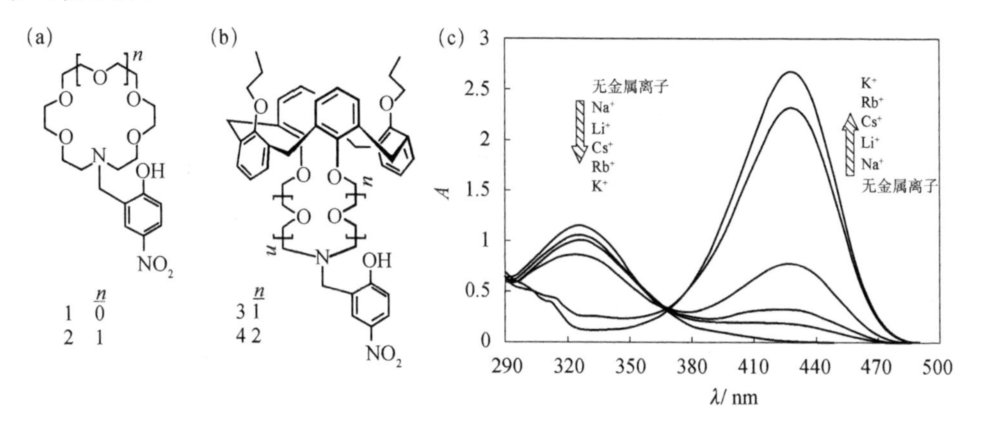

图 3-8 （a）和（b）*N*-(2-羟基-5-硝基苯)-18-冠-5 冠醚（冠醚 1）、*N*-(2-羟基-5-硝基苯)-18-冠-6 冠醚（冠醚 2）、*N*-(2-羟基-5-硝基苯)-乙酰唑胺-18-冠-4 杯冠（冠醚 3）和 *N*-(2-羟基-5-硝基苯)-乙酰唑胺-18-冠-8 杯冠（冠醚 4）分子结构；（c）杯冠 3 与碱金属离子结合前后的紫外–可见吸收光谱的变化[10]

图片引用经 American Chemical Society 授权

表 3-2 不同冠醚和杯冠分子对各种碱金属离子的萃取能力[10]

冠醚/杯冠	萃取能力/%				
	Li^+	Na^+	K^+	Rb^+	Cs^+
冠醚 1	36.05	14.19	17.55	19.89	5.41
冠醚 2	9.79	10.74	65.56	26.01	9.01
冠醚 3	17.44	3.57	32.24	25.47	1.57
冠醚 4	7.45	5.95	30.59	13.81	10.42

注：水相硝酸盐溶液，pH 12。有机相为二氯乙烷。萃取能力为被萃取的金属离子浓度与冠醚配体的浓度的比值的百分数。数据引用经 American Chemical Society 授权

表 3-3 生物样品中主要碱金属和碱土金属离子浓度范围[11]

离子	浓度/（$mmol \cdot L^{-1}$）		
	细胞间	细胞内	尿液
Na^+	135～150	6～18	120～220
K^+	3.5～5	～200	35～80
Mg^{2+}	0.45～0.8	1.6～3.2	2.5～8.3
Ca^{2+}	1.0～1.2	～0.05	0.7～3.6
Li^{+}*	0～1.5	—	—

* 锂剂理疗患者

3.2.2 基于 DNA 分子络合的金属离子比色分析法

基于冠醚等大环分子的金属离子的检测基本上在有机相中进行，而金属盐具有水溶性，所以在分析检测中具有一定的困难。在 20 世纪末，随着核磁共振、质谱等分析技术的不断完善，研究发现核酸碱基中的胞嘧啶（cytosine，4-氨基-2-羰基嘧啶，C）、胸腺嘧啶（thymine，T，5-甲基尿嘧啶）和鸟嘌呤能够与 Ag^+、Hg^{2+}、碱金属离子通过配位键相互作用，形成稳定的络合物结构（图 3-9）。两个胞嘧啶分别通过嘧啶环中的 3-位 N 原子与 Ag^+相互作用，形成非常稳定的 C-Ag^+-C 配位结构。如果 DNA 单链中富含胞嘧啶，则在 Ag^+的作用下，会形成稳定的双链结构。两个胸腺嘧啶分别通过嘧啶环中的 1-位 N 原子与 Hg^{2+}相互作用，形成非常稳定的 T-Hg^{2+}-T 配位结构。富含胸腺嘧啶的 DNA 单链在这种作用下会形成稳定的双链结构。四个鸟嘌呤在一价和二价金属离子的稳定作用下通过氢键的相互作用，形成稳定的结构，通常被称为 G 四极子（G-quartet，G_4）。多个 G_4 平面可以通过 π 电子的相互作用堆积成一个方形的复合结构，金属离子位于两个平行的 G_4 平面之间，

通过配位键与 8 个 G_4 中的 O 原子连接，形成稳定的四链 DNA。对于顺式的四链 DNA，能够通过 π-π 相互作用与金属卟啉分子结合，形成人工模拟酶，具有与辣根过氧化物酶相似的催化活性。基于以上 DNA 碱基与金属离子的稳定的选择性相互作用和新的 DNA 结构的形成，发展了一系列金属离子的比色和荧光的检测方法。

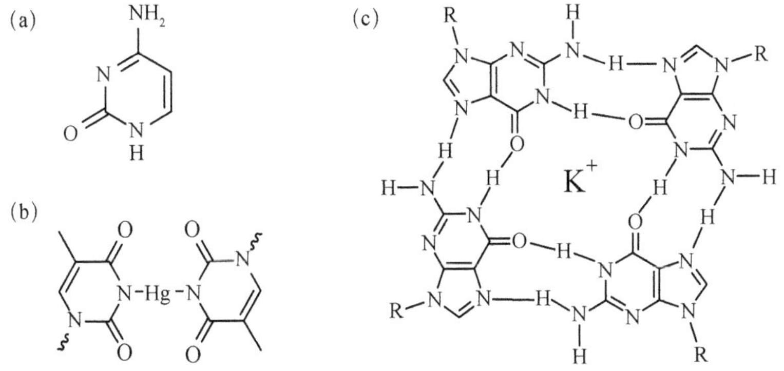

图 3-9　（a）胞嘧啶分子结构；（b）T-Hg^{2+}-T 复合结构；（c）G_4复合结构

3.2.2.1　基于 G_4 结构的金属离子比色分析

人类染色体末端连接有富含 G 碱基的单链 DNA（single-strand DNA，ssDNA），在碱金属离子的存在下形成的四链 DNA 结构对染色体结构具有稳定作用，是必不可少的一部分。G_4 DNA 结构早在 20 世纪末就有研究，将其进一步应用到碱金属离子和重金属离子的痕量检测源于中国科学院长春应用化学研究所电分析国家重点实验室的大量研究，并于 2009 年发表了三种不同序列的富含 G 碱基的 DNA 与 K^+和 Pb^{2+}形成的不同种 G_4 DNA 分子的研究工作，引起了很大的反响[12]。后续多个国际知名的课题组开展了大量的关于 G_4 DNA 的结构表征和分析检测的研究工作。

由于 K^+与 O 原子间的相互作用弱于 Pb^{2+}与 O 原子间的相互作用，所以 K^+-O 配位键键长大于 Pb^{2+}-O 配位键，K^+稳定的 G_4 平面间距大于 Pb^{2+}稳定的 G_4 平面间距，K^+稳定的 G_4 平面内的两个相邻的 G 碱基间的氢键键长也大于 Pb^{2+}与 G_4［图 3-10（a）］。由于 Pb^{2+}与 O 氧原子之间的强烈的相互作用，导致 G_4 DNA 结构的变化。同时，富含 G 碱基的 DNA 序列也影响 G_4 DNA 的结构。PS2.M DNA 序列富含 G 碱基，2 个连续的 G 碱基序列重复出现 4 次，所以在相应的金属离子的稳定作用下可以形成 2 个垂直堆积的 G_4 共轭平面，一个具有 G_4 DNA 结构的 PS2.M 能够与 1 个相应的金属离子络合（表 3-4）。在 pH 8.0 的 10 $mmol \cdot L^{-1}$ 的三(羟甲基)氨基甲烷［tris(hydroxymethyl)aminomethane，Tris］与盐酸的（Tris-HCl）缓冲溶液中，PS2.M 与 10 $mmol \cdot L^{-1}$ K^+络合时，形成平行式的 G_4 DNA 结构。在平行式的 G_4

DNA 结构中，1 个 G_4 平面内的相邻的两个 G 碱基能够直接形成氢键，一共有 4 组。具有平行结构的 G_4 DNA 能够与金属卟啉结合，如铁卟啉，形成复合式结构，这种结构对过氧化氢（hydrogen peroxide，H_2O_2）的还原有催化作用，类似辣根过氧化物酶（horseradish peroxidase，HRP）的催化，被称为 DNA 人工模拟酶。在 DNA 人工模拟酶的催化下，H_2O_2 氧化无色的 $ABTS^{2-}$为蓝绿色的 $ABTS^{\cdot-}$ [图 3-10（b）]。在 10 μmol・L^{-1} Pb^{2+}存在下，PS2.M 序列则形成反平行的 G_4 DNA，在反平行 G_4 DNA 结构的 G_4 平面中，仅有 2 组氢键形成，通常在作用力较强的 Pb^{2+}存在下形成。反平行结构的对称性较低，稳定性较差，所以不能够与卟啉分子络合，不具有催化活性或光学性质[图 3-10（b）]。由于 Pb^{2+}的作用力较强，所以微量的 Pb^{2+}即可以引起 G_4 DNA 结构的变化。

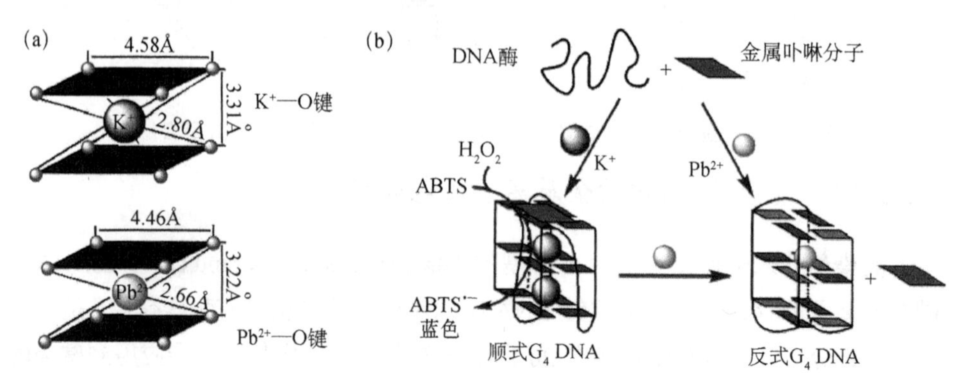

图 3-10 （a）K^+和 Pb^{2+}稳定的 G_4 DNA 复合结构的键长；（b）PW17 DNA 与 K^+结合形成的顺式 G_4 DNA 结构与人工模拟酶催化示意图和 PW17 DNA 与 Pb^{2+}形成的反式 G_4 DNA 结构示意图[12]

图引用经 American Chemical Society 授权

表 3-4 三种富含 G 碱基的不同 DNA 序列和与 K^+和 Pb^{2+}形成的 G_4 DNA 结构[12]

DNA 名称	序列	与 K^+结合	与 Pb^{2+}结合
PS2.M	GTGGGTAGGGCGGGTTGG	平行（图 3-11，曲线 1）	反平行（图 3-11，曲线 2）
PW17	GGGTAGGGCGGGTTGGG	平行（图 3-11，曲线 3）	反平行（图 3-11，曲线 4）
T30695	GGGTGGGTGGGTGGGT	平行（图 3-11，曲线 5）	平行为主（图 3-11，曲线 6）

G_4 DNA 的平行和反平行结构可以通过圆二色（circular dichroism，CD）谱来区分。圆二色谱是一种用于推断非对称分子的构型和构象的一种旋光光谱。光学活性物质对组成平面偏振光的左旋和右旋圆偏振光的吸收系数（ε）是不相等的，即 $\varepsilon L \neq \varepsilon R$，具有圆二色性。如果以不同波长的平面偏振光的波长 λ 为横坐标，以吸收系数之差 $\Delta\varepsilon=\varepsilon L-\varepsilon R$ 为纵坐标作图，得到的图谱即为圆二色光谱。由于 $\Delta\varepsilon$ 有正值和负值之分，所以圆二色谱有呈峰的正性圆二色谱和呈谷的负性

圆二色谱。对于平行结构的 G_4 DNA 分子，其对称性较高，正性圆二色谱的峰与负性圆二色谱的谷交替出现。对于反平行结构的 G_4 DNA，其对称性较低，得到的正性圆二色谱峰较强，负性圆二色谱谷很小。如图 3-11 中曲线 1 和 2 所示，K^+稳定的平行式 PS2.M 峰谷交替明显，Pb^{2+}稳定的反平行 PS2.M 正性色谱峰很强，负性的谷很小。

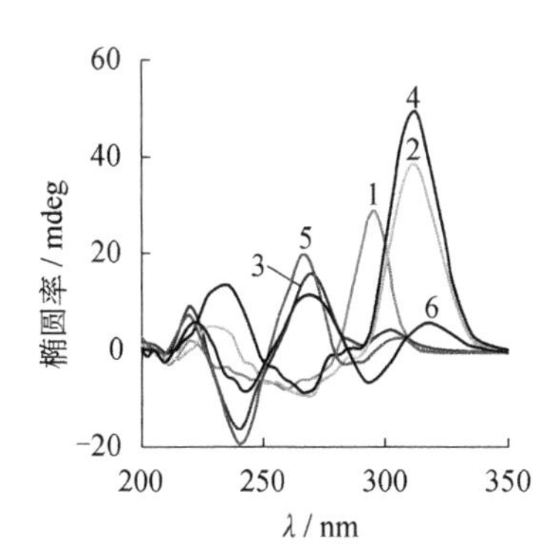

图 3-11　PS2.M、PW17 和 T30695 DNA 分别与 K^+和 Pb^{2+}络合形成的 G_4 DNA 的圆二色谱[12]

曲线 1，PS2.M/K^+；曲线 2，PS2.M/Pb^{2+}；曲线 3，PW17/K^+；

曲线 4，PW17/Pb^{2+}；曲线 5，T30695/K^+；曲线 6，T30695/Pb^{2+}

图片引用经 American Chemical Society 授权

对于有 3 个连续的 G 碱基序列重复 4 次的 PW17 DNA 序列，可以形成 3 个垂直堆积的 G_4 平面，与两个相应的金属离子络合。PW17 与 K^+结合形成平行的四链 DNA，圆二色谱中峰谷交替排列[图 3-11（曲线 3）和表 3-4]。PW17 与 Pb^{2+}结合形成反平行的 G_4 DNA，正性圆二色谱的峰较为突出，负性圆二色谱的谷不明显，反平行结构与平行结构的变化较 PM2.M 明显[图 3-11（曲线 4）]。

对于 T36095 DNA 序列，每 3 个连续的 G 碱基重复 4 次，能够形成 3 个垂直堆积的 G4 平面，与 PW17 不同的是，T36095 DNA 序列的三个连续的 G 碱基间仅有一个碱基，这种结构非常利于平行式 G_4 DNA 结构的形成。在 K^+和 Pb^{2+}的存在下，T36095 均以平行式 G_4 DNA 结构存在[图 3-11（曲线 5 和 6）和表 3-4]。其圆二色谱有明显的峰谷交替特征。

基于 PM2.M 和 PW17 DNA 序列结构对于 Pb^{2+}的敏感性，能够实现 Pb^{2+}的比色分析法检测[13]。以 PM2.M 为例，在 10 mmol・L^{-1} K^+的存在下，PM2.M 以平行 G_4 DNA 结构存在，逐渐向该体系中引入不同浓度的 Pb^{2+}（例 0～60 μmol・L^{-1}），PM2.M 的构型发生很大变化，最后变为反平行结构[图 3-10（b）]。反平行结构不能与铁卟啉络合，不能形成 DNA 人工模拟酶，没有 $ABTS^{\cdot-}$ 的形成，向体系加入 H_2O_2 颜色没有变化。在没有 Pb^{2+}的存在下，P2.M 与铁卟啉络合形成人工模拟酶，

加入 H_2O_2 后体系有明显的颜色变化，有 $ABTS^{\cdot-}$生成，其在 420 nm 波长处有很强的吸收。随着 Pb^{2+}的引入和浓度的升高，溶液的吸光光度逐渐降低［图 3-12（A）］。这种方法能够检测 0.1～10 μmol・L^{-1} 的 Pb^{2+}，相对误差 R^2=0.997，10 mmol・L^{-1} K^+不产生干扰，检出限为 32 nmol・L^{-1}［图 3-12（B）］。这个方法的建立有利于环境中痕量 Pb^{2+}的快速、便捷的检测。

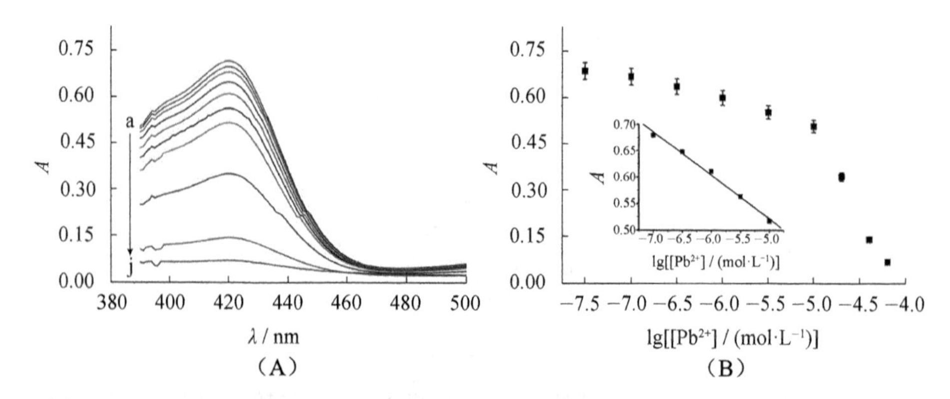

图 3-12 （A）PS2.M 与 K^+形成的 G_4 DNA 和铁卟啉形成的人工模拟酶在不同 Pb^{2+}浓度的存在下的 $ABTS^{2-}/H_2O_2$ 体系的紫外-可见吸收光谱（a～j 分别为 0 nmol・L^{-1}、32 nmol・L^{-1}、100 nmol・L^{-1}、320 nmol・L^{-1}、1 μmol・L^{-1}、3.2 μmol・L^{-1}、10 μmol・L^{-1}、20 μmol・L^{-1}、40 μmol・L^{-1}和 60 μmol・L^{-1} Pb^{2+}；铁卟啉浓度，0.2 μmol・L^{-1}；反应 4 min 后收集光谱）；（B）Pb^{2+}检测的线性工作曲线[13]

相同的方法原理，除采用比色分析法检测 Pb^{2+}，也可以采用荧光分析法检测 Pb^{2+}[14]。PS2.M DNA 与 Na^+的络合后形成反平行结构的 G_4 DNA，不具有与卟啉分子结合的能力。向体系中引入 K^+后，则有平行结构 G_4 DNA 形成，能够与原卟啉分子结合，形成具有荧光性质的络合物，在 420 nm 的发射波长处有很强的发射峰。在 100～240 mmol・L^{-1} Na^+的存在下，能够检测 2～20 mmol・L^{-1} 的 K^+，能够对实际样品进行检测（图 3-13）。

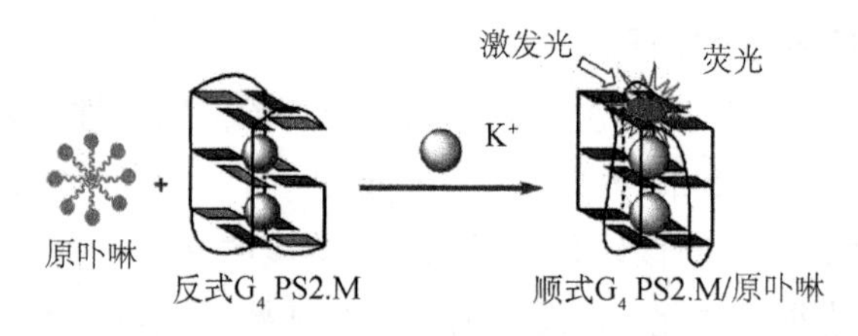

图 3-13 反式 PS2.M/Na^+ G_4 DNA 向顺式 PS2.M/K^+ G_4 DNA 的过渡和荧光络合物的形成[14]

3.2.2.2　基于 T-Hg^{2+}-T 结构的金属离子比色分析

基于 T-Hg^{2+}-T 配位结构的形成和 G_4 DNA 折叠结构的展开，能够实现 Hg^{2+}的比色分析法检测[15]。选取一条富含 G 碱基和 T 碱基的 ssDNA，HT-DNA（5′-TTA GGG TTA GGG TTA GGG TTA GGG TTA-3′）。这个序列在 K^+和 Na^+的存在下形成平行 G_4 DNA 结构，与铁卟啉分子络合形成 DNA 人工模拟酶，催化 H_2O_2 氧化 3,3′,5,5′-四甲基联苯胺（3,3′,5,5′-tetramethylbenzidine，TMB），生成的 TMB 氧化产物为黄色。TMB 的氧化物较 $ABTS^{\cdot-}$稳定，工作条件为 pH 5。铁卟啉本身在 397 nm 波长处有吸收峰，与具有平行结构 G_4 DNA 分子（浓度 2 μmol・L^{-1}）络合以后，则吸收强度增加。在加入 5 μmol・L^{-1} Hg^{2+}后，由于 T-Hg^{2+}-T 结构更稳定，所以 HT-DNA 与 Hg^{2+}形成双链 DNA 结构，铁卟啉分子被释放，体系吸光光度下降。同时，DNA 人工模拟酶消失，体系不能催化 H_2O_2 和 TMB 之间的反应，没有黄色 TMB 溶液生成。

这个方法的优点在于颜色变化灵敏，能够实现 Hg^{2+}的裸眼检测，在含有 10 nmol・L^{-1} HT-DNA、20 mmol・L^{-1} 醋酸钾、2 nmol・L^{-1} 铁卟啉、400 μmol・L^{-1} TMB、2 mmol・L^{-1} H_2O_2 的 pH 4.5 的 2-(*N*-吗啉代)乙磺酸-醋酸（MES-HAc）缓冲溶液中，加入不同浓度的 Hg^{2+}，能够使溶液黄色消退，100 nmol・L^{-1} Hg^{2+}可以引起颜色的明显消退。1 μmol・L^{-1} 的 Pb^{2+}、Cd^{2+}、Ca^{2+}、Fe^{2+}、Fe^{3+}、Co^{2+}、Ni^{2+}、Cr^{3+}、Mg^{2+}、Zn^{2+}等离子没有引起体系颜色消退，不产生干扰。

3.2.3　金属纳米粒子在重金属离子比色分析法中的应用

纳米材料如金属纳米粒子（nanoparticles，NPs）具有独特的光学性质，在紫外-可见区有很强的吸收，且吸收强度和吸收波长随粒子的大小变化，因此通过金属纳米粒子或纳米簇的表面分子的修饰能够实现金属离子的选择性的痕量检测。金纳米粒子具有良好的生物相容性和表面等离子体共振性质，常用于金属离子的比色分析。通常在金纳米粒子表面修饰能够与金属离子相互作用的分子，如能够与 Hg^{2+}和 Ag^+作用的富含 T 碱基或 C 碱基的 ssDNA、巯基丙酸、二乙基二硫代氨基甲酸、柠檬酸、氨基酸分子等，与金属离子特异性结合后，金纳米粒子发生聚集，吸光光度有明显的变化[16-20]。

不同尺寸的 Au 纳米粒子在紫外-可见吸收光谱中的峰位置不同，在紫外-可见区有吸收的 Au 纳米粒子的尺寸一般在 5～200 nm 之间。紫外-可见吸光光谱中的吸光强度为表观吸光（absorption）强度，也可以用消光（extinction）强度表示。纳米粒子的表观吸收有两方面的原因：一方面由于纳米粒子本身在紫外-可见区的某一波长处有吸收；另一方面由于纳米粒子本身的光散射作用，导致检测器接收的入射波长强度降低。这里我们关注 Au 纳米粒子的表观吸收强度。Au 纳米粒子的尺寸越小，吸收波长越短，通常 13 nm 直径的 Au 纳米粒子的吸收波长为 520 nm。随着 Au 纳米粒子的尺寸的增加，吸收光谱红移，直到不在紫外可见吸收区域。

3.2.3.1 基于吐温 20 分子配位的金纳米粒子在 Hg^{2+}和 Ag^{+}检测中的应用

Au 纳米粒子在离子强度高的溶液中容易发生聚集，通过吐温 20（Tween 20）表面活性剂分子的保护，可以提高金纳米粒子在高离子强度的溶液中的稳定性和分散性。2010 年，有研究发现 Hg^{2+}和 Ag^{+}能够引起柠檬酸盐和吐温 20 分子配位的 Au 纳米粒子的聚集和紫外–可见吸光光谱的变化，检测 0.2～0.8 μmol・L^{-1} Hg^{2+}和 0.4～1.0 μmol・L^{-1} 的 Ag^{+}[17]。首先，采用柠檬酸作为保护剂和还原剂、氯金酸作为前驱体，通过加热法获得直径约 13 nm 的柠檬酸吸附的 Au 纳米粒子。向柠檬酸吸附的 Au 纳米粒子溶液中加入吐温 20 溶液，吐温 20 通过氢键的作用在 Au 纳米粒子表面的柠檬酸分子层外形成保护层（图 3-14）。Au 纳米粒子在波长 520 nm 处有很强的吸收。然后在柠檬酸和吐温 20 分子保护的 Au 纳米粒子的 pH 12 的 80 mmol・L^{-1} 的磷酸钠盐溶液中，加入不同浓度的 Hg^{2+}或 Ag^{+}。Hg^{2+}或 Ag^{+}被金纳米粒子表面的柠檬酸分子还原，形成 AuHg 合金或在金纳米粒子表面沉积一层 Ag 原子，新的结构的形成会引起吐温 20 分子的脱落，在 80 mmol・L^{-1} 的磷酸盐缓冲溶液中，AuHg 合金纳米粒子或 Au-Ag 核壳结构的纳米粒子发生聚集，导致波长 520 nm 处吸收减弱，波长 650 nm 处出现新的吸收峰，并且随着 Hg^{2+}和 Ag^{+}浓度的增加而增强。为了避免 Hg^{2+}和 Ag^{+}直接的相互干扰，在检测 Hg^{2+}时，向体系中加入 0.1 mol・L^{-1} NaCl 来屏蔽 Ag^{+}，通过波长 650 nm 处的吸光光度与波长 520 nm 处的吸光光度的比值（$A_{650\ nm}/A_{520\ nm}$）随 Hg^{2+}浓度的变化，可以得到 0.2～0.8 μmol・L^{-1} Hg^{2+}的线性工作曲线（R^2=0.9943）[图 3-15（a）和（c）]。同理，在检测 Ag^{+}浓度时，向体系中加入 0.01 mol・L^{-1} 的乙二胺四乙酸（ethylene diamine tetraacetic acid，EDTA）掩蔽剂掩蔽 Hg^{2+}，从而测得 0.4～1.0 μmol・L^{-1} 的 Ag^{+}（R^2=0.9935）[图 3-15（b）和（d）]。在不同的实际样品中，如饮用水、海水，两种离子的检出限和检测范围有一些差异（见表 3-5）。美国环境保护署（United States Environmental Protection Agency，USEPA）规定，饮用水中 Ag^{+}浓度不得高于 50 μg・L^{-1}（约 460 nmol・L^{-1}），Hg^{2+}浓度不得高于 2 ppb（2 μg・L^{-1}，约 10 nmol・L^{-1}）。采用该种方法满足实际饮用水中 Ag^{+}的检测要求，但不能满足 Hg^{2+}的检测要求。

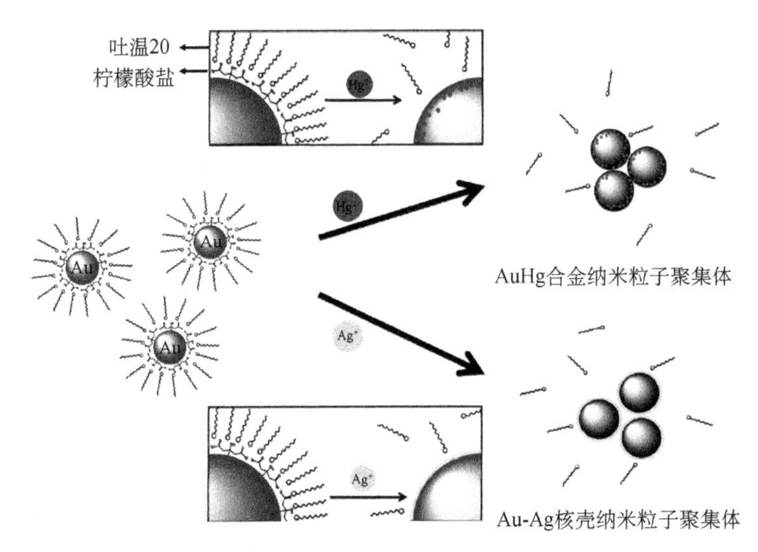

图 3-14 柠檬酸盐/吐温 20 保护的 Au 纳米粒子在 Hg^{2+}和 Ag^{+}的存在下发生聚集[17]

图片引用经 American Chemical Society 授权

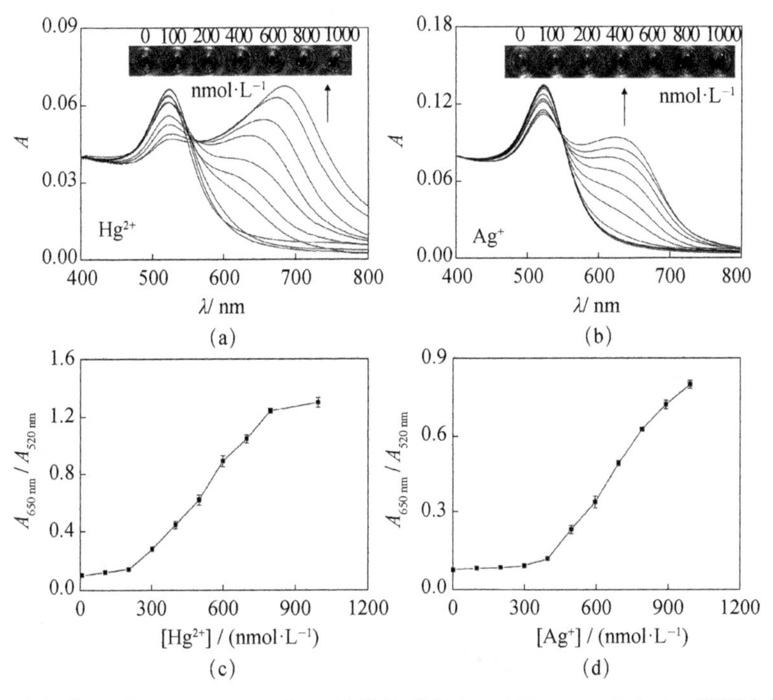

图 3-15 （a）和（c）0.24 nmol・L^{-1} Au 纳米粒子在 0～1000 nmol・L^{-1} Hg^{2+}范围内的紫外-可见吸收光谱、颜色变化和 $A_{650\ nm}/A_{520\ nm}$ 随[Hg^{2+}]的变化曲线，含 0.1 mol・L^{-1} NaCl；（b）和（d）0.48 nmol・L^{-1} Au 纳米粒子在 0～1000 nmol・L^{-1} Ag^{+}范围内的紫外-可见吸收光谱、颜色变化和 $A_{650\ nm}/A_{520\ nm}$ 随[Ag^{+}]的变化曲线，含 0.01 mol・L^{-1} EDTA。反应时间为 5 min[17]

图片引用经 American Chemical Society 授权

表 3-5 在不同的实际样品中的 Hg^{2+} 和 Ag^{+} 的检测范围[17]

待测离子	实际样品	线性范围/（mol・L^{-1}）	R^2	检出限/（mol・L^{-1}）
Hg^{2+}	去离子水	$2\times10^{-7}\sim8\times10^{-7}$	0.9943	1×10^{-7}
Hg^{2+}	饮用水	$2\times10^{-7}\sim6\times10^{-7}$	0.9944	2×10^{-7}
Hg^{2+}	海水	$3\times10^{-7}\sim1\times10^{-6}$	0.9977	1×10^{-7}
Ag^{+}	去离子水	$4\times10^{-7}\sim1\times10^{-6}$	0.9935	1×10^{-7}
Ag^{+}	饮用水	$4\times10^{-7}\sim1\times10^{-6}$	0.9963	3×10^{-7}

注：数据引用经 American Chemical Society 授权

3.2.3.2 基于二乙基二硫代氨基甲酸酯配体保护的金纳米粒子的 Hg^{2+} 的痕量检测

二乙基二硫代氨基甲酸酯（diethyldithiocarbamate，DDTC）含有两个巯基，能够与 Au 纳米粒子强烈地相互作用，引起柠檬酸盐保护的 Au 纳米粒子聚集[图 3-16（A）][19]。Cu^{2+} 能够与 DDTC 通过 Cu—S 键结合，1 个 Cu^{2+} 能够与 2 个 DDTC 分子结合，形成 $Cu(DDTC)_2$ 络合物，包含有 2 个 Cu—S 共价键键和 2 个 Cu→S 配位键，能够防止柠檬酸盐保护的 Au 纳米粒子聚集。而 Hg^{2+} 或有机汞如甲基汞、乙基汞、苯基汞与巯基形成的化学键更稳定，能够引起 Cu—S 键的断裂和 Hg—S 键的形成。1 个 Hg^{2+} 分别与 2 个 DDTC 中的 1 个巯基硫原子形成 Hg—S 共价键，同时与其他的 DDTC 的硫原子形成配位键，从而引起 Au 纳米粒子的再次聚集。有机汞与 DDTC 按 1∶1 比例结合，DDTC 分子中剩余的 S 原子与 Au 纳米粒子表面的 Au 原子形成 Au—S 键[图 3-16（B）]。同时有机汞中的 Hg 原子与新的 DDTC 分子配位，引起 Au 纳米粒子的聚集。由于 Hg^{2+} 能够与 DDTC 分子形成化学键，所以 2 个 Hg^{2+} 引起的 Au 纳米粒子聚集程度大于有机汞。Hg^{2+} 的线性检测范围为 10 nmol・L^{-1}～1.5 μmol・L^{-1}，检出限为 10 nmol・L^{-1}，在这个范围内 680 nm 波长处的吸光光度与 520 nm 波长处的吸光光度的比值（$A_{680\,nm}/A_{520\,nm}$）随 Hg^{2+} 浓度的增加而增大[图 3-16（C）和（D）]。

为了选择性地检测有机汞，向体系中加入 Hg^{2+} 的螯合剂 EDTA，则 Hg^{2+} 不会产生干扰。$A_{680\,nm}/A_{520\,nm}$ 随有机汞浓度的增加而增大，可以检测 15 nmol・L^{-1}～0.8 μmol・L^{-1} 的甲基汞、26 nmol・L^{-1}～1.3 μmol・L^{-1} 的乙基汞、0.15～1.2 μmol・L^{-1} 的苯基汞，检出限分别为 2.6 nmol・L^{-1}、8.5 nmol・L^{-1} 和 30 nmol・L^{-1}[图 3-16（E）]。其他的离子如 Cd^{2+}、Pb^{2+}、Mg^{2+}、Mn^{2+}、Co^{2+}、Ba^{2+}、Zn^{2+}、Ag^{+} 对 Hg^{2+} 和有机汞的检测没有干扰。尽管这种方法不能够区分 Hg^{2+} 和有机汞以及不同种有机汞的检测，但是对于各类汞离子的检出限接近 USEPA 的最低检测要求，所以对于

总汞含量的测定具有评估的作用。

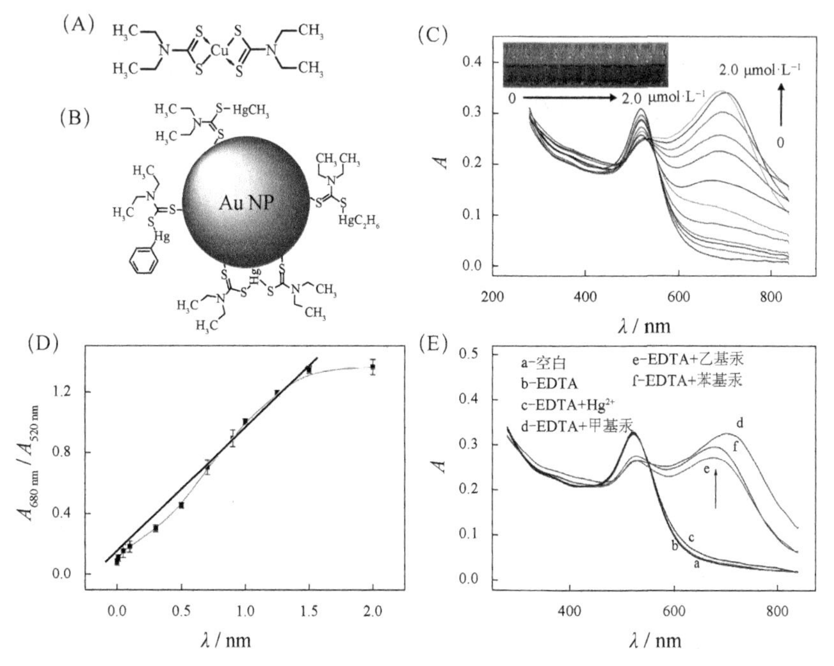

图 3-16　（A）$Cu(DDTC)_2$络合物；（B）各种类型的有机汞与 DDTC 在 Au 纳米粒子表面的络合物结构；（C）$Cu(DDTC)_2$存在下柠檬酸保护的 Au 纳米粒子在不同浓度下的 Hg^{2+}的紫外-可见吸收光谱和颜色变化，实验条件：1.25 μmol・L^{-1} Cu^{2+}、2.5 μmol・L^{-1} DDTC、0.97 nmol・L^{-1} Au 纳米粒子，pH 6.8，反应 2 min；（D）$A_{680\ nm}/A_{520\ nm}$随[Hg^{2+}]变化曲线和线性范围；（E）1.0 μmol・L^{-1} $Cu(DDTC)_2$存在下柠檬酸保护的 Au 纳米粒子在 1.0 μmol・L^{-1} Hg^{2+}或有机汞溶液中的紫外-可见吸收光谱和颜色变化，0.1 mmol・L^{-1} EDTA，反应时间 2 min[19]

图片引用经 American Chemical Society 授权

3.3　分子的现代比色分析检测法

根据生物分子和纳米材料的结构和性质的可调性，能够利用比色分析方法灵敏检测核酸、氨基酸、葡萄糖、三硝基甲苯等分子[21-26]。

3.3.1　核酸分子检测

核酸分子检测包括核酸序列的分析、核酸变异位点的检测和核酸浓度的检测。核酸序列分析早在 20 世纪通过聚合酶链式反应（polymerase chain reaction，PCR）技术和计算机筛选攻破。核酸变异位点的检测和核酸浓度的检测可以通过 DNA 双链的形成来验证，即通过在与目标分子互补的 DNA 单链上标记信号分子，利用比色、荧光、化学发光、电化学等方法进行检测。由于比色方法较为直观且仪器简单，本节首先介绍基于比色分析法的核酸分子检测，其主要通过磁性纳米粒子的分离功能来实现。

2009 年，一项研究报道了一种基于磁纳米粒子表面修饰 DNA 探针分子，通过与标记有 DNA 人工模拟酶的目标 DNA 分子互补配对和磁性分离来检测目标 DNA 的浓度[21]。首先，通过修饰在 Fe_3O_4 磁性纳米粒子表面的树枝状分子聚酰胺与链霉亲和素之间的吸附作用，在 Fe_3O_4 磁性纳米粒子表面包埋大量的链霉亲和素。利用链霉亲和素与生物素间的特异性结合作用，将标记有 DNA 探针 2 分子的生物素连接到 Fe_3O_4 纳米粒子表面。探针 2 分子与目标 DNA 分子一端互补。选取的目标分子含有 200 个碱基，是引起性传播疾病细菌衣原体基因的一部分。其次，在柠檬酸盐保护的直径约 30 nm 的 Au 纳米粒子表面通过 Au—S 键修饰 DNA 探针 1 分子。DNA 探针 1 分子能够与目标 DNA 分子的另一末端结合，从而引起 Au 纳米粒子在磁性纳米粒子表面的固定。在 Au 纳米粒子表面同时吸附有 G_4 DNA 人工模拟酶，能够催化 H_2O_2 与 $ABTS^{2-}$之间的反应。通过磁性分离，能够将磁性纳米粒子分离出来。最后将吸附有不同量 DNA 人工模拟酶的磁性纳米粒子分散到含有 $ABTS^{2-}$和 H_2O_2 的 pH 7.4 的磷酸盐缓冲溶液中，测量紫外–可见吸收光谱，其 415 nm 波长处的吸收峰随目标 DNA 分子的吸附量的增加而增加。通过这种方法能够检测 100 $fmol \cdot L^{-1}$～1.0 $nmol \cdot L^{-1}$ 的衣原体基因片段的含量，检出限为 50 $fmol \cdot L^{-1}$。有利于疾病的快速、便捷的分析与检测。

由于 Fe_3O_4 纳米粒子本身对 H_2O_2 与 $ABTS^{2-}$间的氧化还原反应有催化作用，所以需要在 Fe_3O_4 表面包埋牛血清蛋白分子，以此来抑制 Fe_3O_4 的催化活性，降低检测背景。G_4 DNA 序列、探针 DNA 1、探针 DNA 2 和待测 DNA 的序列如下：

G4 DNA: 5′-SH-$(T)_{15}$ TTG TGG GTA GGG CGG GTT GGG-3′;

探针 DNA 1: 5′-AGT ACAAAC GCC TAG $(T)_{10}$-SH-3′;

探针 DNA 2: 5′-生物素-$(T)_9$ TGC TTC GAG CAA CCG C-3′

目标 DNA: 5′-CTAGGCGTTTGTACTCCGTCA-3′ (forward),

5′-TCCTCAGAAGTTTATGCACT-3′ (reverse)

3.3.2　氨基酸分子检测

3.3.2.1　组氨酸分子检测

组氨酸是含有咪唑基团的氨基酸，是中枢神经系统的神经递质和金属离子传输的调节因子（图 3-17）。组氨酸可以通过—NH_2和咪唑基团中的 N 原子、—COOH 中的 O 原子与 Cu^{2+}配位，形成稳定的络合物。金属纳米簇是由几十到几百个金属原子组成的尺寸在 0.5～3 nm 的纳米结构，具有较强的荧光性质，类似于具有共轭结构的分子。其中，Au、Ag、Cu 纳米簇已经通过化学还原法得到。在这些纳米簇的合成过程中，配体的类型和反应速率对纳米簇的形成起到至关重要的作用。通常选择吸附能力较强的配体如含有—SH、—NH_2、含 N 原子的巯基烷烃、蛋白质、氨基酸、DNA 等分子，并且在较慢的反应速率下获得金属纳米簇。组氨酸中含有—NH_2、咪唑等基团，能够与 Au 原子发生吸附作用，是 Au 纳米簇的较好的一种配体[23]。Au 纳米簇具有类似过氧化物酶的催化活性，能够催化 H_2O_2 分子与具有还原性显色分子如 TMB 之间的氧化还原反应。TMB 被氧化后生成蓝色的氧化态物质，在 652 nm 处有最大吸收。

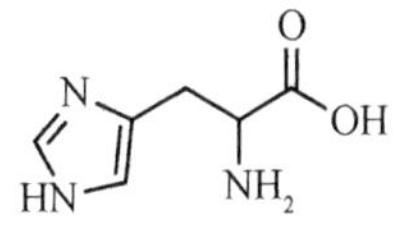

图 3-17　组氨酸分子结构

在组氨酸保护的 Au 纳米簇的合成中，组氨酸起到保护剂和还原剂的作用，2.5 mmol・L^{-1} $HAuCl_4$与 202.5 mmol・L^{-1}的组氨酸水溶液混合后（组氨酸与 $HAuCl_4$ 摩尔比值约为 80），放置 10 天后，高转速（10 000 r/min）离心 10 min，去除大尺寸颗粒，取上层液，用 0.5 kDa 的透析膜透析去除残留的未反应 $HAuCl_4$和游离组氨酸，即获得纯净的组氨酸配体保护的 Au 纳米簇棕黄色溶液[23]。在 365 nm 的紫外区波长的激发下，Au 纳米簇在 490 nm 处有最大发射强度。在合成前，溶液中的组氨酸配体与 HAuCl 的比例影响 Au 纳米簇的催化活性和荧光性质。当组氨酸与 $HAuCl_4$摩尔比由 30 增加到 80 时，形成的 Au 纳米簇的催化活性逐渐增加，荧光发射强度略降低。较多的组氨酸配体可以促进反应底物 TMB 与 Au 纳米簇人工模拟酶的结合，提高反应速率，但过多会对荧光发射有一定的猝灭作用。酶与底物的结合能力可以用米氏常数（K_M，mmol・L^{-1}）来衡量，K_M值越小，结合能力越强。酶的催化能力可以用一级催化反应速率常数（k_{cat}，s^{-1}）表示。k_{cat}数值等于最大反应速率（v_{max}，mol・L^{-1}・s^{-1}）与溶液中酶的浓度（[E]，mol・L^{-1}）的比值，见方程（3-4）。根据米氏方程的双倒数方程（Lineweaver-Burk 方程），以反应速率的倒数对底物浓度（[S]，mol・L^{-1}）的倒数作图，得到的直线的斜率为K_M与v_{max}的比值，截距为v_{max}的倒数，继而得到K_M和v_{max}两个数值，见方程式（3-5）。根据方程（3-4）得到k_{cat}。

$$\frac{1}{v}=\frac{K_M}{v_{max}[S]}+\frac{1}{v_{max}} \tag{3-4}$$

$$k_{cat}=\frac{v_{max}}{[E]} \tag{3-5}$$

在比色分析检测中，酶的催化反应速率v（mol・L^{-1}・s^{-1}）即在一定浓度的Au纳米簇人工模拟酶溶液中，固定其中一种底物浓度，改变另一种底物浓度，测量在该底物浓度下单位时间内反应的底物浓度，即吸光光度值的变化（$\Delta A/\Delta t$）。如固定H_2O_2底物浓度，改变TMB浓度，绘制反应速率v与TMB浓度的变化曲线，根据Lineweaver-Burk方程，即可获得对底物TMB的K_M和k_{cat}。同理保持TMB浓度不变，绘制反应速率v与H_2O_2浓度的变化曲线，再用v的倒数对H_2O_2浓度的倒数作图，获得对H_2O_2底物的K_M和k_{cat}值。

当组氨酸与$HAuCl_4$摩尔比值达到80时，在Au纳米簇人工模拟酶浓度不变的条件下，K_M值趋于最小，v_{max}趋于最大（表3-6）。pH不同，Au纳米簇人工模拟酶的催化活性不同，在pH为3～4的条件下，Au纳米簇酶的催化活性最大，适宜的反应温度在25～35℃之间。在该pH和温度范围内Au纳米簇的结构最稳定，所以催化活性最优。

表3-6　不同组氨酸与$HAuCl_4$摩尔比值条件下获得的Au纳米簇对TMB和H_2O_2底物催化的K_M和v_{max}数值的比较[23]

组氨酸与$HAuCl_4$不同摩尔比条件下获得的Au纳米簇	K_M/(mmol・L^{-1})		v_{max}/(10^{-8} mol・L^{-1}・s^{-1})	
	TMB	H_2O_2	TMB	H_2O_2
Au纳米簇80	0.073	0.046	6.05	6.78
Au纳米簇60	0.088	0.053	2.54	4.08
Au纳米簇30	0.091	0.066	1.24	1.44
HRP	0.434	3.7	10.0	8.71

当Cu^{2+}加入含有TMB、H_2O_2、Au纳米簇人工模拟酶溶液中时，Cu^{2+}引起Au纳米簇聚集，导致Au纳米簇催化活性下降，TMB的氧化产物浓度降低，体系在652 nm处的吸收强度下降[23]。在加入游离的组氨酸后，Cu^{2+}与游离的组氨酸结合能力强于Au纳米簇表面的组氨酸，所以Au纳米簇聚集体解离，酶的催化活性恢复，基于此检测组氨酸。当体系中Cu^{2+}浓度达到125 nmol・L^{-1}时，91.6%的Au纳

米簇模拟酶催化活性消失，在 652 nm 波长处的吸收强度很低。所以，在检测组氨酸浓度过程中，首先，Au 纳米簇人工模拟酶与 125 nmol·L^{-1} 的 Cu^{2+}在 pH 3 的乙酸盐缓冲溶液充分混合，使 Au 纳米簇聚集，催化活性基本消失。然后，向其引入 0.3 mmol·L^{-1} TMB、0.3 mol·L^{-1} H_2O_2 和不同浓度的组氨酸，在 25℃的条件下反应 10 min，然后在 500～750 nm 波长范围内搜集紫外-可见吸光光谱。在吸光光谱中的 652 nm 波长处的吸收峰的强度随组氨酸浓度增加而升高，最后达到最大值。通过吸光强度与组氨酸浓度绘制标准工作曲线，组氨酸的检测范围在 20 nmol·L^{-1}～2.0 μmol·L^{-1} 之间，检出限为 20 nmol·L^{-1}。该种检测方法能够用于血清样品中组氨酸的检测，且抗干扰性好，其他类型的氨基酸不产生干扰。

3.3.2.2　谷胱甘肽分子检测

谷胱甘肽是由谷氨酸、半胱氨酸和甘氨酸组成的三肽分子，存在于细胞中，含有丰富的巯基基团，能够捕捉自由基、有毒物质、变异体等，具有抗氧化能力。在老化的细胞或癌细胞中，谷胱甘肽浓度升高。商业化的谷胱甘肽检测试剂盒一般基于谷胱甘肽酶的催化。但是由于谷胱甘肽酶容易失活，所以需要寻找较稳定的检测方法。研究发现，使用谷胱甘肽作为配体和还原剂合成的 Au 纳米簇同样可以作为过氧化物人工模拟酶，催化 H_2O_2 与 TMB 之间的氧化还原显色反应[24]。2 mmol·L^{-1} 的 $HAuCl_4$ 水溶液和 3 mmol·L^{-1} 的谷胱甘肽水溶液混匀，在 90℃条件下加热 6.5 h，获得黄色 Au 纳米簇溶液。采用乙腈作为纯化试剂，在 1200 r/min 转速下离心 10 min，得到的沉淀产物用水和乙腈（体积比 1∶3）的混合溶液洗涤，获得纯净的谷胱甘肽保护的 Au 纳米簇。游离的谷胱甘肽抑制谷胱甘肽保护的 Au 纳米簇模拟酶的催化活性。在 pH 4 的乙酸盐缓冲溶液中，加入 500 mmol·L^{-1} TMB、4.50 mmol·L^{-1} H_2O_2、100 mg·mL^{-1} 谷胱甘肽保护的 Au 纳米簇，混匀后加入不同浓度的谷胱甘肽，30℃孵育 50 min，Au 纳米簇模拟酶活性大幅度下降，体系在 652 nm 处的可见光吸收强度降低。这种方法能够检测 2～25 μmol·L^{-1}（R^2=0.995）的谷胱甘肽分子，检出限为 0.42 μmol·L^{-1}。由于半胱氨酸、同型半胱氨酸含有巯基基团，与谷胱甘肽结构相似，所以会引起 Au 纳米簇模拟酶活性下降，体系吸光光度值降低。但是由于细胞中谷胱甘肽浓度远高于这两种氨基酸，所以这两种氨基酸产生的影响可以忽略。其他的氨基酸除甲硫氨酸需要用 Zn^{2+}屏蔽外，对谷胱甘肽检测都不会产生影响。这种方法可以直接用于 MCF-7 和 MDA-MB-231 癌细胞中的谷胱甘肽检测，与正常细胞相比，癌细胞中的谷胱甘肽含量显著升高 3 倍以上。检测结果与商业化的谷胱甘肽检测试剂盒检测结果接近，但是检测成本降低了

80%，且检测时间缩短了 2/3。

3.3.3 生物小分子和炸药分子检测

3.3.3.1 H_2O_2和葡萄糖分子灵敏检测

Ag 纳米粒子在紫外-可见区具有一定的吸收。当 Ag 纳米粒子的尺寸较小时，Ag 纳米粒子被 H_2O_2 氧化，氧化后的 Ag 纳米粒子的尺寸变化明显，引起吸光光度的减弱，基于此变化检测 H_2O_2 分子。采用直径为 2～3 nm 的石墨烯量子点作为基底材料，在其表面生长 Ag 纳米粒子，最终可以获得直径在 6～15 nm 的 Ag 纳米粒子，Ag 纳米粒子附着在石墨烯量子点（graphene quantum dots，GQDs）上，形成的 GQDs/Ag NPs 复合材料在 405 nm 处有强吸收（图 3-18）[22]。如图 3-18（c）所示，230 nm 处的吸收峰对应石墨烯碳量子点的 C═C 键，300 nm 处的较小的吸收峰对应石墨烯碳量子点的活化基团 C═O 键。向 GQDs/Ag NPs 复合材料中加入一定浓度的 H_2O_2（如 100 μmol・L^{-1}），5 min 后可以明显观测到 GQDs/Ag NPs 复合材料溶液的颜色消退，在 405 nm 处的吸收峰强度大幅度减弱。向含有 GQDs/ Ag NPs 复合材料的 pH 约为 5 的缓冲溶液中加入不同浓度的 H_2O_2（0～100 μmol・L^{-1}），溶液在 406 nm 处的吸收峰强度随 H_2O_2 浓度的增加而逐渐下降，以初始吸光光度 A_0 与加入 H_2O_2 后的吸光光度 A 的差值为纵坐标，H_2O_2 浓度为横坐标，绘制 H_2O_2 检测的工作曲线，检测范围为 0.1～100 μmol・L^{-1}，检出限为 33 nmol・L^{-1}，方法较为灵敏[图 3-18（d）]。

在 GQDs/Ag NPs 复合材料的合成中，首先采用化学剥离法制备氧化石墨烯，即在石墨粉中加入强氧化剂 P_2O_5、$K_2S_2O_8$ 和浓硫酸，加热回流即可获得。然后，取一定体积的氧化石墨烯溶液与 65%的浓 HNO_3 混合，置于密封的聚四氟乙烯反应釜中，采用微波加入法（功率为 800 W，压强为 30 MPa），200℃微波加热 5 min，即可获得氧化石墨烯量子点。这种氧化石墨烯量子点表面带有大量的含氧基团，如—OH、—COOH、C═O，所以使量子点表面带有负电荷。取一定量的氧化石墨烯量子点溶液，用氨水将其 pH 调到 7，超声 20 min。向 $AgNO_3$ 溶液中滴加氨水，获得 $Ag(NH_3)_2^+$络离子，与 pH 7 的氧化石墨烯量子点混合，搅拌 30 min，200℃加热 60 min，即可以获得紫红色的 GQDs/Ag NPs 复合材料溶液（图 3-19）。在这个反应过程中，$Ag(NH_3)_2^+$与带负电的氧化石墨烯量子点通过静电作用结合，在氧化石墨烯量子点的热还原过程中形成 $Ag(NH_3)_2$ 的中间产物，这种中间产物进一步分解得到 Ag 纳米粒子。

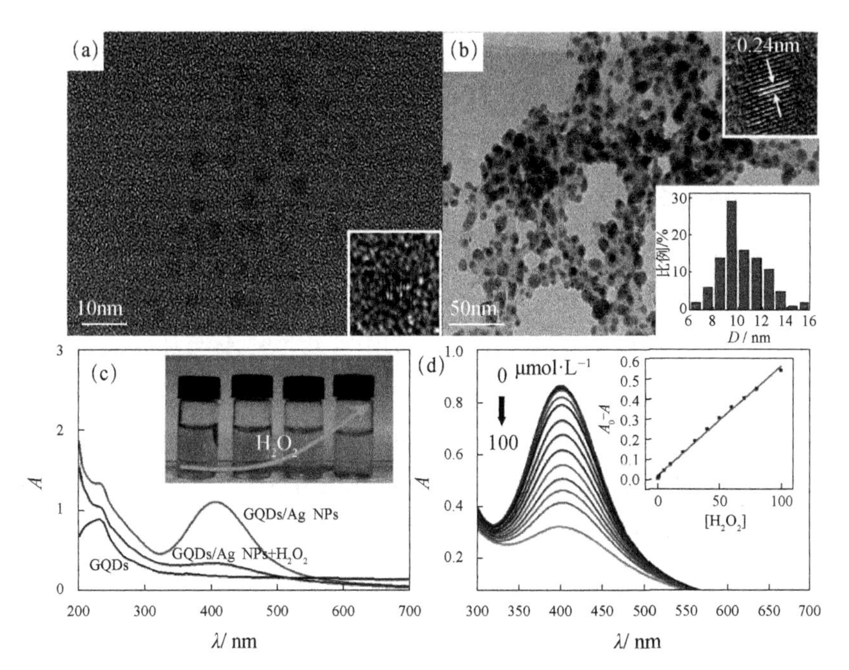

图 3-18　(a) GQDs 透射电镜表征图（插图为 GQDs 的高分辨透射电镜表征图）；(b) GQDs/Ag NPs 透射电镜表征图和粒径分布图；(c) 0.02 mg・mL^{-1} GQDs、0.02 mg・mL^{-1} GQDs/Ag NPs、0.02 mg・mL^{-1} GQDs/Ag NPs+100 μmol・L^{-1} H_2O_2 体系的紫外-可见吸收光谱和颜色变化图；(d) GQDs/Ag NPs 溶液在不同 H_2O_2 浓度条件下的紫外-可见吸收光谱和 H_2O_2 的线性工作曲线[22]

图片引用经 American Chemical Society 授权

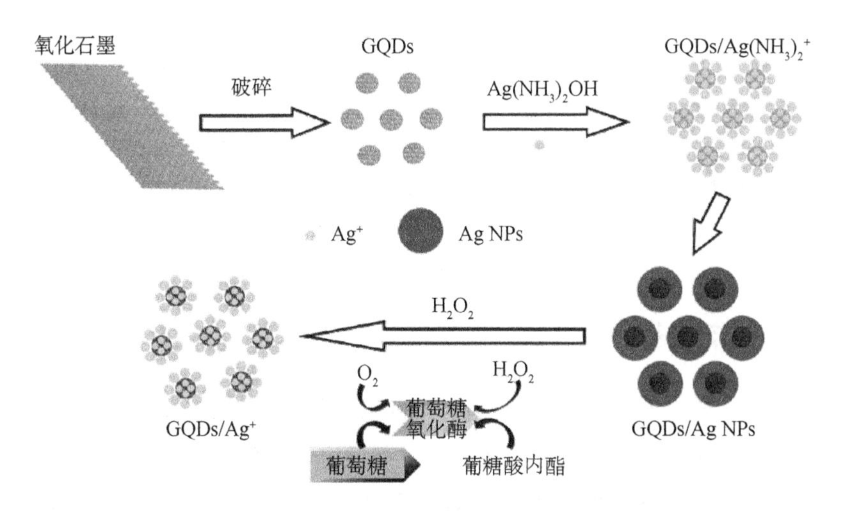

图 3-19　GQDs/Ag NPs 复合材料的制备方法和葡萄糖分子检测原理示意图[22]

图片引用经 American Chemical Society 授权

由于葡萄糖在葡萄糖氧化酶（glucose oxidase，GOx）的催化作用下与 O_2 发生化学反应，生成葡萄糖醛酸和 H_2O_2。采用上述比色方法，通过检测该反应生成的 H_2O_2 可以间接检测葡萄糖分子（图 3-20）。首先，需要将不同浓度的葡萄糖溶液与葡萄糖氧化酶混合，在有氧条件下 37℃孵育 30 min。然后，将该溶液与含有 GQDs/Ag NPs 复合材料的 pH 约为 5 的缓冲溶液混合，37℃继续孵育 30 min。在 300～700 nm 波长范围内测量最终溶液的吸光光光谱。溶液在 406 nm 处的吸收峰强度随葡萄糖浓度的增加而逐渐下降，以初始吸光光度 A_0 与加入葡萄糖后的吸光光度 A 的差值为纵坐标，葡萄糖浓度为横坐标，绘制工作曲线，检测范围为 0.4～400 μmol・L^{-1}（R^2=0.999），检出限为 170 nmol・L^{-1}，实现葡萄糖的快速、便捷的检测。这种方法的选择性高，对金属离子和其他糖类分子、氨基酸分子无响应，能够满足实际样品的检测需求。

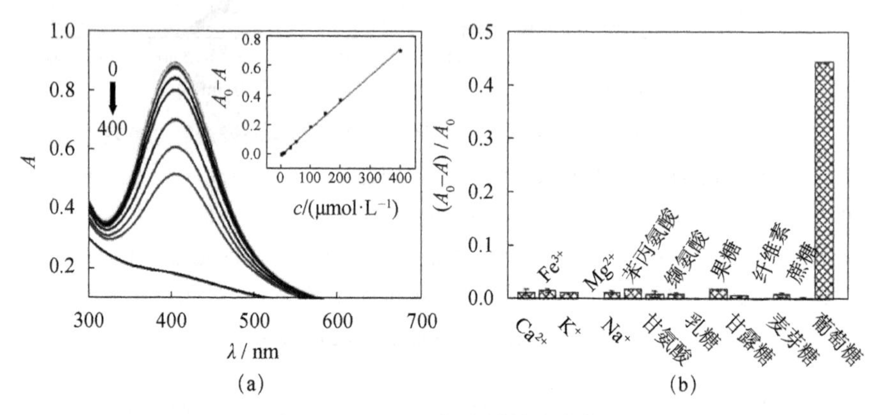

图 3-20 （a）0.017 mg・mL^{-1} GQDs/Ag NPs 复合材料溶液在 0 μmol・L^{-1}、0.5 μmol・L^{-1}、3 μmol・L^{-1}、5 μmol・L^{-1}、10 μmol・L^{-1}、30 μmol・L^{-1}、50 μmol・L^{-1}、100 μmol・L^{-1}、150 μmol・L^{-1}、200 μmol・L^{-1} 和 400 μmol・L^{-1} 葡萄糖存在时的紫外-可见吸收光谱图和葡萄糖检测的线性工作曲线；（b）一些金属离子、其他糖类和一些氨基酸分子的干扰实验，浓度均为 200 μmol・L^{-1} [22]

图片引用经 American Chemical Society 授权

3.3.3.2 三硝基甲苯检测

三硝基甲苯是一种比较特殊的苯类化合物，在苯环的 2,4,6 位连接有吸电子基团—NO_2，大量的—NO_2 导致这种化合物很不稳定，在摩擦或加热的条件下发生化学反应并产生大量的热，发生爆炸，被称为“炸药之王”。三硝基甲苯具有一定的毒性，特别是慢性中毒，大量的使用造成环境污染，所以对于三硝基甲苯的灵敏检测对于人类健康和军事安全具有重要的研究价值。吸电子基团能够和给电子基团相互作用，发生交联，如—NO_2 能够与—NH_2 之间反应。半胱氨酸一端具有—SH，一端具有—NH_2，既能够通过 Au—S 化学键吸附到 Au 纳米粒子表面，又能够通过—NH_2 与三硝基甲苯的—NO_2 发生反应，引起柠檬酸保护的直径 13 nm 的 Au 纳米粒子聚集，吸收波长红移[25]。10 nmol・L^{-1} 的柠檬酸盐保护的 Au 纳米粒子与 0.5 μmol・L^{-1} 的半胱氨酸混合后，Au 纳米粒子表面的柠檬酸盐配体被半胱氨酸取代。然后加入不同浓度的三硝基甲苯乙醇溶液，混匀，静止 2 h 后，在 450～750 nm 波长范围内测量吸收光谱。随着三硝基甲苯的含量的增加，520 nm 处的吸光光度逐渐下降，650 nm 处形成新的吸收峰并逐渐升高，以 650 nm 处的吸光度与 520 nm 处的吸光度的比值 $A_{650\ nm}/A_{520\ nm}$ 为纵坐标，三硝基甲苯的 10 为底的对数为横坐标，绘制工作曲线，检测范围为 0.5 pmol・L^{-1}～5 nmol・L^{-1} (R^2=0.991)。5 nmol・L^{-1} 的 2,4-硝基甲苯、硝基甲苯、甲苯都不会引起半胱氨酸保护的 Au 纳米粒子的聚集和颜色的变化，说明这种方法具有很好的选择性。

思　考　题

1. 简述比色分析法的原理与特点。

2. 举例说明醌类、黄酮类、萜类、甾体类、香豆素类、生物碱类和糖类化合物以及酚基、醛基、羰基和内酯官能团的显色鉴定方法，每种举出 1～2 例。

3. 12-冠-4、15-冠-5、18-冠-6、4′-苦胺基苯并 15-冠-5 冠醚和冠醚环中含有酚羟基苯并 15-冠-5 冠醚分别适用于哪些离子的检测，与相应离子结合后有色冠醚的紫外-可见吸收光谱有哪些变化？

4. 胞嘧啶、胸腺嘧啶、鸟嘌呤可与哪些离子选择性络合？

5. 什么是 G_4 DNA 人工模拟酶，可催化哪些反应的发生？

6. 基于 G_4 DNA 人工模拟酶设计一种检测 Pb^{2+}的实验方案，可画图说明。

7. pH 12 条件下的吐温 20 和柠檬酸盐保护的 Au 纳米粒子遇到 Hg^{2+}和 Ag^{+}会发生怎样的结构和光学性质的变化？

8. 请设计一种基于组氨酸保护的 Au 纳米簇材料的组氨酸比色分析方法。

9. 谷胱甘肽合成的 Au 纳米簇具有哪些催化性质，加入游离的谷胱甘肽后催化活性有何变化？

10. 举例说明石墨烯量子点表面生长Ag层的制备方法，基于石墨烯量子点/Ag纳米粒子复合材料怎样实现葡萄糖分子的比色分析法检测，并说明检出限。

11. 三硝基甲苯可使哪种配体保护的Au纳米粒子发生聚集，聚集后的Au纳米粒子的紫外-可见吸收光谱有何变化，新的吸收峰的波长是多少？

第 4 章　现代荧光分析与生物成像

本章要点

- 掌握荧光分析法的原理、特点、常规的荧光显色反应。
- 掌握现代荧光标记技术的原理和在免疫分析中的应用。
- 了解荧光成像技术的原理和在疾病诊断方面的应用。

4.1　荧光分析法

荧光分析方法是分子和离子检测的常用的分析方法，在食品、环境、医学、军事领域内样品分析检测中必不可少。在现代荧光分析方法中，荧光免疫分析和生物分子的成像在疾病的快速诊断和临床检测中广泛应用。因此本章将主要介绍现代荧光免疫分析方法和生物分子的荧光成像技术。

4.1.1　荧光分析法的原理和特点

4.1.1.1　荧光的产生

分子或原子具有不同的分子轨道或原子轨道，每个轨道对应一个能级。体系处于能量最低的状态称为基态（S_0，见图 4-1）。当分子或原子受到 200～800 nm 波长的光子激发时，分子轨道的价电子产生跃迁，由基态跃迁至激发态（S_1, S_2, S_3, …），激发态与基态之间的能级差 ΔE（eV）在 10 eV 左右，波长（λ，nm）间隔约 100 nm。在同一个分子或原子轨道中可以容纳两个自旋相反的电子，价电子在跃迁过程中自旋方向不产生变化，此时的激发态为单重态（singlet state，S），不同的轨道能级的单重态可以用（S_1, S_2, S_3，…表示，见图 4-1 和图 4-2）。如果电子的自旋方向发生变化，则分子处于的激发态为三重态（triplet state，T_1, T_2, T_3，…，见图 4-1 和图 4-2）。分子本身具有不同的振动能级，包括剪切、摇摆、面内弯曲等方式。振动能级间的能量差（ΔE_v）在 0.025～1 eV 之间，跃迁产生的吸收光谱位于红外区（800 nm～1000 μm），称为红外光谱或分子振动光谱；波长间隔约 5 nm。对于同一轨道能级的分子，又可以分为 v =0，1，2，…等不同振动能级（图 4-1）。

荧光是一种光致发光的现象，分子或原子被一定波长的光子激发后，价电子从基态跃迁至不同激发单重态，S_1, S_2，…（图 4-1）。在价电子回到基态 S_0 的过程中，首先从同一激发态的高振动能级衰变至最低振动能级 v =0，这一过程称为振动弛豫（vibration relaxation，VR）。然后，价电子从高能级激发单重态的最低振动能级跃迁至相邻较低能级的激发单重态的最高振动能级（S_2，v =0→S_1，v=3），这一过程被称为内转化（internal conversion，IC）。价电子经过振动弛豫从 S_1，v=3 衰变至 S_1，v=0。最后，价电子由 S_1，v=0 回到处于不同振动能级的基态（S_0，v=0, 1, 2, 3），这一过程的能量以光子的形式释放，称为荧光。

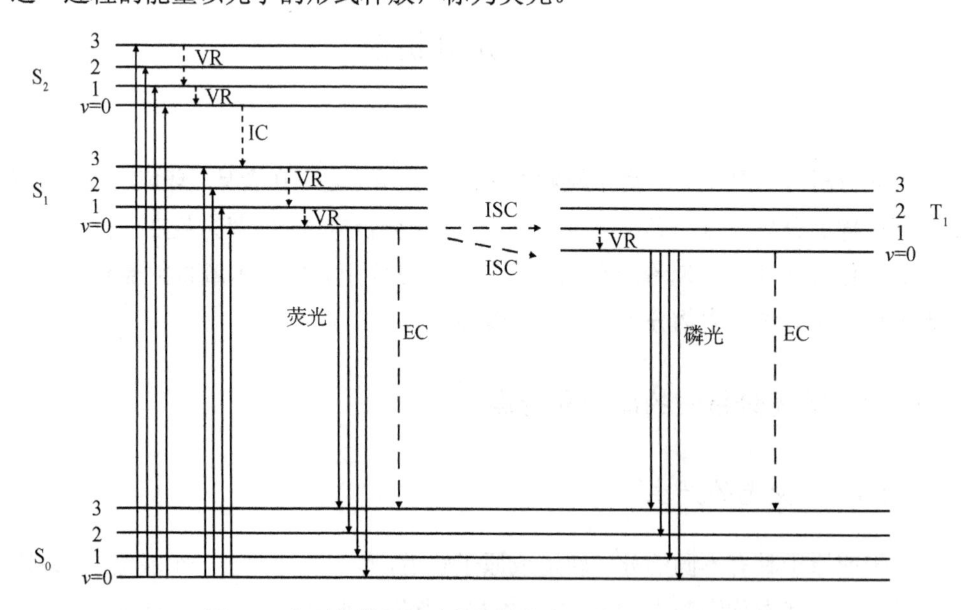

图 4-1 分子轨道和振动能级与价电子的激发与衰变过程

VR：振动弛豫；IC：内转化；ISC：系间窜越；EC：外转换

有些情况下，一些分子的 S_1 的某一振动能级与 T_1 的某一振动能级重合，价电子由 S_1 跃迁至 T_1，这一过程被称为系间窜越（intersystem conversion，ISC）。T_1 态的电子通过振动弛豫衰变至最低振动能级后，发射光子，回到基态 S_0，产生磷光

（图 4-1）。在上述跃迁过程中，荧光和磷光属于辐射跃迁，能量以光子的形式释放。振动弛豫、内转化和外转换是非辐射跃迁，能量可以传递给介质分子，最终变为动能或热能，这个过程中无光子产生。在 S_1，v=0→S_0，v=0, 1, 2, 3 和在 T_1，v=0→S_0，v=0, 1, 2, 3 的跃迁过程可以为无辐射跃迁过程，即外转换（external conversion，EC）过程，即无荧光或磷光产生。

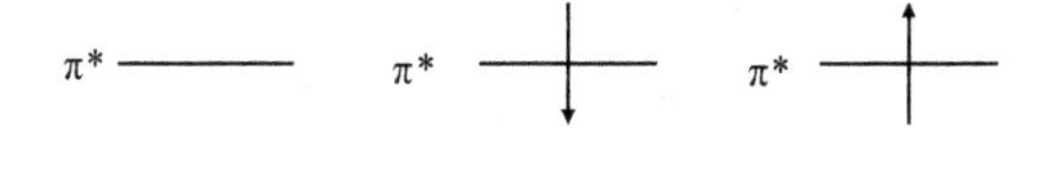

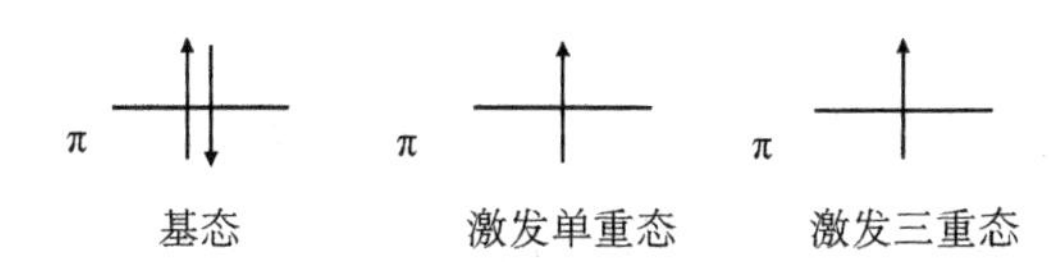

图 4-2　分子的基态、激发单重态和激发三重态的价电子自旋状态

荧光与磷光的区别为：荧光的寿命极短，磷光的寿命较长。S_2 以上的激发单重态的寿命通常很短，在 10^{-11}～10^{-13}s，很快通过内转化衰变至 S_1 态。价电子在激发态高振动能级的停留时间也很长，VR 寿命在 10^{-12}～10^{-14} s 之间。所以观察到的荧光主要来自 S_1，v =0→S_0，v =0, 1, 2, 3 跃迁过程。荧光的寿命指荧光分子处于 S_1 激发态的平均寿命，是重要的荧光参数。分子荧光的寿命一般在 10^{-10}～10^{-8} s 范围内。磷光的寿命指分子处于 T_1 激发态的时间。由于 ISC 过程中电子自旋状态发生变化，ISC 和磷光发射过程发生的概率较小，激发态寿命较长，在 10^{-2}～10^{-6} s 之间。所以，荧光的寿命很短，磷光的寿命较长，在 10^{-4}～10 s 之间。若不采用高分辨的瞬时荧光光谱仪，很难捕捉到荧光的发生过程以及计算荧光寿命。

具有荧光性质的物质包括具有共轭 π 键的分子、气态自由原子和具有量子效应的纳米晶体（即量子点）等。气态自由原子需要在能够产生高温的原子化器内得到，所以原子荧光等的仪器较为昂贵，主要用于金属元素的分析。具有共轭 π 键的分子则在入射光的激发下直接产生荧光，所以仪器构造和操作相对简单，检测条件较温和，适用于分子和离子的检测。量子点是近年来发展的新型无机纳米材料，具有一定的荧光强度，因其结构和性质可调，所以研究较多。但目前合成的量子点的荧光量子效率还不能超越荧光分子，所以这里主要讨论分子荧光光谱的产生原理。

4.1.1.2 荧光光谱的特点

分子或原子对激发光的吸收具有选择性，不同的激发波长得到的荧光强度不同。固定发射波长，测定不同激发波长下的荧光强度，以波长为横坐标、荧光强度为纵坐标，得到分子或原子的激发光谱。激发光谱与发射波长的大小无关。同样，固定激发光波长，测定不同波长的激发光对分子或原子的荧光强度的影响，以波长为横坐标、荧光强度为纵坐标，得到分子或原子的发射光谱。分子和原子的发射光谱与激发光的波长无关。所以，激发光谱和发射光谱是分子和原子自身的性质，能够用于初步的样品结构分析。对于样品的定量分析，通常取最大激发波长，测的最大发射波长处的荧光强度。

激发光谱和发射光谱通常具有如下特点：①发射光的波长通常大于激发光波长，因为价电子被激发后发生内转化和振动弛豫，所以发射光波长增大，这一现象被称为斯托斯（Stokes）位移。②激发光谱与发射光谱呈镜像对称关系，以蒽分子的 S_1 与 S_0 之间的跃迁为例（图 4-3）。S_1 与 S_0 的振动能级数目相同，所以激发光的波长数目和发射光的波长数目相等，即激发光谱与发射光谱的峰的数目一致。其次是峰的强度，在两种光谱中都有 S_1，$v=0$ 与 S_0，$v=0$ 态之间的跃迁，所以最大激发波长处的峰与最小发射波长处的峰重叠。③同种振动能级之间的跃迁的概率相同，如 S_0，$v=0\rightarrow S_1$，$v=1$ 跃迁的概率与 S_1，$v=0\rightarrow S_0$，$v=1$ 的跃迁概率相同，所以对应的激发光波长处的荧光强度与发射光波长处的荧光强度相等。以此类推，得到镜像对称的荧光激发光谱和发射光谱。镜像对称不是绝对的，有一些偏差，与散射光和杂质的存在相关。

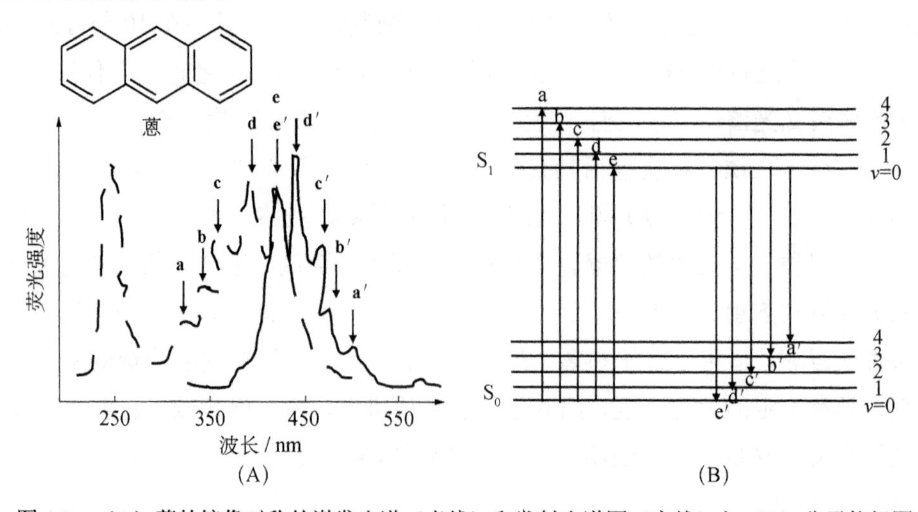

图 4-3 （A）蒽的镜像对称的激发光谱（虚线）和发射光谱图（实线）与（B）分子能级图

4.1.1.3　荧光量子产率

荧光的量子产率（ϕ_F）决定了分子和原子本身的荧光性质。荧光量子产率表观的定义为荧光物质被激发后发射的荧光光子数与吸收的激发光光子数的比值。由于激发态分子的衰变过程包括辐射跃迁和非辐射跃迁，所以荧光量子产率也可以表示为辐射跃迁的速率（k_f，s^{-1}）与辐射跃迁和非辐射跃迁的速率的总和（$\sum K$，s^{-1}）的比值[方程（4-1）]。辐射跃迁的速率越大，荧光量子产率越高，通常在 0.1～1 之间。

荧光的寿命（τ，s）等于激发态回到基态的速率的倒数，即辐射跃迁和非辐射跃迁的速率之和的倒数[方程（4-2）]。根据衰变反应速率的表达式，任意一个时刻的荧光强度（F_t）等于初始时刻的荧光强度乘以时间 t 与荧光平均寿命 τ 比值的指数[方程（4-3）]。通过瞬时荧光光谱仪测得不同时刻的荧光强度，以 $\ln F_t$ 为纵坐标、时间 t 为横坐标作图，得到一条直线，直线的斜率的倒数的相反数即为该种物质的荧光寿命[方程（4-4）]。此外，测得最大吸收波长下的摩尔吸光系数（ε_{max}，$L \cdot mol^{-1} \cdot cm^{-1}$），取其倒数乘以 10^{-5}，可估算荧光寿命。

$$\phi_F = \frac{k_f}{k_f + \sum K} \tag{4-1}$$

$$\tau = \frac{1}{k_f + \sum K} \tag{4-2}$$

$$F_t = F_0 e^{\frac{t}{\tau}} \tag{4-3}$$

$$\ln F_t = \ln F_0 - \frac{t}{\tau} \tag{4-4}$$

虽然许多物质能够吸收紫外和可见光，但不是所有的这些物质都能产生荧光。具有荧光性质的分子通常为具有共平面性（刚性）和共轭结构的芳香环化合物。共轭度越高，荧光量子产率越大，如苯、二苯稠环和三苯稠环的荧光量子产率分别为 0.11、0.29 和 0.36[图 4-4（a）]。同样具有长程 π-π 共轭体系的分子，刚性越强，共轭程度越大，荧光量子产率越高。如联苯的荧光量子产率为 0.2，芴的荧光量子产率为 1[图 4-4（b）]。8-羟基喹啉共轭度不够高，没有荧光活性，通过配位与 Mg^{2+} 结合后，形成五元环，分子刚性增加，能够产生荧光[图 4-4（c）]。空间位阻影响分子的共平面性。例如，1-二甲基萘-7-磺酸盐共平面性较好，荧光量子产率较高；1-二甲基萘-8-磺酸盐空间位阻大，共平面性差，荧光量子产率降低[图 4-4（d）]。芳香环上有给电子取代基如—OH、—NH_2、—CN、—OCH_3 等会使荧光强度增加；

—COOH、—CO、—NO_2等吸电子取代基使荧光减弱。含有重原子（如 Cl、Br、I）的分子中，系间窜越的概率高，使荧光减弱，磷光增强。

(a)
苯 $\phi_F = 0.11$　萘 $\phi_F = 0.29$　蒽 $\phi_F = 0.36$

(b)
联苯 $\phi_F = 0.2$　芴 $\phi_F = 1$

(c)
8-羟基喹啉 无荧光 $\xrightarrow{Mg^{2+}}$ 金属络合物 有荧光

(d)
1-二甲基萘-7-磺酸盐　1-二甲基萘-8-磺酸盐（荧光强度下降）

图 4-4　（a）分子的共轭度；（b）分子结构的刚性；（c）和（d）分子的空间位阻对荧光性质的影响

4.1.1.4　荧光分析法的特点

与紫外-可见吸光光度计相比，荧光光度计的发射光的检测方向与激发光光束垂直，排除了入射光的干扰，使荧光分析方法更为灵敏，检出限较紫外-可见吸收分析法降低两个数量级（图 4-5）。具有荧光性质的分子不需要很高的入射光的吸收就可以产生较强的荧光。通常情况下，荧光分子在激发光光谱内的紫外-可见吸收不一定强。并且，分子的激发光的波长一般较短，最大激发波长一般小于 400 nm，所以，荧光分子不一定具有颜色。

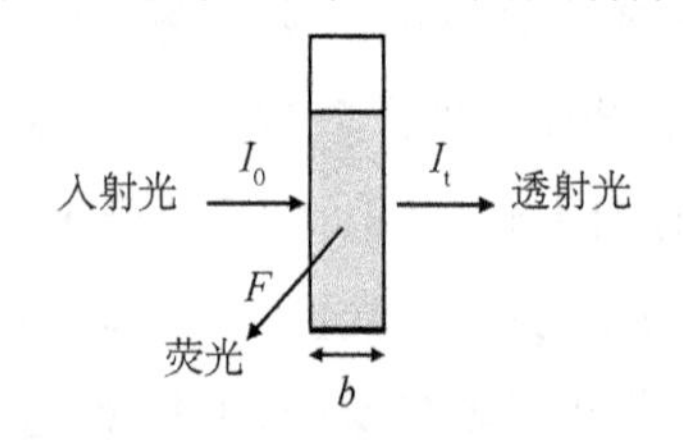

图 4-5　荧光分光光度计的入射光、透射光和荧光检测光路的方向示意图

荧光量子产率为发射光子数目与被激发时吸收的光子数目的比值，当入射光的光子完全被物质吸收时，荧光量子产率可以表示为发射光强度（F）与吸收的光强度（I_a）的比值，而吸收的光强度值等于入射光强度（I_0）减去透射光强度（I_t），于是有如下的关系，

$$F = \phi_{\mathrm{F}} I_{\mathrm{a}} \tag{4-5}$$

$$F = \phi_{\mathrm{F}} (I_0 - I_{\mathrm{t}}) \tag{4-6}$$

$$I_{\mathrm{a}} = I_0 - I_{\mathrm{t}} = I_0 \left(1 - \frac{I_{\mathrm{t}}}{I_0} \right) \tag{4-7}$$

根据朗伯比尔定律，

$$\frac{I_{\mathrm{t}}}{I_0} = \mathrm{e}^{abc} \tag{4-8}$$

$$I_{\mathrm{a}} = I_0 (1 - \mathrm{e}^{abc}) \tag{4-9}$$

当 c 数值很小，$abc \ll 0.05$ 时，

$$\mathrm{e}^{abc} = 1 - abc \tag{4-10}$$

所以有，

$$I_{\mathrm{a}} = I_0 abc \tag{4-11}$$

$$F = \phi_{\mathrm{F}} I_{\mathrm{a}} = \phi_{\mathrm{F}} abc I_0 \tag{4-12}$$

$$a = 2.303\varepsilon \tag{4-13}$$

$$F = 2.303 \phi_{\mathrm{F}} \varepsilon bc I_0 \tag{4-14}$$

式中，ε 为摩尔吸光系数，$\mathrm{L \cdot mol^{-1} \cdot cm^{-1}}$；$b$ 为吸光光程长度，cm，通常 b=1 cm；c 为待测组分浓度，$\mathrm{mol \cdot L^{-1}}$。

在分子的浓度较低时，溶液的荧光强度与物质的浓度呈正比，高浓度时，由于自吸收和自熄灭等原因，线性关系不成立。

4.1.1.5 常见的荧光试剂

常见的分子荧光试剂包括酚酞、荧光素钠、罗丹明 B 等稠环类、蒽醌类、香豆素类化合物（图 4-6）。这些分子具有很高的荧光量子效率，适宜作为荧光标记分子用于荧光分析检测中。此外，量子点是一种新型的纳米材料，其尺寸在 0.5～3 nm 之间，具有量子效应和分子的性质，价电子容易被激发，产生荧光。量子点成分包括尺寸在 0.5～3 nm 之间的金属晶体（通常称为金属纳米簇）和半导体晶体（俗称量子点）。金属纳米簇主要为过渡金属和贵金属，如 Cu、Au、Ag、Pd 纳米簇。半导体晶体量子点主要包括第Ⅲ主族和第Ⅴ主族元素形成的化合物如 BN、GaAs 等，第Ⅳ主族或第Ⅱ副族与第Ⅵ主族元素形成的化合物如 PbSe、CdS 等，第Ⅳ主族的元素组成的碳量子点等。量子点的成分和性质较荧光分子更容易调节，有望取代荧光分子和稀土金属离子用于分析检测中。

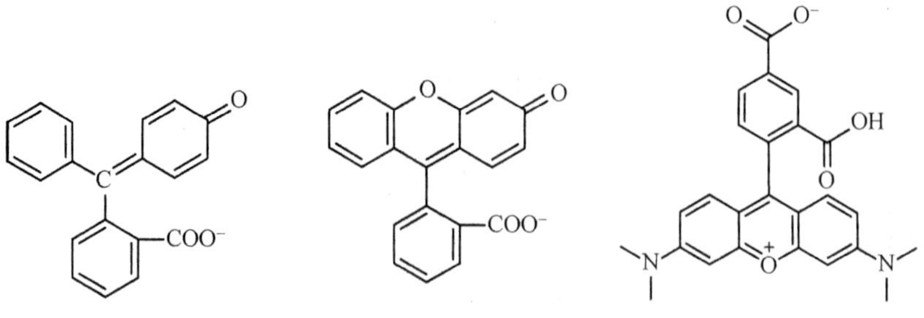
COO⁻
O
COO⁻
O
OH
O
N
N
O

酚酞　　荧光素钠　　罗丹明系列化合物

图 4-6　常见的荧光试剂

4.1.2　天然药物的初步鉴定

伯胺和芳香胺化合物可与荧光胺分子发生缩合反应，生成具有刚性较强的荧光活性的物质，激发波长在 275 nm 和 390 nm，能够鉴定伯胺和芳香胺[图 4-7（a）]。邻苯二甲醛与伯胺和巯基己醇发生缩合反应，生成新的环状化合物，增强了分子的刚性，激发波长在 340 nm[图 4-7（b）]。丹磺酰氯与伯胺、仲胺或酚羟基化合物发生取代反应，其中的 Cl 原子被取代，生成具有荧光的物质，能够鉴定伯胺、仲胺或酚羟基[图 4-7（c）]。

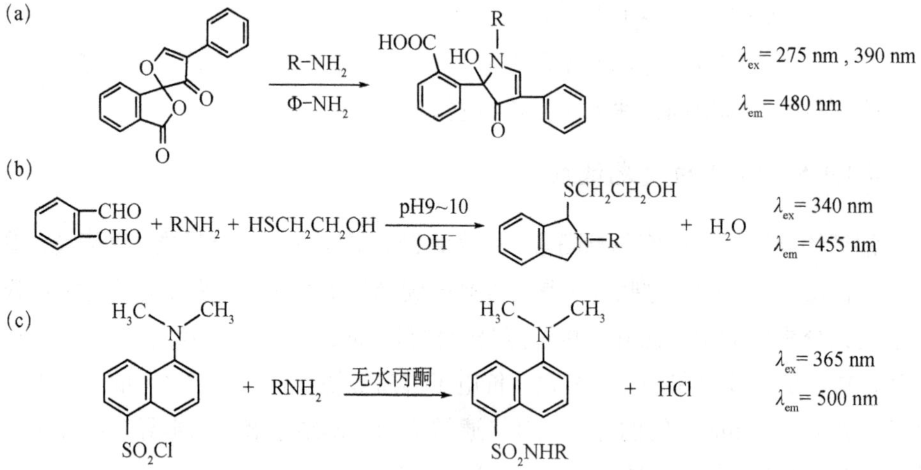
(a)
R-NH2
Φ-NH2
HOOC
HO
R
λex= 275 nm , 390 nm
λem= 480 nm
(b)
CHO
CHO
+ RNH2 + HSCH2CH2OH
pH9~10
OH⁻
SCH2CH2OH
N—R
+ H2O
λex= 340 nm
λem= 455 nm
(c)
H3C
CH3
SO2Cl
+ RNH2
无水丙酮
SO2NHR
+ HCl
λex= 365 nm
λem= 500 nm

图 4-7　伯胺、仲胺、芳香胺、酚羟基化合物的荧光鉴定方法

维生素 B_2（又称核黄素）在 430～440 nm 的蓝光照射下发出绿色荧光，发射波长为 535 nm。在 pH 6～7 的溶液中荧光强度最大，在 pH 11 的溶液中荧光消失。基于这个性质可初步鉴定维生素 B_2。此外，维生素 B_2 在碱性溶液中经光线照射可

发生分解，生成荧光活性更高的黄光素分子（图 4-8）。在高锰酸钾的酸性溶液中，维生素 B_2 可被氧化为黄光素。基于这两种方法可以提高维生素 B_2 的灵敏度和选择性，可用于尿样检测。

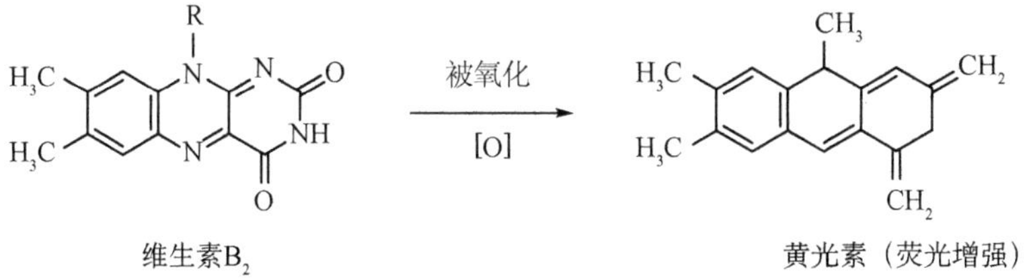

图 4-8　维生素 B_2 的荧光检测方法原理示意图

二氢黄酮与醋酸镁的甲醇溶液，加热可显天蓝色荧光，若具有 C_5-OH，色泽更为明显。而黄酮、黄酮醇及异黄酮类等则显黄～橙黄～褐色荧光。

甾体类化合物也可以与三氯乙酸−氯胺 T 发生反应，产生荧光物质。将 25%三氯乙酸乙醇液和 3%氯胺 T 水液按照 4∶1 的比例混合，喷在滤纸上与甾体化合物反应，干后 90℃加热数分钟，呈红色至紫红色。紫外灯下观察，显黄绿色～蓝色～灰蓝色荧光，反应较稳定。

4.2　现代荧光免疫分析法

4.2.1　免疫分析原理

4.2.1.1　抗原的种类

免疫分析是基于抗原（antigen，Ag）与抗体（antibody，Ab）特异性结合的一种体内外检测方法，主要应用于疾病的诊断。抗原是指诱导机体发生免疫应答的物质。即能被淋巴细胞表面的抗原受体特异性识别与结合，活化淋巴细胞，使之增殖分化，同时产生免疫应答产物，即致敏淋巴细胞或抗体。抗原能够与致敏淋巴细胞或抗体在体内外发生特异性结合，称为免疫反应。

抗原具有异物性、大分子性和特异性等三种基本的性质。异物性指该物质与某种机体的组织细胞的成分不同。根据抗原的来源可将抗原分为 4 类。第 1 类一般指进入机体的外来物质，称为异种抗原，如细菌、病毒、花粉、血清等不同种族之间的抗原。第 2 类指存在于同一种族不同个体之间的抗原，如人类白细胞抗原

(“个体身份证”)，A、B、O 血型抗原等；第 3 类为自身抗原，为机体自身成分，分为“隐蔽的自身抗原”和“改变的自身抗原”等。例如，眼球中的蛋白质、精细胞、甲状腺球蛋白等，则属于隐蔽的自身抗原。当受到外伤或感染时，自身抗原进入血液，引起免疫应答、产生抗体（被称为自身抗体）。自身抗体与自身抗原结合后，引起自身免疫疾病，如过敏性眼炎、甲状腺炎等。肿瘤细胞中或细胞表面存在抗原，也属于一种自身抗原。当细胞受到物理的或化学因素和某些病毒诱发时，产生非正常分裂和肿瘤细胞，细胞中或细胞表面某一种物质含量大幅度升高，这种物质随血液循环进入淋巴系统产生免疫应答和抗体，在肿瘤细胞表面发生免疫反应。如癌细胞中甲胎蛋白、糖抗原含量高于正常细胞几倍甚至几十倍。已证实在人类某些肿瘤细胞中存在着与病毒密切相关的抗原。机体其他自身组织的蛋白因电离辐射、烧伤、化学品刺激、微生物接触等会发生变性，称为改变的自身抗原，引起自身免疫疾病，如红斑狼疮病、慢性肝炎、白细胞减少等症状。第 4 类为嗜异性抗原，是一类与种属特异性无关的、存在于人以及某些动物、植物、微生物的性质相同的抗原，具有一定的特异性。例如，溶血性链球菌的细胞膜与肾小球基底膜及心肌组织有共同抗原存在，故在链球菌感染后，有可能出现肾小球肾炎或心肌炎；大肠杆菌脂多糖与人结肠黏膜有共同抗原存在，有可能导致溃疡性结肠炎的发生。

大分子性是指构成抗原的物质通常是分子量大于 10 000 的分子，分子量越大，抗原性越强。大分子物质能够较长时间停留在机体内，有足够的时间和免疫细胞接触，引起免疫应答。如果外来物质是小分子物质，将很快被机体排出体外，没有机会与免疫细胞接触，绝大多数蛋白质的抗原性都很高。但如果大分子蛋白质经水解后成为小分子物质，就失了抗原性。

特异性是指一种抗原只能与相应的抗体或效应 T 细胞发生特异性结合。抗原的特异性是由分子表面的特定化学基团所决定的，这些化学基团称为抗原决定簇。抗原通过抗原决定簇与相应淋巴细胞的抗原受体结合而激活淋巴细胞引起免疫应答。抗原也是通过抗原决定簇与相应抗体特异性结合。因此，抗原决定簇是免疫应答和免疫反应具有特异性的物质基础。

4.2.1.2 抗体的结构及与抗原的特异性结合

虽然抗原种类丰富多样，但诱导产生的抗体的结构非常相似，都具有 Y 字形单体结构或复合结构，每个 Y 字形单体能够结合 2 个抗原分子（图 4-9）。目前发现的人免疫球蛋白主要有 5 类，分别用 IgG、IgA、IgM、IgD 和 IgE 表示。抗体结合抗原表位的个数称为抗原结合价。IgG、IgE 和 IgD 为单体，可结合 2 个抗原表位，为双价。IgA 是二聚体，可结合 4 个抗原表位，为 4 价。IgM 是五聚体，理论上可以结合 10 个抗原，但由于立体构象的空间位阻，使 lgM 一般只能结合 5 个抗原表位，故为 5 价。

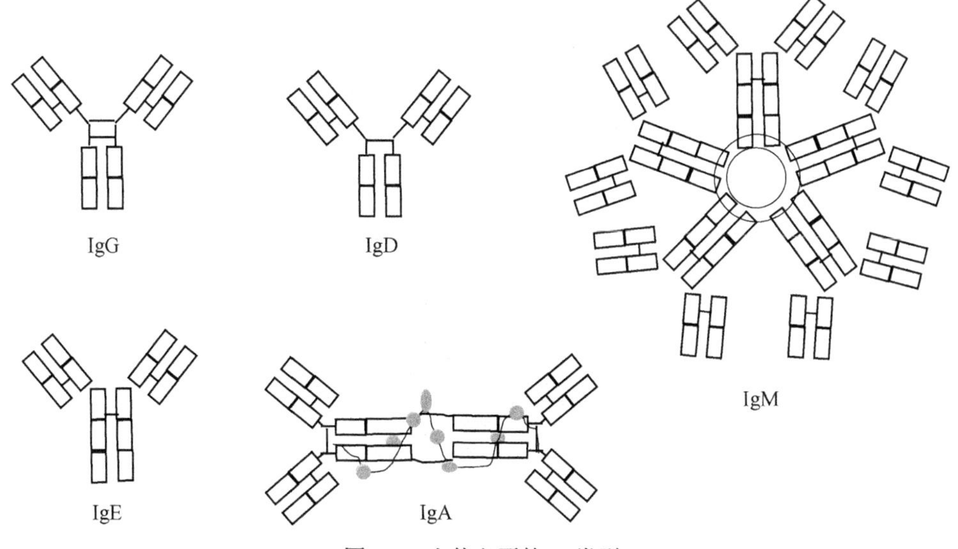

图 4-9　人体主要的 Ig 类型

以含量较高的 IgG 抗体为例，Y 字形单体结构由 4 条多肽链组成，分别为 2 条一级结构相同的分子量较大的重链（H-链）和 2 条一级结构相同的分子量较小的轻链（L-链）构成（图 4-10）。2 条重链在内侧，呈 Y 字形，在 Y 字形的尾部通过 2 个 S—S 键连接，并由分子间作用力如氢键进一步稳定。2 条轻链分别位于 Y 字形头部的外侧，以 S—S 键与重链连接，并由分子间作用力如氢键进一步稳定。Y 字形的头部段为肽链的 N 端，尾部为 C 端。重链分子质量在 50～75 kDa 之间，包含 450～550 个氨基酸。轻链的分子质量约为 25 kDa，包含 214 个氨基酸。

抗体结构包括三种功能区，分别为可变区（variable region，V）、稳定区（constant region，C）和铰链区（hinge region）。可变区为重链和轻链靠近 N 端的部分，分别占重链的 1/4 和轻链的 1/2，分别用 VH 和 VL 表示。VH 和 VL 分别约由 110 个氨基酸组成[27]。VH 和 VL 中分别含有 3 个高变区（hypervariable region，HVR），也称为互补决定区（complementarity determining region，CDR）。VH 的 3 个高变区分别位于 29～31、49～58 和 95～102 位氨基酸，而 VL 的 3 个高变区分别位于 28～

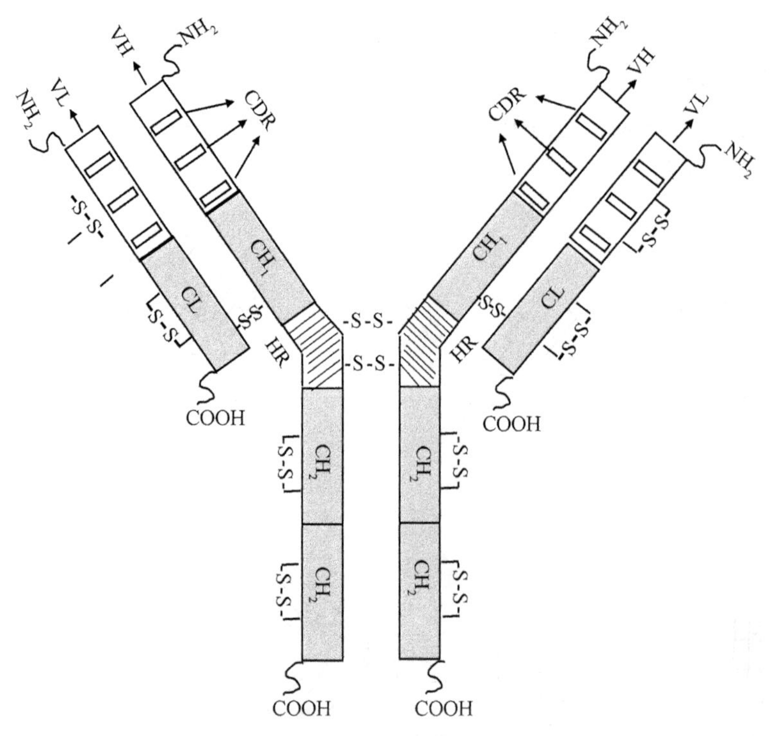

图 4-10 抗体结构的三个功能区示意图

35、49～56 和 91～98 位氨基酸。VH 和 VL 的 3 个 CDR 共同组成 Ig 的抗原结合部位，决定抗体的特异性。CDR 之外区域的氨基酸组成和排列顺序相对保守，称为骨架区（framework region，FR）。VH 或 VL 各有四个骨架区，分别用 FR1、FR2、FR3 和 FR4 表示。稳定区为重链和轻链分别靠近 C 端的部分，占重链和轻链的 3/4 和 1/2。重链稳定区和轻链稳定区分别用符号 CH 和 CL 表示。但是不同类 Ig 的 CH 长度不同，例如 IgG、IgA 和 IgD 包括 CH_1、CH_2 和 CH_3，而 IgM 和 IgE 则包括 CH_1、CH_2、CH_3 和 CH_4。铰链区位于 CH_1 与 CH_2 之间，富含脯氨酸，易伸展弯曲，从而适应不同大小的抗原，提高抗原结合的特异性。不同种 Ig 的铰链区结构各不相同，如人 IgG_1、IgG_2、IgG_4 和 IgA 的铰链区较短，IgG_3 和 IgD 的铰链区较长，而 IgM 和 IgE 无铰链区（图 4-9）。

抗体与抗原的特异性结合是一个可逆的过程，反应的平衡常数（K，$L \cdot mol^{-1}$）等于正反应速率常数（结合反应，k_1，$L \cdot mol^{-1} \cdot s^{-1}$）与逆反应速率常数（分解反应，$k_2$，$s^{-1}$）的比值[方程（4-15）]，同时等于反应达到平衡时的反应商[方程（4-16）]。K 值只与温度和反应本身性质有关，与反应物和生成物的浓度无关。由于抗体和抗原的结合性很高，K 值很大，在 10^9 左右，有些可以达到 10^{10}～10^{15}。所以，抗原与抗体的亲和性高于酶与底物的亲和性，常用来连接生物分子，用于生物分子在基底表面的固定。

$$\mathrm{Ab} + \mathrm{Ag} \underset{k_2}{\overset{k_1}{\rightleftharpoons}} \mathrm{Ab/Ag} \tag{4-15}$$

$$K = \frac{[\mathrm{Ab/Ag}]}{[\mathrm{Ab}][\mathrm{Ag}]} \tag{4-16}$$

4.2.2　标记免疫分析

4.2.2.1　标记免疫分析原理

免疫分析检测则基于抗原与抗体之间的特异性结合，通常利用三明治夹心结构的和抗体表面的信号分子标记技术，达到抗体或抗原检测的目的。由于抗原与抗体的高度特异性结合，免疫分析能够用于样品的直接检测，无需纯化。

在免疫分析方法建立的初期，采用非标记方式进行抗原或抗体的检测，即利用抗原与抗体间的沉淀反应，进行部分抗原或抗体的检测，显然这种方法灵敏度低、检测对象少。标记免疫分析的研究源于 1954 年美国科学家采用放射性元素 ^{125}I 标记胰岛素，使其与血浆中抗原共同竞争有限的胰岛素抗体，来实现血浆中抗原含量的检测。从抗原或抗体固定的方式的角度，标记免疫分析主要包括两种方法：夹心法和竞争法（图 4-11）。在抗原的夹心法检测中，首先将抗体通过物理包埋或共价修饰的方式将抗体固定到基底上，基底可以是电极或功能性纳米粒子，这一层抗体通常被称为一抗[图 4-11（a）]。然后将待测抗原液滴滴到基底表面，在这个过程中，一抗与待测抗原特异性结合，结合量与待测液滴中抗原浓度成正比，稳定一段时间后，移去待测液滴，滴加信号分子标记的抗体，这一抗体通常被称为二抗，此时基底表面的抗原与信号分子标记的二抗特异性结合，结合量与基底表面的待测抗原的量成正比。最后通过荧光方法、比色方法、电化学方法、放射性射线法进行检测，检测信号与基底表面的信号分子的覆盖量成正比，从而测定待测样品中抗原的浓度。

在抗体的夹心法检测中，首先将抗原分子固定到基底表面，然后依次特异性吸附待测抗体、信号分子标记的抗原，通过信号分子覆盖量的分析检测待测样品中抗体的含量[图 4-11（b）]。夹心法在免疫分析中应用较为广泛。竞争法则是通过待测抗原或抗体与已标记的抗原或抗体之间的竞争吸附来实现。以抗体的竞争法检测为例，首先将足量的一抗和抗原依次固定到基底表面，然后吸附未知浓度的待测抗体，剩余的未被结合的抗原位点与信号分子标记的已知浓度的抗体结合，吸附的待测抗体越多，信号分子标记的抗体的吸附量越少，检测信号越低，从而间接检测样品中待测抗体的含量[图 4-11（c）]。由于抗体的 N 端和 C 端分别连接有—NH_2和—COOH 活性基团，容易通过酯键的形成与信号分子连接，所以，多采用夹心法检测待测抗原的浓度、竞争法检测待测抗体的浓度。

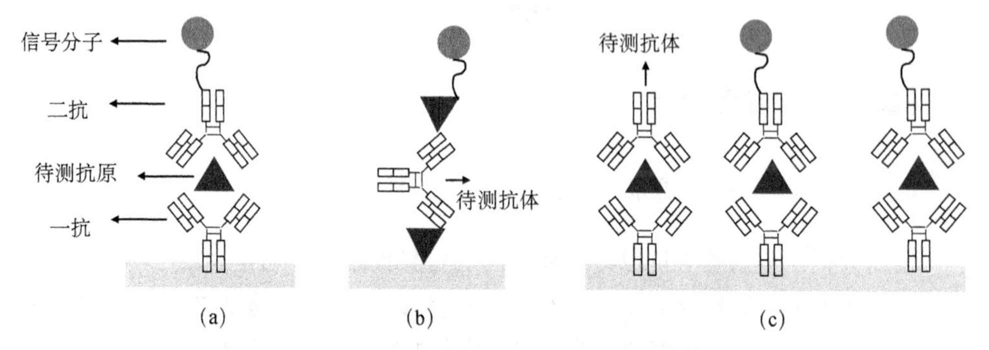

图 4-11 （a）双抗体夹心法检测抗原；（b）双抗原夹心法检测待测抗体；（c）竞争法检测待测抗体

4.2.2.2 时间分辨免疫荧光分析技术

标记的信号分子决定了检测手段，包括放射性信号分子、荧光分子、化学发光分子、酶、氧化还原分子等。根据标记分子的种类，可以将标记免疫分析方法分为放射性免疫分析、荧光免疫分析、酶联免疫分析、电化学发光免疫分析、化学发光免疫分析等。其中，各种方法的灵敏度有如下排序，电化学发光免疫分析≈时间分辨免疫分析>化学发光免疫分析>放射性免疫分析>酶联免疫分析>免疫荧光分析。免疫荧光分析是研究最早的标记免疫分析技术，于 1941 年开始研究的。放射性免疫分析技术在临床应用上集中于 20 世纪 60 年代，由于其具有放射性，对人体有一定的伤害，逐渐被时间分辨免疫荧光分析、电化学发光免疫分析、化学发光免疫分析和酶联免疫分析取代。这几种分析方法都具有灵敏度高、检测速度快、操作方便的优点。特别是酶联免疫分析试剂盒现已被商品化，通过比色的方法即可实时实地检测待测抗原或抗体。

时间分辨免疫分析是一种免疫荧光分析法，信号分子为异硫氰酸苄基二亚乙基三胺四乙酸铕（DTTA-Eu）络合物。三价稀土离子包括铕（Eu）、钐（Sm）、铽（Tb）、镝（Dy），它们的荧光光谱具有特异性强、斯托斯克斯位移大、寿命长的特点。其中，Eu^{3+}的荧光寿命最长，为 730 μs。Eu^{3+}激发波长为 340 nm，发射波长在 613 nm。1979 年，芬兰 WallacOy 公司首次提出稀土离子标记物的“时间分辨免疫荧光分析”理论。1983 年，以镧系元素为示踪物的时间分辨荧光测量仪被研制，建立了新的非放射性微量分析检测技术，并首次对人绒膜促性腺激素进行了时间分辨免疫荧光分析。1984 年，确定了基于 DDTA-Eu 标记技术的时间分辨免疫分析技术，被应用于临床医学诊断。

DTTA 为双功能螯合试剂，其一端螯合 Eu^{3+}，另一端可与蛋白质的—NH_2 连接（图 4-12）。在中性或接近中性 pH 条件下，DTTA 与 Eu^{3+}具有足够的螯合稳定性，而在增强液（呈酸性）作用下，DTTA-Eu 又能将螯合的 Eu^{3+}迅速、彻底地释放出来。解离后的 Eu^{3+}与增强液中的配体螯合，进入胶束的疏水内核中，使 Eu^{3+}荧光信号放大 100 万倍（解离–增强技术）。通过检测 400～800 μs 范围内的增强束中的 Eu^{3+}的荧光信号，能够将特异性荧光和非特异性荧光信号区分开来，使背景信号降低到零（图 4-13）。

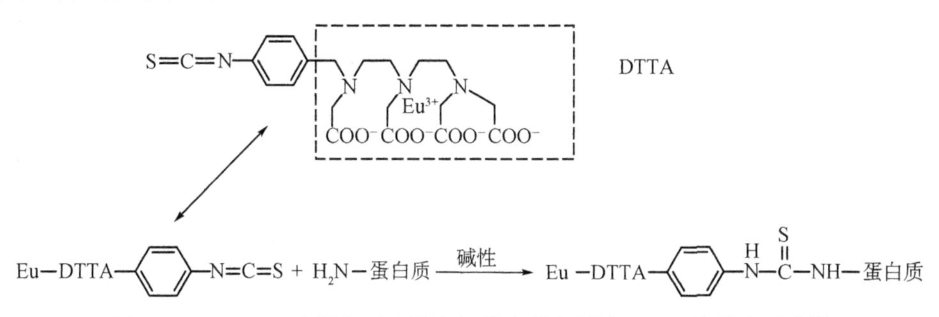

图 4-12　DTTA-Eu^{3+}结构示意图和与蛋白质表面的—NH_2 的反应示意图

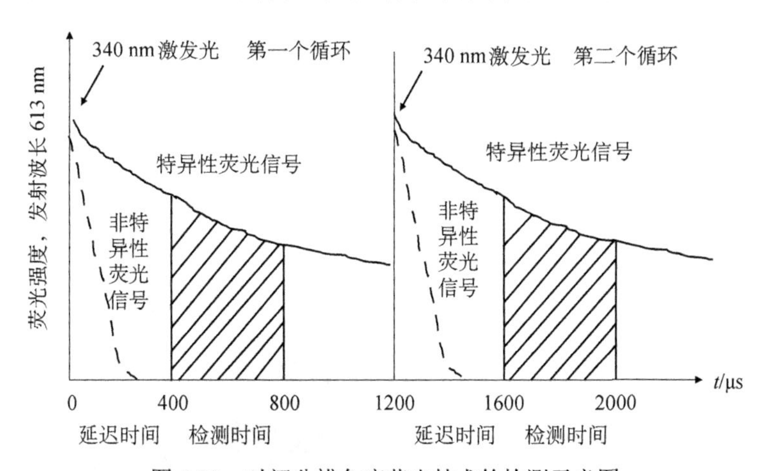

图 4-13　时间分辨免疫荧光技术的检测示意图

4.2.2.3　人工模拟酶标记的免疫分析技术

酶标免疫分析技术源于 1971 年瑞典和荷兰学者报道的将免疫技术发展为检测

体液中微量物质的固相免疫测定方法，即酶联免疫吸附测定法（enzyme-linked immuno sorbent assay，ELISA）。LISA 中使用催化活性高、价格经济的 HRP 作为标记物。在 HRP 的催化下，H_2O_2 和 TMB 等底物分子发生氧化还原反应，产生蓝色的物质，通过肉眼观测或电荷耦合器件拍摄，来判断和测量待测抗原。目前，已有各种商品化的抗原检测试剂盒销售。

由于天然的酶容易失活，人们越来越关注基于纳米材料催化剂的人工模拟酶。例如，在亲水的碳纳米球表面还原 $PdCl_4^{2-}$ 配合物离子，得到直径为 1 nm 的 Pd 纳米簇催化剂[28]。通过对二-烯丙氧碳酸罗丹明 110（bis-allyloxycarbonyl rhodamine 110，Bi-Rho 110）的 C—O 键断裂反应的催化，形成荧光分子罗丹明 110（激发波长 498 nm，发射波长 525 nm）。将抗体 2（antibody 2，Ab2 通过酰胺键结合到表面残留有—COOH 的 Pd/C 纳米球的表面，作为标记物，催化 Bi-Rho 110 转换为 Rho 110，通过在磁珠表面构筑双抗体夹心结构和磁珠的分离作用，检测人绒毛膜促性腺激素（human chorionic gonadotropin，hCG，分子质量 36.7 kDa）。

如图 4-14 所示，通过水热法在 170℃的条件下碳化葡萄糖，可得到 150 nm 左右的碳纳米球。碳纳米球表面保留有—OH 和—C═O 基团，在随后的碱性溶液中与赖氨酸发生缩合反应，使碳纳米球表面的—C═O 与赖氨酸的—NH_2 发生反应，生成—C═N—键。故碳纳米球能够促进 Pd 原子的沉积和 Pd 纳米簇的形成，并为 Ab2 的连接提供—COOH 活性基团。$NaBH_4$ 作为还原剂，在赖氨酸保护的碳纳米球表面直接还原 $PdCl_4^{2-}$，生成 Pd 纳米簇嵌入的碳纳米球催化剂，溶液变为棕色[28]。

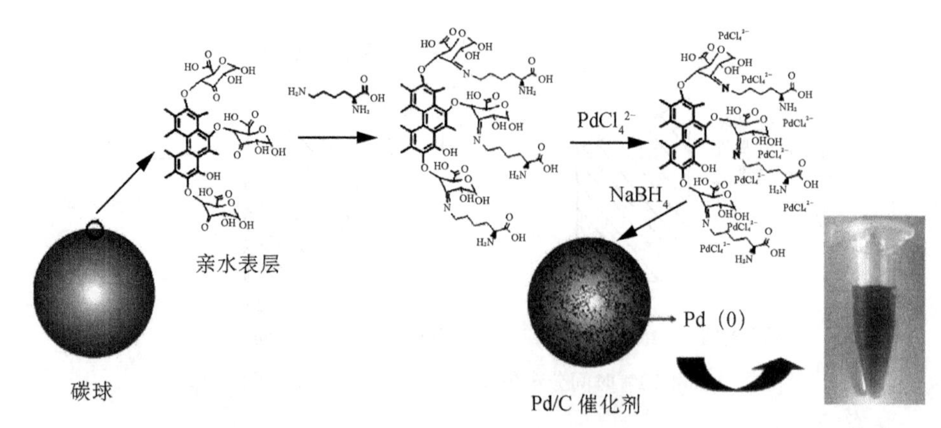

图 4-14 通过碳化葡萄糖得到的碳纳米球表面的赖氨酸修饰反应和 Pd 纳米簇的合成反应的示意图以 Pd/C 催化剂溶液的颜色[28]

图片引用经 American Chemical Society 授权

Pd/C 催化剂催化 Bi-Rho 110 C—N 键断裂反应原理如 4-15（a）所示。Pd 纳米簇与烯丙基作用，使烯丙基从 Bi-Rho 110 分子中脱离，留下—COOH。随后 CO_2 从分子中脱离，最后生成 Rho 110。由于空间位阻的存在，Bi-Rho 110 平面刚性较弱，失去烯丙基碳酸基团后，分子的平面刚性增加，具有很强的荧光。将 Pd/C 催化剂作为 Ab2 标记物，催化 Bi-Rho 110 反应生成荧光分子，能够实现基于磁珠分离的抗原检测，催化反应时间为 24 h，反应温度为 37℃[图 4-15（b）]。为了防止待测抗原与 Pd/C 纳米球表面的 *N*-羟基琥珀酰亚胺（*N*-hydroxy succinimide，NHS）非特异性结合位点，需要吸附牛血清蛋白（bovine serum albumin，BSA）封闭这些位点。在波长 498 nm 的光激发下，Rho 110 产生很强的绿色荧光，最大荧光发射波长为 525 nm[图 4-15（c）]。由于 Bi-Rho 110 水溶性较差，所以先将其溶解到二甲基亚砜（dimethyl sulfoxide，DMSO）溶剂中，然后加入到 49 倍体积 pH 7.2 的磷酸盐缓冲溶液中，开始 Pd/C 纳米催化剂的催化活性的测定。Pd/C 催化剂对 Bi-Rho 110 的催化遵循米氏方程规律，米氏常数 K_M 值为 1.2 μmol・L^{-1}，说明 Pd/C 催化剂与底物的结合能力较强。最大催化反应速率 v_{max} 为 0.15 μmol・L^{-1}・h^{-1}，转换速率常数为 $3.3\times10^7\ h^{-1}$。与天然 HRP 相比，Pd/C 催化剂具有很高的底物结合能力以及转换速率常数。为了保证较强的荧光信号，底物 Bi-Rho 110 的浓度为 0.4 mmol・L^{-1}。基于这种方法能够检测 1～10 ng・mL^{-1} 的 hCG。

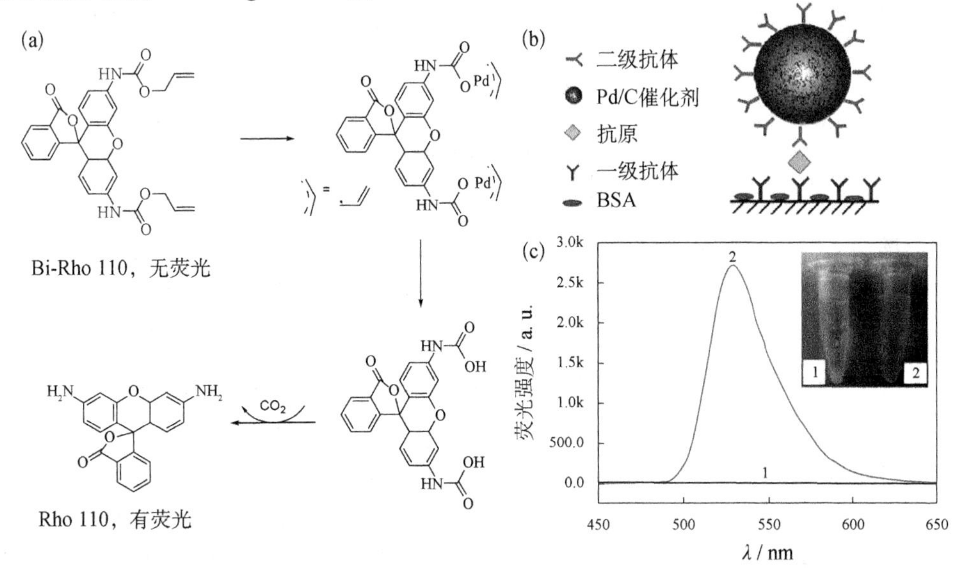

图 4-15　（a）Pd/C 催化 Bi-Rho 110 生产 Rho 的反应原理示意图；（b）在磁珠表面构筑双抗体夹心结构，检测 hCG，Pd/C 催化剂作为 Ab2 标记物；（c）Bi-Rho 110（1）和 Rho 110（2）溶液的荧光发射光谱，激发波长：498 nm，H_2O∶DMSO（*V*/*V*）=49∶1[28]

图片引用经 American Chemical Society 授权

4.3 荧光分析成像与疾病诊断

肿瘤细胞或病变的细胞的表面具有特殊的物质，如癌细胞表面有糖抗原，将负载有荧光分子的聚合物纳米粒子、量子点、金属纳米粒子等荧光材料修饰特异性功能分子后，能够与靶细胞如肿瘤细胞、病变的细胞特异性结合，经过激发光的照射，实现体内外的单细胞成像，用于病理的分析和疾病的诊断。将治疗肿瘤细胞和病变细胞的药物包埋或修饰到荧光材料中，其到达靶向位点释放，具有药物运输的功能，从而达到杀死肿瘤细胞或病变细胞的目的。如果荧光材料的荧光发射波长在近红外区（800 nm～2.5 μm），则在光激发下产生的热能能够将肿瘤细胞或病变细胞杀死，被称为光热疗法（photothermal therapy）。荧光纳米材料在肿瘤组织处发生聚集，产生很强的荧光信号。此外，荧光纳米材料进入血液后可使血管成像，能够诊断脑缺血、血栓等疾病。

4.3.1 基于聚合物纳米粒子的活体组织成像

共轭聚合物分子具有半导体的性质，能够吸收光子，产生导带与价带之间的能级跃迁，并释放光子回到激发态。基于4,9-二溴-6,7-二(4-(己氧苯基)酚基)-[1,2,5]噻二唑[3,4-*g*]喹喔啉（分子1）和6,6,6,12,12-四(4-己基苯基)-*s*-茚并[3,2-b]噻吩-二(三甲基锡)（分子2）两种单体聚合获得具有荧光性质的聚合物[简称PTQ，[图4-16（a）][29]。将PTQ与两性分子1,2-二硬脂酰基-*sn*-甘油-3-磷酸四醇胺-*N*-[甲氧基(聚乙烯乙二醇)-2000]（DSPE-PEG_{2000}）分子混合，形成直径约51 nm的聚合物纳米粒子（简称，L1057纳米粒子）。其中，PTQ与DSPE疏水部分存在共轭作用，位于纳米粒子的内部。PEG_{2000}则暴露在纳米球的外部，使L1057纳米粒子能够溶于水溶液中[图4-16（b）]。L1057纳米粒子在可见-近红外光区有两个吸收峰，分别位于470 nm和937 nm波长处。L1057纳米粒子的最大发射波长在1057 nm处，荧光发射波长可延长至1400 nm。L1057纳米粒子最大的优点是在波长为980 nm的光激发下可产生很强的近红外光，使组织的局部温度上升，达到破坏癌细胞的目的。同时长波长激发光的使用可降低激发光的照射对皮肤的负面作用。并且，使用长波长的激发光可提高激发光的最大允许曝光功率。根据美国国家标准学会（American National Standards Institute）的标准，980 nm的激光照射可使用最大曝光功率为0.72 W·cm^{-2}，而如果使用808 nm的激光照射则最大曝光功率为0.33 W·cm^{-2}。所

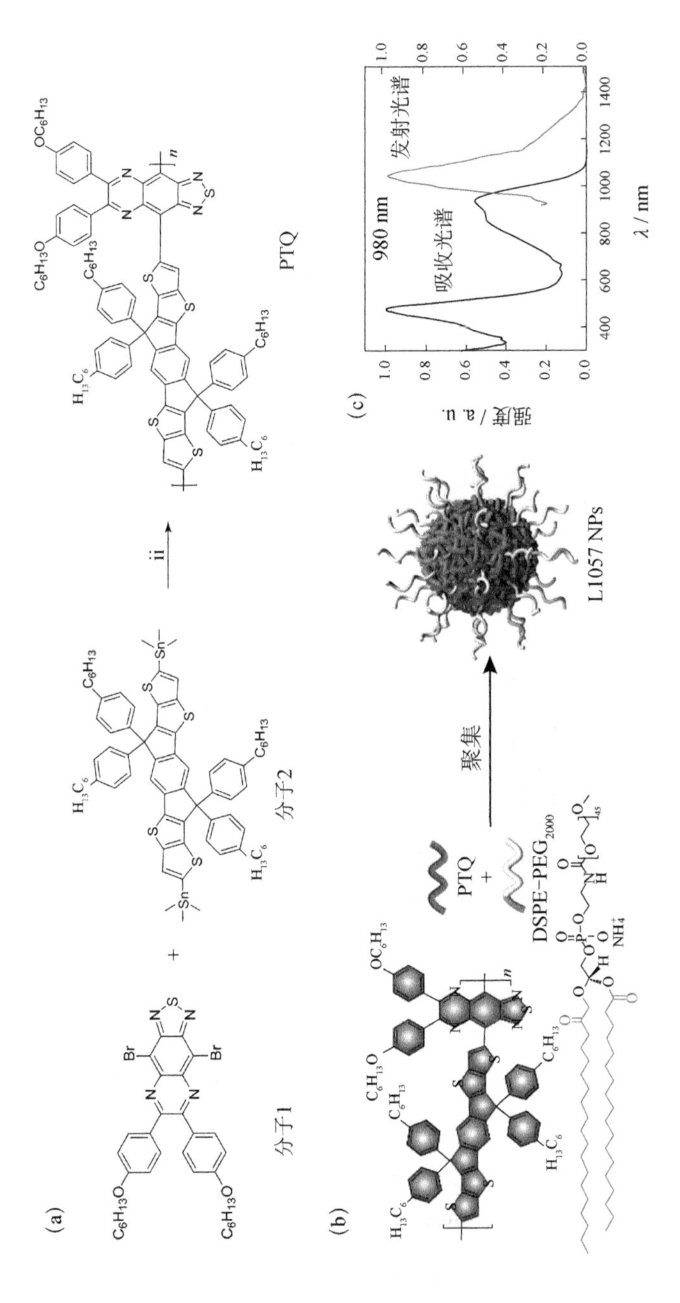

图4-16　(a) PTQ聚合物分子的合成路线图；(b) L1057纳米粒子的合成示意图；(c) L1057纳米粒子的吸收光谱和荧光发射光谱曲线[29]

图片引用经American Chemical Society授权

以，使用 980 nm 的激光可以获得更高强度的光子流，增加荧光光子流的强度。

如图 4-17（a）所示，将 L1057 纳米粒子注入血液中，其随血液流遍全身。在 980 nm 的激光照射下，可以使用极低的功率（0.025 W·cm^{-2}）和极短的照射时间（30 ms）即可对全身的血管进行成像[图 4-17（b）]。根据荧光发射峰的半峰宽的高斯拟合，可以得到毛细血管宽度约为 198 μm[图 4-17（c）]。将脑部区域放大，可以观测到直径约为 1.9 μm 的微型毛细血管[图 4-17（d）]。

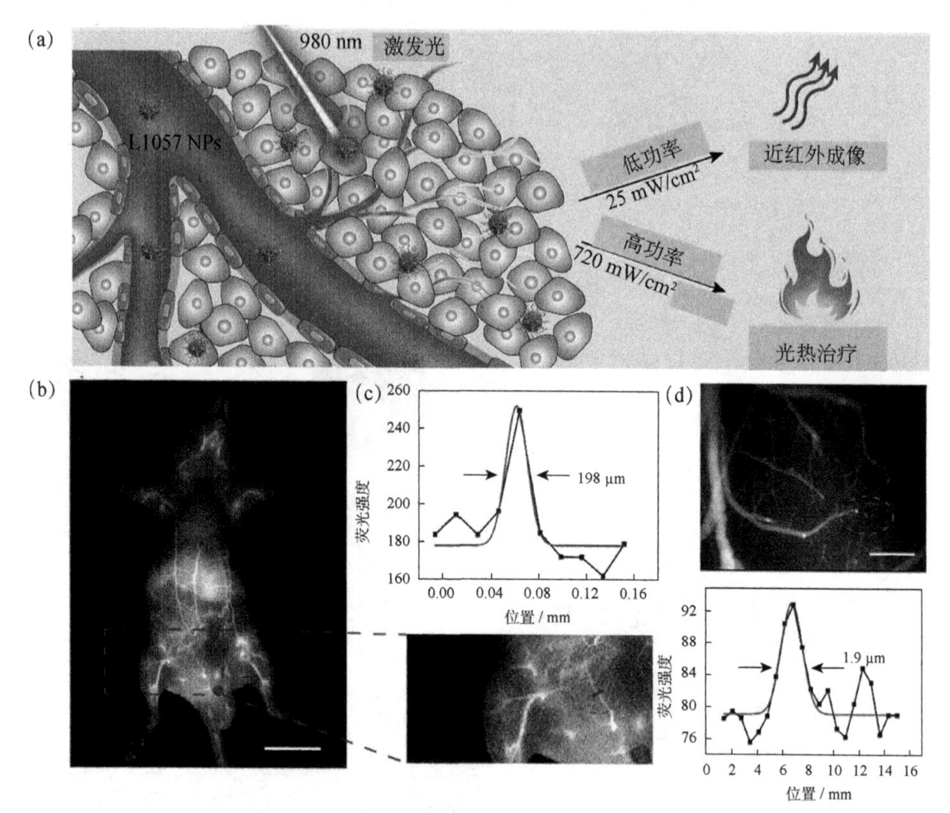

图 4-17 （a）L1057 纳米粒子在血液中的分布示意图，低功率激光照射用于血管成像，高功率激光照射用于光热治疗；（b）鼠全身血管荧光成像，单位尺度：1 cm；（c）常规血管的直径拟合分析；（d）脑部微型血管的直径分析[29]

图片引用经 American Chemical Society 授权

首先，对于有缺血性脑中风症状的鼠脑，使用 L1057 纳米粒子的荧光成像的方式可以观测到缺血的位置。在 980 nm 激光的照射下，使用 LSM03 型激光扫描显微镜，1200 nm 波长滤镜，能够清晰地观测到血液缺失的部位。在显微镜下，观测不到血液缺失部位的血管。

L1057 纳米粒子能够用于肿瘤诊断。取 200 μL 的 1 mg·mL^{-1} 的剂量注射到尾部血管中，随着时间的延长，肿瘤部分的荧光强度逐渐增加。在 48 h 后，荧光强度达到最大，说明 L1057 纳米粒子在肿瘤部分聚集[图 4-18（a）]。采用 0.72 W • cm^{-2} 功率的 980 nm 的激光照射肿瘤聚集有 L1057 纳米粒子鼠，通过红外热像仪的成像分析，可以观测到在 0～10 min 的曝光时间范围内，肿瘤部位的温度逐渐升高，在曝光 2 min 时温度已达到最大值，然后保持不变，肿瘤部位的温度可达 58℃，而其他部位的温度则为正常的温度。而采用 0.33 W • cm^{-2} 功率的 808 nm 的激光照射的鼠的肿瘤区温度没有上升，达不治疗效果。采用空白磷酸盐缓冲试剂作对比，单独的 0.72 W • cm^{-2} 功率的 980 nm 的激光会使肿瘤区温度升高至 40℃，但这是因入射激光本身的光热效应引起的温度上升，所以达不到理想的疗效[图 4-18（b）]。

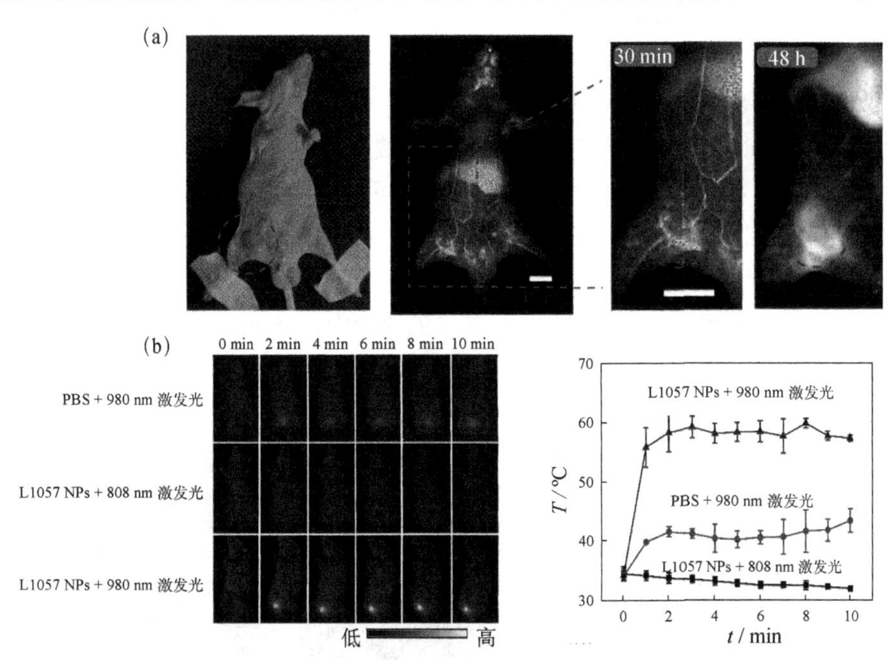

图 4-18　（a）L1057 荧光纳米粒子在鼠肿瘤区域的聚集与荧光成像，激发波长：980 nm、功率：0.25 W • cm^{-2}；（b）采用激发波长为 980 nm（0.72 W • cm^{-2}）和 808 nm（0.33 W • cm^{-2}）的激光分别照射 L1057 纳米粒子聚集的肿瘤区域和 PBS 空白缓冲试剂注射的肿瘤区域的红外热成像图以及温度随时间变化曲线[29]

图片引用经 American Chemical Society 授权

4.3.2　基于量子点和金属纳米材料的活体组织成像

半导体量子点是一种荧光性质较好的纳米材料，并且其吸收波长和荧光发射波长均在近红外区，具有很强的光热效应，并且长波长的激发光对活体组织伤害很低，是光热疗法治疗癌症的一种有前景的材料。但由于半导体量子点中含有重金属成分，治疗后会产生副作用。

目前，PdS 量子点已经被商业化，其发射波长在 1100 nm 左右，具有光热效应。将 PbS 量子点与超顺磁的氧化铁纳米粒子共同包埋在聚乳酸-羟基乙酸共聚物[poly(lactic-*co*-glycolic acid)，PLGA]中，作为荧光成像的试剂和核磁共振成像的造影剂，同时跟踪活体内的肿瘤组织位点[30]。γ-Fe_2O_3 纳米粒子的合成基于油酸铁的热分解反应。将油酸铁与油酸混合，在 1-十八（碳）烯溶剂中 315℃加热回流 2 h，得到黑色的直径约 15 nm 的 γ-Fe_2O_3 纳米粒子溶液，产物用乙醇洗涤，分散在已烷溶剂中。采用双乳化法获得 PLGA 包埋的 γ-Fe_2O_3 纳米粒子和 PbS 量子点结构。首先，将 PbS 量子点-甲苯溶液、γ-Fe_2O_3 纳米粒子-已烷溶液、PLGA 溶解到二氯甲烷溶剂中，然后滴入磷酸盐缓冲溶液获得油包水乳剂。然后，将油包水乳剂缓慢加入到聚乙烯醇和磷酸盐缓冲溶液的混合溶液中，超声 30 min，获得水包油保水乳剂。随后，将水包油保水乳剂加入到含量较低的聚乙烯醇的磷酸盐缓冲溶液中，搅拌过夜，过程中有机试剂挥发。将产物离心、水洗、冻干，即可获得聚合物包埋的 γ-Fe_2O_3 纳米粒子和 PbS 量子点纳米粒子，直径约 100 nm～1 μm 的杂化材料[图 4-19（a）]。在 808 nm 波长的光的激发下，其荧光发射波长仍保持在 1100 nm[图 4-19（b）]。将 PLGA 包裹的荧光和磁性杂化材料注射到鼠的血液中，15 min 后，在鼠的肝和脾区域分别观测到荧光成像和核磁共振成像，说明这种杂化材料可用于深部组织的成像。

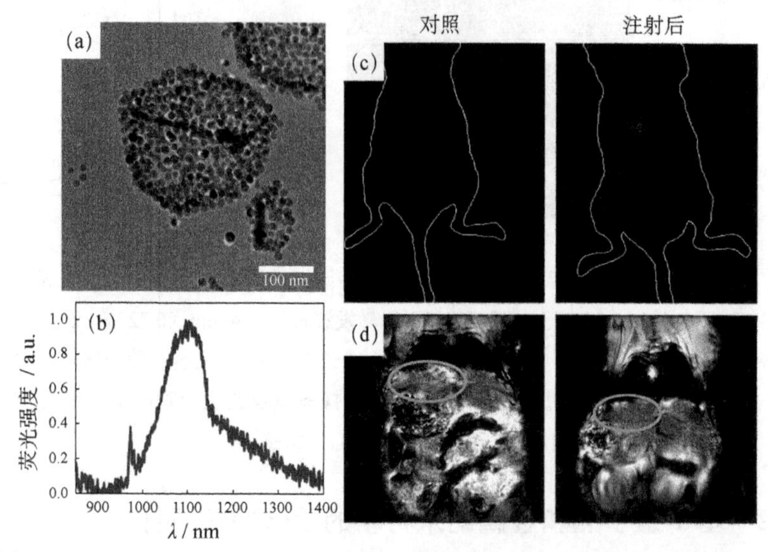

图 4-19 （a）和（b）PLGA 包埋的荧光和磁性纳米粒子的透射电镜表征图和荧光激发光谱图；（c）和（d）注射杂化材料 15 min 后鼠组织的荧光成像图和核磁共振成像图。荧光激发波长：808 nm[30]

图片引用经 American Chemical Society 授权

Au 金属纳米笼、纳米棒等结构在近红外区有很强的吸收，并能够将光能转换为热能，具有光热性质。将 AuAg 合金纳米笼包埋在 SiO_2 壳中，在 808 nm 激光下照射 5 min，局部组织温度可以达到 66℃，革兰阳性细菌葡萄球菌的数量下降。如图 4-20 所示，采用伽伐尼（Galvanic）取代的方法制备 AuAg 合金纳米笼[31]。首先采用化学还原法获得边长约 70 nm 的 Ag 纳米立方体。在聚乙烯吡咯烷酮的乙二醇溶液中，在 150℃下用 NaSH 还原三氟乙酸银前体，反应 1.5 h 后用冰水浴停止反应，用丙酮和去离子水洗涤样品，将 Ag 纳米立方体分散在水中。随后将 $HAuCl_4$ 溶液滴入 Ag 纳米立方体悬浮液中，直至产物的紫外-可见吸收光谱中的吸收峰红移至 770 nm。溶液最终变为浅蓝色，然后在冰水浴中使伽伐尼取代反应停止，再用氨水将副产物 AgCl 除去。如图 4-21 所示，在透射电镜表征下 Ag 纳米立方体为实心结构，被 $HAuCl_4$ 腐蚀后则变为空心结构，此时产物为 AuAg 合金纳米笼。进一步在 AuAg 合金纳米笼表面包裹 SiO_2 层。即在碱性的氨水溶液中室温下水解四乙氧基硅烷，反应 10 h，可在 AuAg 合金纳米笼表面形成一层厚度约 10～15 nm 的 SiO_2 纳米层。AgAu 合金纳米笼形成后，其紫外-可见吸收峰由 Ag 纳米立方体的 420 nm 红移至 770 nm[图 4-21（d）]。AuAg 合金纳米笼在包裹 SiO_2 纳米层后的吸光强度没有发生变化，且仍具有光热效应。AuAg@SiO_2 纳米粒子与革兰阳性细菌混合后，在近红外光 808 nm 的激光照射下，0.5 h 后细菌的数量降低，达到杀菌消炎的效果。同时，AuAg 合金中的 Ag 原子逐渐被氧化为 Ag^+，从 SiO_2 层中渗出，起到杀菌的作用。

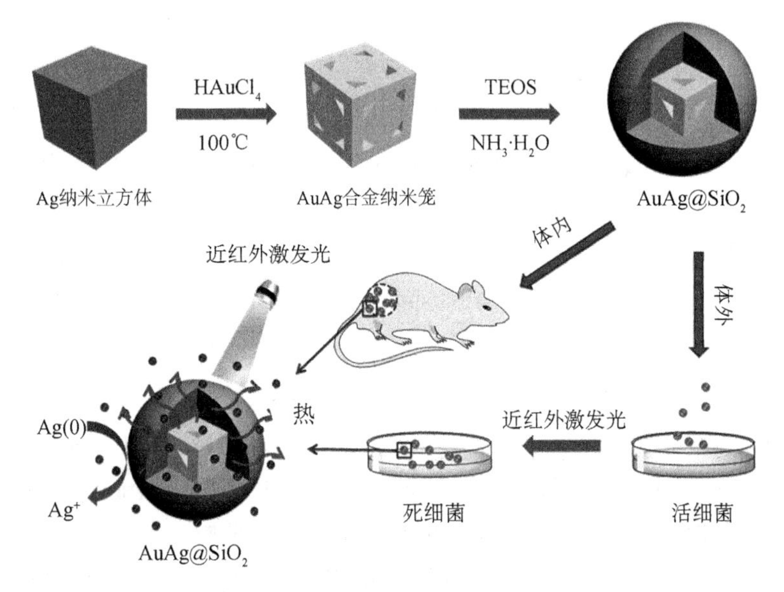

图 4-20　AuAg 合金纳米笼/SiO_2 纳米粒子合成示意图和杀死细菌的原理图[31]

图片引用经 American Chemical Society 授权

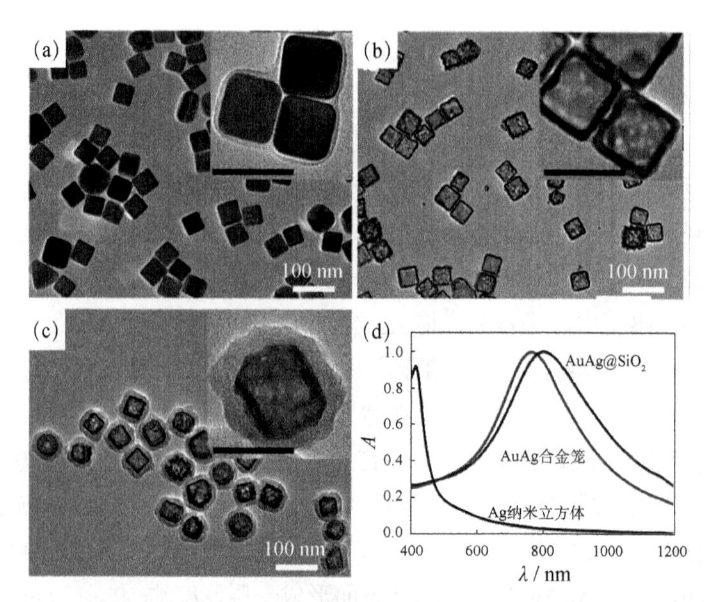

图 4-21 (a) Ag 纳米立方体、(b) AuAg 合金纳米笼、(c) $AuAg@SiO_2$ 纳米粒子的透射电镜表征图和(d)三种纳米粒子的紫外-可见吸收光谱图[31]

图片引用经 American Chemical Society 授权

4.3.3 基于绿色荧光蛋白的细胞成像

绿色荧光蛋白(green fluorescence protein,GFP)的发现源于 1962 年日裔科学家下村修(Osamu Shimomura)对水母的研究,其从水母中发现并分离出一种蛋白质。在紫外线的照射下,该种蛋白质产生明亮的绿色荧光,故被命名为绿色荧光蛋白。美国科学家马丁·查尔菲(Martin Chalfie)将 GFP 作为标记物,用于病毒跟踪和细胞成像中,发展了 GFP 在生物医学领域中的应用。美国华裔科学家钱永健则通过基因技术改造了 GFP 的结构,使其在不同的激发光照射下显示红、蓝等不同的颜色,可以在同一时刻跟踪多个不同的生物学过程,并通过对 GFP 的基因改造,使一些海洋生物如鱼发出不同中颜色的荧光,用于观赏,拓宽了 GFP 在商业方面的应用。这项研究在 2008 年获得了诺贝尔化学奖。

GFP 由 238 个氨基酸残基组成,分子质量为 26.9 kDa,其生色基团位于氨基酸序列 64~69 位。GFP 三级结构为 11 条 β 桶状结构绕成的一个圆柱体,1 条 α 螺旋链缠绕在圆柱体的轴的位置。其生色基团附着在 α 螺旋链上,位于圆柱体的中心。第 65~67 氨基酸分别为丝氨酸、脱氢酪氨酸和甘氨酸,形成一种对羟苯甲基咪唑环酮结构,是 GFP 生色基团的核心(图 4-22)。GFP 的最大吸收波长位于 395 nm,

479 nm 有一个副吸收峰，最大荧光发射波长为 509 nm。479 nm 的激发波长更适用于活体检测。GFP 的光谱特性与异硫氰酸盐荧光素相似，并且在处于氧化态时产生荧光，如遇到强还原剂则荧光消失。除了绿色荧光蛋白，还有发射波长在其他范围内的不同种类的荧光蛋白，从 440 nm 至 660 nm，几乎跨越整个可见光区。

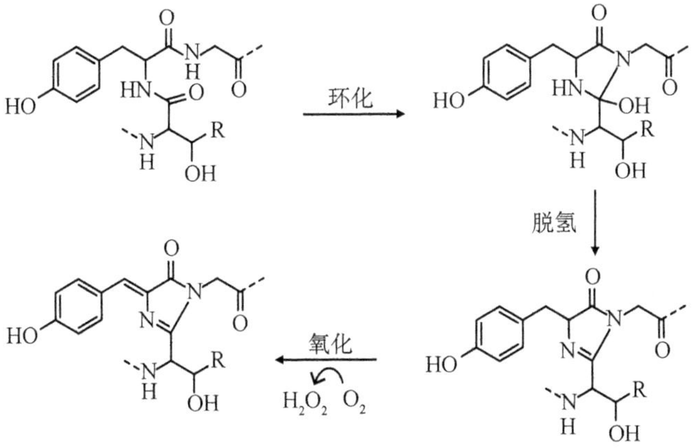

图 4-22　GFP 中对羟苯甲基咪唑环酮生色中心的结构

思　考　题

1. 分子被光激发后，产生的辐射跃迁有哪些类型，非辐射跃迁有哪些类型，能级差分别在什么范围内？

2. 荧光光谱具有哪些特点，请分析说明。

3. 荧光分子的结构具有哪些共同的特点？

4. 伯胺的荧光显色试剂有哪些，结合后产生什么颜色的荧光？请举例说明。

5. 抗原具备哪些特点？

6. 抗体包含哪几个区域，与抗原结合部位位于哪个区域？

7. 简述时间分辨免疫分析中 Eu^{3+}的解离与增强技术的原理。

8. 举例说明 Pd/C 催化剂在免疫分析中的应用。

9. 具有光热性质的纳米材料有哪些，其激发波长和发射波长在什么范围，请举出 3～4 例。

10. 请说明绿色荧光蛋白的结构及其主要的应用。

第5章　现代电化学发光分析方法

本章要点

- 掌握电化学发光分析法的原理、特点以及常用的电化学发光试剂。
- 掌握现代电化学发光分析方法在金属离子、生物分子、药物分子的灵敏检测方面的应用。
- 掌握现代电化学发光标记技术的原理及其在免疫分析中的应用。

5.1　电化学发光法

5.1.1　电化学发光的原理和特点

5.1.1.1　电化学发光基本原理

电化学发光（electrochemiluminescence，ECL）是化学发光的一种，是指分子在外加电位作用下被氧化或被还原过程中，价电子被激发到高能级分子轨道后返回到最低能级轨道，同时能量以光子的形式释放，波长在紫外–可见光区。具有电化学发光性质的分子可分为两大类，分别为具有共轭结构的多芳香环化合物和金属离子络合物。芳香烃分子在被氧化和还原过程中得失电子后以自由基的形式存在。在循环伏安方法中，施加阳极电位时，分子（A）失去电子，生成带有正电荷的自由基分子（通常是一个电子），$A^{\cdot+}$［方程（5-1）］[32]。施加阴极电位时，A分子得到电子生成带负电荷的自由基分子，$A^{\cdot-}$［方程（5-2）］。$A^{\cdot+}$和$A^{\cdot-}$反应，生成激发态分子A^*，此时价电子位于高分子轨道能级［方程（5-3）和方程（5-4）］。激发态分子包括激发单重态$^1A^*$和激发三重态$^3A^*$，激发单重态$^1A^*$的被激发的电子直接回到最低能级分子轨道，能量以光子形式释放[S 路线，方程（5-5）]。激发三重态 $^3A^*$ 则需要通过 2 个 $^3A^*$ 之间的碰撞和能量转换，生成 1 个基态分子 A 和 1 个激发单重态分子 $^1A^*$，$^1A^*$ 回到基态，同时有光子产生[T 路线，方程（5-6）]。

$$A - e \longrightarrow A^{\cdot +} \tag{5-1}$$

$$A + e \longrightarrow A^{\cdot -} \tag{5-2}$$

$$A^{\cdot +} + A^{\cdot -} \longrightarrow A + {}^1A^* \tag{5-3}$$

$$A^{\cdot +} + A^{\cdot -} \longrightarrow A + {}^3A^* \tag{5-4}$$

$${}^1A^* \longrightarrow A + h\nu \tag{5-5}$$

$${}^3A^* + {}^3A^* \longrightarrow A + {}^1A^* \tag{5-6}$$

在电化学发光反应中，常需要共反应剂来增强电化学发光强度。共反应剂的价格便宜，可大量使用，且具有高的电化学活性，即较电化学发光试剂更容易发生氧化还原反应。共反应试剂被氧化或还原后能够生成具有极强的氧化或还原性质的自由基分子，参与到化学发光的反应中。最早发现和被研究的共反应剂为草酸根阴离子，$C_2O_4^{2-}$，常与三联吡啶钌 $Ru(bpy)_3^{2+}$ 金属配合物电化学发光试剂联用。$Ru(bpy)_3^{2+}$ 由过渡金属 Ru（Ⅱ）离子与三个联吡啶分子中的六个 N 原子配位组合而成，氧化还原电位在 1.5 V *vs.* NHE 左右（图 5-1）。$Ru(bpy)_3^{2+}$ 和 $C_2O_4^{2-}$ 的反应原理如方程（5-7）至方程（5-14）所示。$Ru(bpy)_3^{2+}$ 在阳极被氧化为 $Ru(bpy)_3^{3+}$[方程（5-7）]，$Ru(bpy)_3^{3+}$ 能够氧化 $C_2O_4^{2-}$，有两种反应路线。第一种则是生成 $Ru(bpy)_3^{2+}$ 和阴离子自由基 $C_2O_4^{\cdot -}$[方程（5-8）]。$C_2O_4^{\cdot -}$ 分解为自由基 $CO_2^{\cdot -}$ 和分子 CO_2[方程（5-9）]。$Ru(bpy)_3^{3+}$ 进一步氧化 $CO_2^{\cdot -}$，在这个过程中，$Ru(bpy)_3^{3+}$ 中的 Ru（Ⅲ）被还原为 Ru（Ⅱ），同时配体分子中的价电子被激发，生成激发态的 $Ru(bpy)_3^{2+*}$[方程（5-10）]。$CO_2^{\cdot -}$ 则被氧化为 CO_2 分子。生成激发态 $Ru(bpy)_3^{2+*}$ 中的价电子迅速跃迁至最低能级分子轨道，同时释放波长约为 625 nm 的光子[方程（5-11）]。该反应路线的总反应是 2 个 $Ru(bpy)_3^{3+}$ 氧化 1 个 $C_2O_4^{2-}$，最终产物为 2 个 $Ru(bpy)_3^{2+}$ 和 2 个 CO_2，在这个过程中分别有 1 个 $Ru(bpy)_3^{2+*}$ 和 1 个 $CO_2^{\cdot -}$ 生成。结合方程（5-7），消耗的是 $C_2O_4^{2-}$ 共反应试剂，而 $Ru(bpy)_3^{2+}$ 含量没有变化，同时消耗 2 个电子，总反应为方程（5-12）。第二条反应路线为 $Ru(bpy)_3^{2+}$ 进一步被 $CO_2^{\cdot -}$ 还原生成 $Ru(bpy)_3^{+}$ 和 CO_2[方程（5-13）]。$Ru(bpy)_3^{+}$ 和 $Ru(bpy)_3^{3+}$ 发生中和反应，生成激发态 $Ru(bpy)_3^{2+*}$[方程（5-14）]，回到基态时，释放光子[方程（5-11）]。结合方程（5-8）和方程（5-9），这条路线的总反应与路线 1 相似[方程（5-12）]，但反应过程中有 $Ru(bpy)_3^+$ 的生成。

$$Ru(bpy)_3^{2+} - e \longrightarrow Ru(bpy)_3^{3+} \tag{5-7}$$

$$Ru(bpy)_3^{3+} + C_2O_4^{2-} \longrightarrow Ru(bpy)_3^{2+} + C_2O_4^{\cdot -} \tag{5-8}$$

$$C_2O_4^{\cdot -} \longrightarrow CO_2^{\cdot -} + CO_2 \tag{5-9}$$

$$Ru(bpy)_3^{3+} + CO_2^{\cdot -} \longrightarrow Ru(bpy)_3^{2+*} + CO_2 \tag{5-10}$$

$$Ru(bpy)_3^{2+*} \longrightarrow Ru(bpy)_3^{2+} + h\nu \tag{5-11}$$

$$2Ru(bpy)_3^{3+} + C_2O_4^{2-} \longrightarrow 2Ru(bpy)_3^{2+} + 2CO_2 \tag{5-12}$$

$$Ru(bpy)_3^{2+} + CO_2^{\cdot -} \longrightarrow Ru(bpy)_3^{+} + CO_2 \tag{5-13}$$

$$Ru(bpy)_3^{3+} + Ru(bpy)_3^{+} \longrightarrow 2Ru(bpy)_3^{2+*} \tag{5-14}$$

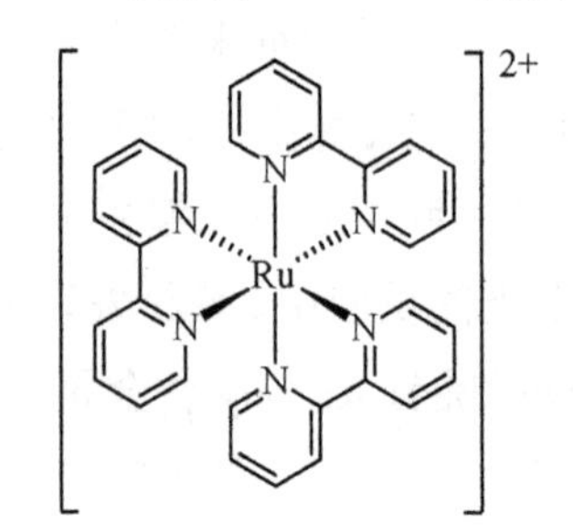

图 5-1 三联吡啶钌络合物阳离子的分子结构式

5.1.1.2 电化学发光分析原理

基于电化学发光分析方法，能够直接或间接地检测多种分子和离子。例如，电化学发光分子能够作为信号标记分子，通过共价键链接或共轭嵌入的方法，将电化学发光分子结合到 DNA 或抗体分子上，实现核酸分子检测和免疫分析。同时，利用分子本身的胺基、羟基等电化学活性基团，能够增加电化学发光，起到共反应试剂的作用，直接检测这些分子，但不具有选择性。需要通过选择合适的电极、电解质或抑制剂来降低干扰，可改善某一种分子检测的选择性。量子点具有一定的电化学发光性质，在共反应试剂的存在下，能够产生很强的电化学发光。金属离子或分子能够影响量子点的电化学发光，通过量子点表面的配体的调控，能够实现选择性检测。

5.1.1.3 电化学发光分析法的特点

电化学发光与荧光的特点相似，都具有灵敏度高的特点，能够达到 $10^{-15}\,mol \cdot L^{-1}$。

不同点在于电化学发光为电致化学发光，需要将电能转化为化学能，然后转化为光能。所以，其对电化学发光试剂的电子共轭程度要求相对不高，但要求发光试剂具有电化学活性，能够发生氧化还原反应。电化学发光需要三电极体系，操作上略复杂一些，但具有电化学发光性质的分子种类更多一些，检测对象更为广泛。

5.1.2　常用的电化学发光试剂

5.1.2.1　芳香烃类分子

常见的具有电化学发光性质的芳香烃类分子主要包括鲁米诺（luminol，LH_2）、吖啶酯、光泽精等[33]。鲁米诺是一种苯甲酰肼化合物，学名为 5-氨基-苯甲酰肼，是一种经典的发光效率高的化学发光和电化学发光试剂。在金属阳离子或其配合物催化剂的作用下，鲁米诺可以和氧气或者过氧化氢分子发生反应，产生激发态，发射波长为 425 nm 的蓝光。鲁米诺发光体系常用于免疫分析、金属阳离子和血液分析[34]。例如，在犯罪现场，证实地面是否有血迹，可洒一些鲁米诺与过氧化氢的溶液，由于血液中含有血红蛋白分子，血红蛋白中的反应活性中心血红素能够催化鲁米诺与过氧化氢溶液的化学发光，所以在黑暗中可以观测很强的蓝光，能够证实有血迹的存在，是一种简单、实用的方法。鲁米诺具有电化学活性，在外加电位的存在下，能够失去电子，被氧化为偶氮苯甲酰化合物（L），在过氧化氢 H_2O_2 或超氧自由基 $O_2^{\cdot-}$ 的氧化下，形成具有 O—O 桥连键的内过氧化物中间产物$[LO_2]^{2-}$［图 5-2（a），方程（5-15）和方程（5-16）］。$[LO_2]^{2-}$ 迅速分解，形成处于激发态的 3-氨基邻苯二甲酸阴离子 AP^{2-*}［方程（5-17）］，并释放 1 个 N_2 分子［方程（5-18）］。

激发态的 3-氨基邻苯二甲酸阴离子返回到基态，伴随 425 nm 波长的光子产生［方程（5-18）］。鲁米诺的氧化过程是一个两电子反应的过程，首先，在 pH≥7 的条件下，鲁米诺分子解离 1 个 H^+，同时失去 1 个电子，被氧化为带有一个自由基的分子 $LH^{\cdot}$，这个过程是一个可逆的过程［图 5-2（a），步骤 1］。进一步施加更高的电位，$LH^{\cdot}$ 继续解离 1 个 H^+，同时进一步失去 1 个电子，形成含有 N═N 键的偶氮苯甲酰化合物（L），这一过程也是可逆过程［图 5-2（a），步骤 2］。pH=7 时，能够观测到两对鲁米诺分子的氧化还原峰。随着 pH 升高，氧化还原电位逐渐减小，氧化还原峰逐渐向负方向移动［图 5-2（b）］。

在 pH 较高的条件下，鲁米诺更容易解离 H^+，所以第一步的氧化反应很快，两个氧化峰合并，同时反应的可逆性降低，被氧化为的偶氮苯甲酰化合物较稳定，较难被还原，所以还原峰电流减弱。同时，在 pH 较高的条件下，H_2O_2 更容易解离 H^+ 生成 HO_2^-，第三步的反应速率加大，电化学发光强度增加[图 5-2（a），步骤 3]。超氧阴离子自由基 $O_2^{\cdot-}$ 也能够作为氧化剂与 $LH^{\cdot}$ 络合，形成内过氧化物过渡产物 $[LO_2]^{2-}$，同时伴随 $LH^{\cdot}$ 的 H^+ 解离过程[图 5-2（a），步骤 3′]。$O_2^{\cdot-}$ 可以通过 $LH^{\cdot}$ 与 O_2 之间的氧化还原反应生成[图 5-2（a），方程（5-19）]，也可以通过 H_2O_2 在阳极表面的氧化反应生成，即 H_2O_2 被氧化为 $OOH^{\cdot}$，$OOH^{\cdot}$ 继续氧化 OH^-［方程（5-20）和方程（5-21）］。pH=7 时，体系中 OH^- 浓度过低，H_2O_2 分子和 $LH^{\cdot}$ 较难解离，所以体系没有电化学发光。随着 pH 的增加，电化学发光强度增大。pH=12 时，电化学发光强度降低，这可能是 H_2O_2 在碱性条件下自分解导致的。

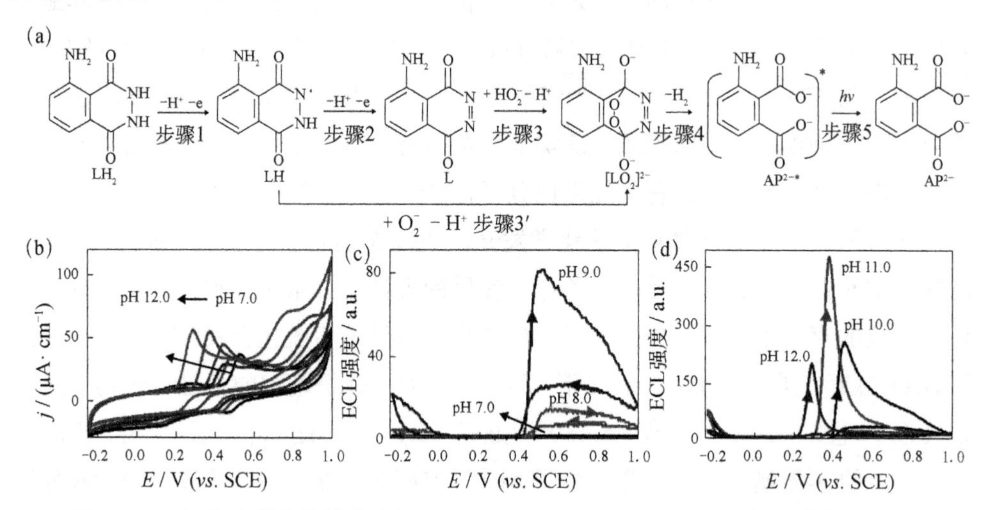

图 5-2 （a）鲁米诺电化学发光机理；（b）～（d）0.5 mmol · L^{-1} 鲁米诺在 pH 7、8、9、10、11 和 12 的 100 mmol · L^{-1} 磷酸盐缓冲溶液中的循环伏安曲线。扫速：50 mV · s^{-1}，光电倍增管高压：−600 V [34]

$$HO_2^- + L + OH^- \longrightarrow [LO_2]^{2-} + H_2O \tag{5-15}$$

$$LH^{\cdot} + O_2^{\cdot-} + OH^- \longrightarrow [LO_2]^{2-} + H_2O \tag{5-16}$$

$$[LO_2]^{2-} \longrightarrow AP^{2-*} + N_2 \tag{5-17}$$

$$AP^{2-*} \longrightarrow AP^{2-} + h\nu \tag{5-18}$$

$$LH^{\cdot} + O_2 + OH^- \longrightarrow L + O_2^{\cdot-} + H_2O \tag{5-19}$$

$$H_2O_2 - e \longrightarrow OOH^{\cdot} \tag{5-20}$$

$$OOH^{\cdot} + OH^- \longrightarrow O_2^{\cdot-} + H_2O \tag{5-21}$$

吖啶酯是一类灵敏的化学发光和电化学发光试剂，常用的是吖啶酯和吖啶磺酰胺[图 5-3（a）]，图中 R、R′、R″为烷基、烷氧基及芳基等其他取代基。X、X′、X″为偶联基团，用于偶联抗原或抗体，并增加化合物溶解性。常规的反应机理是在碱性条件下，过氧化氢与吖啶的 C_9 发生加成，加成产物在碱性条件下形成的过氧负离子再亲核进攻羰基碳，离去基团离去并进一步形成不稳定的四元环中间体，开环后形成激发态的吖啶酮，其返回到基态的过程中释放出光子[图 5-3（b）]。

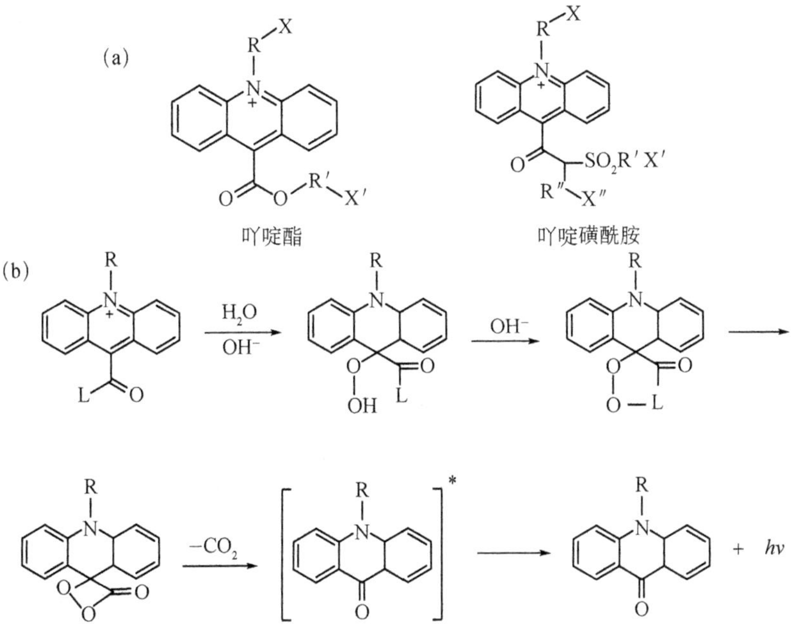

(a)

吖啶酯　　吖啶磺酰胺

(b)

图 5-3　（a）吖啶酯和吖啶磺酰胺化合物；（b）吖啶酯的电化学发光机理示意图

光泽精(*N*,*N*-二甲二吖啶硝酸盐)在碱性条件下可被过氧化氢等氧化剂氧化成 *N*-甲基吖啶酮，发射出 420～500 nm 波长的光，最大波长在 440 nm（图 5-4）。在有催化剂如 Co(II)、Ni(II)、Cu(II)、Fe(II)、Fe(III)、Cr(III)等离子存在时发光效应增强。此外，有溶解氧存在时，光泽精还可与多种还原剂进行化学发光反应，这一反应已用于临床上重要的还原剂的定量分析。同时，光泽精与氧气能够产生阴极电化学发光，O_2 在阴极被还原为超氧自由基，具有氧化性，与光泽精形成过氧化物过渡产物，最后形成激发态 *N*-甲基吖啶酮。Cu^{2+}能够猝灭光泽精与 O_2 的电化学发光反应，能够进行 Cu^{2+}的选择性检测，检出限为 2.1 nmol · L^{-1} [35]。

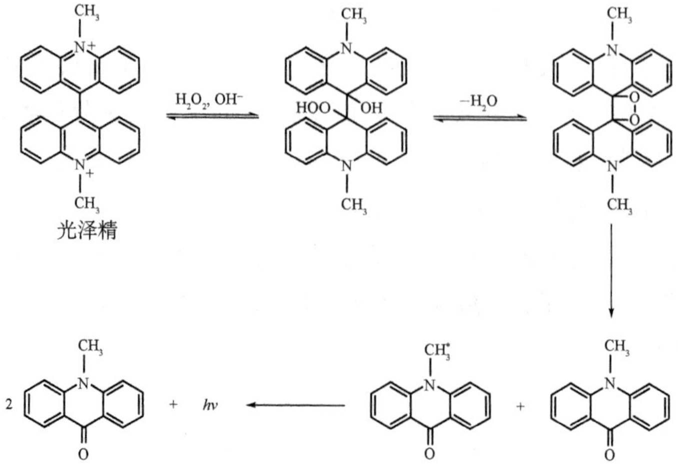

图 5-4 光泽精电化学发光反应机理示意图

5.1.2.2 过渡金属络合物

过渡金属络合物是一类常见的无机电化学发光试剂，主要包括Ⅷ B 族中的 Ru、Ir、Os 的联吡啶、菲咯啉类络合物，如 $Ru(bpy)_3^{2+}$、$Os(bpy)_3^{2+}$、$Ir(bpy)_3^{2+}$、$Ru(Phen)_3^{2+}$（图 5-5）。其中，$Ru(bpy)_3^{2+}$ 的电化学发光效率最高，常作为免疫分析中的标记物。$Ru(phen)_3^{2+}$ 能够嵌入到双链 DNA（double-strand DNA，dsDNA）分子中，能够监测双链的形成过程和检测目标 ssDNA 的含量。过渡金属络合物的电化学发光需要共反应试剂的存在，在没有共反应试剂存在的条件下，溶液中的 OH^- 则可以作为共反应试剂，但增强效果较弱。常见的 $Ru(bpy)_3^{2+}$ 的共反应试剂括还原性物质如三丙基胺（tripropylamine，TPA）、二丁乙醇胺、草酸盐和氧化性物质如过硫酸盐离子。还原性共反应剂能够引起过渡金属络合物的阳极电化学发光的增强，氧化性共反应试剂则引起阴极电化学发光的增强[32]。TPA、二丁基乙醇胺中含有三级胺和羟基基团，电化学活性高，容易被电化学氧化，产生阳离子自由基，引起电化学发光反应。以 $Ru(bpy)_3^{2+}$ 和 TPA 的电化学发光体系为例，$Ru(bpy)_3^{2+}$ 在阳极被氧化为 $Ru(bpy)_3^{3+}$，同时在阳极 TPA 分子被氧化为自由基阳离子 $TPA^{\cdot+}$ [方程（5-22）]，失去 1 个 H^+形成自由基分子 $TPA^{\cdot}$ [方程（5-23）]，$Ru(bpy)_3^{3+}$ 氧化 $TPA^{\cdot}$ 后生成激发态 $Ru(bpy)_3^{2+*}$ [方程（5-24）]，激发态回到基态，产生 605 nm 波长的橙红色光。$TPA^{\cdot}$ 的氧化导致电极表面产生的 $Ru(bpy)_3^{3+}$ 浓度降低，所以 $Ru(bpy)_3^{3+}$ 的还原电流降低或消失。同时 TPA$^{\cdot}$ 导致电极表面 $Ru(bpy)_3^{2+}$ 的浓度升高，所以体系加入 TPA 后，$Ru(bpy)_3^{2+}$ 的氧化电流增加，$Ru(bpy)_3^{3+}$ 的还原电流降低。但是，TPA 的加入可以引起 $Ru(bpy)_3^{2+}$ 体系的电化学发光强度成百倍地增加。3 mmol · L^{-1} 的 TPA 或二丁基乙醇胺加入到 1 μmol · L^{-1} 的 $Ru(bpy)_3^{2+}$ 磷酸盐缓冲溶液中，电化学发光强度分别增加了 75 倍和 300 倍[36]。同理，草酸盐的加入也会引起 $Ru(bpy)_3^{2+}$ 的氧化电流的升高、还原电流的降低以及阳极电化学发光的增强。

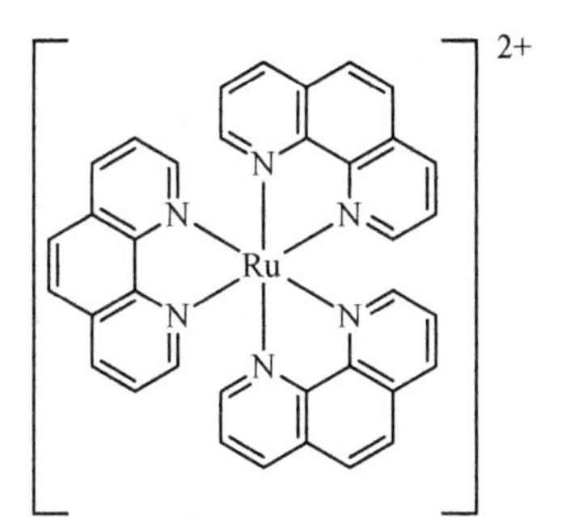

图 5-5　$Ru(phen)_3^{2+}$ 分子结构式

$$TPA - e \longrightarrow TPA^{\cdot +} \tag{5-22}$$

$$TPA^{\cdot +} - H^{+} \longrightarrow TPA^{\cdot} \tag{5-23}$$

$$Ru(bpy)_3^{3+} + TPA^{\cdot} \longrightarrow Ru(bpy)_3^{2+*} + products^{\cdot} \tag{5-24}$$

具有强氧化性的物质能够引起 $Ru(bpy)_3^{2+}$ 的阴极电化学发光的增强。例如，过硫酸盐在阴极被还原为硫酸根和硫酸根自由基阴离子 $SO_4^{\cdot -}$［方程（5-25）］，$SO_4^{\cdot -}$ 氧化 $Ru(bpy)_3^{2+}$ 在阴极的还原产物为 $Ru(bpy)_3^{+}$［方程（5-26）和方程（5-27）］，重新形成激发态的 $Ru(bpy)_3^{2+*}$ 络合物，回到基态产生发光［方程（5-11）］[32]。另一方面，$SO_4^{\cdot -}$ 直接氧化 $Ru(bpy)_3^{2+}$ 为 $Ru(bpy)_3^{3+}$［方程（5-28）］，$Ru(bpy)_3^{3+}$ 与 $Ru(bpy)_3^{+}$ 反应生成 $Ru(bpy)_3^{2+*}$［方程（5-14）］，回到基态，产生发光。由于过硫酸盐的还原电位较负，所以体系的阴极电化学发光扫到−1.5 V（*vs.* Ag/AgCl）才能看到阴极发光峰[37]。

$$S_2O_8^{2-} + e \longrightarrow SO_4^{\cdot -} + SO_4^{2-} \tag{5-25}$$

$$Ru(bpy)_3^{2+} + e \longrightarrow Ru(bpy)_3^{+} \tag{5-26}$$

$$Ru(bpy)_3^{+} + SO_4^{\cdot -} \longrightarrow Ru(bpy)_3^{2+*} + SO_4^{2-} \tag{5-27}$$

$$Ru(bpy)_3^{2+} + SO_4^{\cdot -} \longrightarrow Ru(bpy)_3^{3+} + SO_4^{2-} \tag{5-28}$$

5.2 分子的现代电化学发光分析检测法

5.2.1 免标记核酸类电化学发光分析方法

基于核酸分子DNA双链互补的原则以及核酸适配子与目标分子的特异性结合技术，通过$Ru(phen)_3^{2+}$或$[Ru(bpy)_2dppz]^{2+}$电化学发光试剂的嵌入，能够实现核酸分子、三磷酸腺苷（adenosine triphosphate，ATP）、凝血酶等分子的检测。

5.2.1.1 基于$Ru(phen)_3^{2+}$嵌入的核酸分子检测

邻菲罗啉钌$Ru(phen)_3^{2+}$由Ru离子和3个1,10-邻菲罗啉中的6个N原子配位形成，其中邻菲罗啉配体具有π电子共轭结构，能够嵌入到双链DNA分子中，能够监测双链DNA（dsDNA）的形成过程[38]。通过DNA杂化将目标分子固定到电极表面，然后连接较长的双链DNA分子，嵌入$Ru(phen)_3^{2+}$后，洗去未吸附的$Ru(phen)_3^{2+}$，通过共轭嵌入到目标分子诱导形成的dsDNA中的$Ru(phen)_3^{2+}$含量的测定，检测待测溶液中目标DNA分子的含量。捕捉ssDNA、目标ssDNA、具有发卡结构的探针ssDNA H1和探针ssDNA H2的序列如下，

目标ssDNA：5′-<u>TCAGCGGGGAGGAAG GGAGTAAAGTTAATA</u>-3′;

捕捉ssDNA：5′-SH-<u>TATTAACTTTACTCC</u>-3′;

发卡探针DNA H1：5′-<u>CTTCCTCCCCGCTGA</u> <u>CAAAGTTCAGCGGGG</u>-3′

发卡探针DNA H2：3′-<u>GTTTCAAGTCGCCCC</u> GAAGGAGGGGCGACT-5′

目标ssDNA为大肠杆菌的16S rRNA中的432-461号片段，含有30个碱基序列，其中3′端的15个碱基与捕捉ssDNA的从5′端开始互补。基于杂化的目标ssDNA检测示意图如图5-6所示。捕捉ssDNA的5′端连接有巯基基团，通过Au—S键使捕捉ssDNA吸附到Au电极表面。捕捉ssDNA与目标ssDNA互补后，目标ssDNA 5′端的15个未配对碱基与发夹探针DNA H1的5′端15个碱基互补配对，同时H1的3′端的15个碱基与发卡探针DNA H2的3′端的15个碱基配对，H2的5′端的15个碱基与H1的5′端碱基配对，依次循环。形成的长链的dsDNA嵌入$Ru(phen)_3^{2+}$后，洗涤电极，在含有20 mmol·L^{-1} TPA的pH 7.5的磷酸盐缓冲溶液中进行检测。

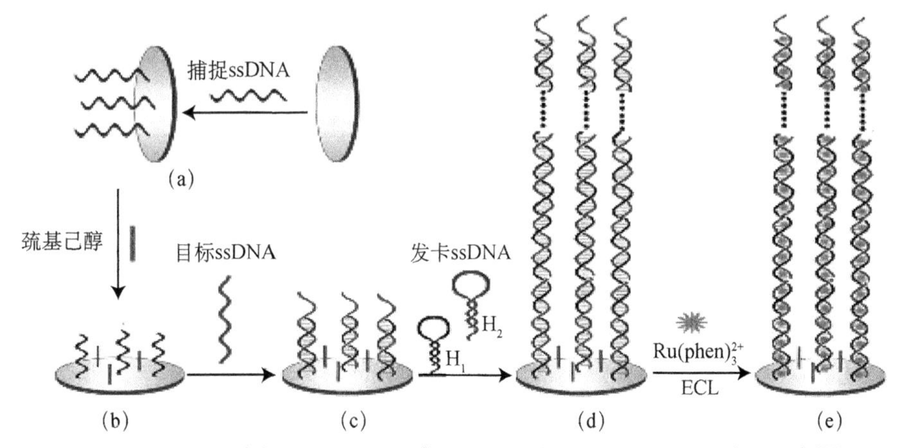

图 5-6　基于 DNA 杂化和 $Ru(phen)_3^{2+}$ 嵌入的目标 ssDNA 的 ECL 检测示意图[38]

图片引用经 American Chemical Society 授权

电极表面 ssDNA 的构建步骤如下，首先，将所有的 ssDNA 溶液 95℃下加热 2 min，随后恢复到室温。然后，将 10 μL 含有 2 μmol・L^{-1} 的捕捉 ssDNA 溶液滴到处理过的 Au 电极表面，室温下吸附，放置过夜[图 5-6（a）]。用去离子水洗涤电极，再用 1 mmol・L^{-1} 的巯基己醇溶液封闭电极表面的非特异性结合位点 2 h[图 5-6（b）]，随后电极用磷酸盐缓冲溶液洗涤，将电极浸入到含有目标 ssDNA 的待测溶液中，吸附 1 h，磷酸盐缓冲溶液洗涤，N_2 气吹干[图 5-6（c）]。然后在电极表面滴加 10 μL 含有 1 μmol・L^{-1} 探针 ssDNA H1 和 H2 的磷酸盐缓冲溶液，吸附 2 h 后，洗涤电极[图 5-6（d）]。最后，在电极表面滴加 10 μL 含有 2 mmol・L^{-1} 的 $Ru(phen)_3^{2+}$，吸附 7 h，洗涤电极[图 5-6（e）]。

如图 5-7（A）中曲线 a 所示，在电极表面只有捕捉 ssDNA 和巯基己醇时，电极表面吸附的 $Ru(phen)_3^{2+}$ 极少，电化学发光强度很低。与目标 ssDNA 互补后，有 15 个碱基对形成，嵌入一些 $Ru(phen)_3^{2+}$ 分子，电化学发光强度略增加（曲线 b）。在与探针 ssDNA H1 和 H2 互补配对后，大量的碱基对形成，$Ru(phen)_3^{2+}$ 吸附量剧增，电化学发光强度增加 3 倍以上（曲线 c）。待测溶液中目标 ssDNA 的含量仅为 2.5 pmol・L^{-1}，响应十分灵敏。如图 5-7（B）和（C）所示，电化学发光强度与待测溶液中目标 ssDNA 的含量成正比，线性工作曲线范围为 25 fmol・L^{-1}～100 pmol・L^{-1}，检出限为 15 fmol・L^{-1}。有单个变异位点的 ssDNA 分子或与捕捉 ssDNA 不互补的 ssDNA 分子都不能引起电化学发光强度的增加，这种通过 DNA 杂化放大信号的策略检测 ssDNA 分子的选择性较高。

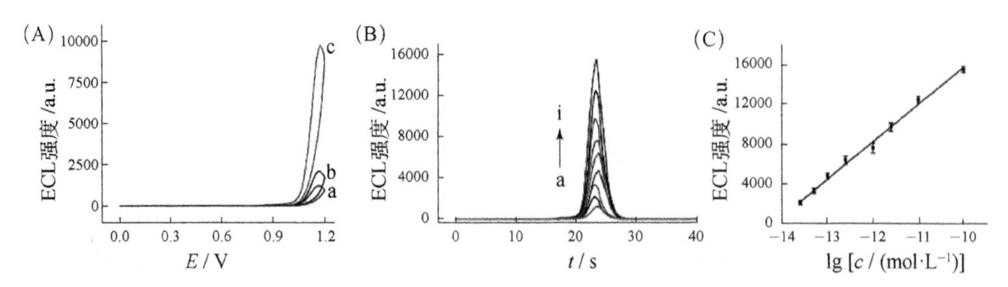

图 5-7 （A）捕捉 ssDNA（曲线 a）、目标 ssDNA/捕捉 ssDNA（曲线 b）、目标 ssDNA/捕捉 ssDNA/探针 ssDNA H1、H2（曲线 c）修饰的 Au 电极嵌入 $Ru(bpy)_3^{2+}$ 分子后的 ECL 信号。实验条件：0.1 mmol・L^{-1} 磷酸盐缓冲溶液，pH 7.5，20 mmol・L^{-1} TPA。（B）结合不同浓度的目标 ssDNA 后经过杂化放大的 Au 电极的 ECL 信号。光电倍增管高压：−600 V。a～i 分别为 0 pmol・L^{-1}、0.025 pmol・L^{-1}、0.05 pmol・L^{-1}、0.1 pmol・L^{-1}、0.25 pmol・L^{-1}、1.0 pmol・L^{-1}、2.5 pmol・L^{-1}、10 pmol・L^{-1} 和 100 pmol・L^{-1} 的 ECL 随时间变化曲线。（C）目标 ssDNA 检测的线性工作曲线[38]

图片引用经 American Chemical Society 授权

5.2.1.2 基于 $[Ru(bpy)_2dppz]^{2+}$ 的三磷酸腺苷分子检测

$[Ru(bpy)_2dppz]^{2+}$ 由 Ru(II)离子与 2 个联吡啶分子和 1 个联吡啶吩嗪配合而成［图 5-8（A）］。由于吩嗪中的三级胺与水中的质子结合，引起三重激发态的 $[Ru(bpy)_2dppz]^{2+}$ 分子的能量的外转换，导致 $[Ru(bpy)_2dppz]^{2+}$ 体系的发光消失。联吡啶吩嗪配体含有大的共轭 π 键体系，能够与 DNA 碱基对通过 π 键相互作用，嵌入到 dsDNA 结构中。同时，吩嗪中的三级胺被 ssDNA 保护，三重激发态的 $[Ru(bpy)_2dppz]^{2+}$ 能够释放光子，回到基态，具有电化学发光的性质[39]。如图 5-8（B）所示，在 pH 5.5 的 $C_2O_4^{2-}$ 溶液中，0.1 mmol・L^{-1} 的 $[Ru(bpy)_2dppz]^{2+}$ 没有电化学发光信号，加入 0.16 mmol・L^{-1} 的鲱鱼精子 dsDNA 后，$[Ru(bpy)_2dppz]^{2+}$ 与 dsDNA 共轭，产生电化学发光。同时，嵌入后的 $[Ru(bpy)_2dppz]^{2+}$ 电化学响应信号略有下降［图 5-8（C）］。向 60 μmol・L^{-1} 鲱鱼精子 dsDNA 溶液中加入不同浓度的 $[Ru(bpy)_2dppz]^{2+}$，监测电化学发光信号随 $[Ru(bpy)_2dppz]^{2+}$ 浓度的变化曲线，$[Ru(bpy)_2dppz]^{2+}$ 浓度为 30 μmol・L^{-1} 时，信号达到最大［图 5-8（D）］，鲱鱼精子 dsDNA 的 2 个碱基对能够与 1 个 $[Ru(bpy)_2dppz]^{2+}$ 共轭结合，结合常数为 1.35×10^6 L・mol^{-1}。

基于这个原理能够检测三磷酸腺苷分子，三磷酸腺苷分子能够与特殊的 ssDNA 序列特异性结合（序列，5′-ACCTG GGGGA GTATT GCGGA GGAAG GT-3′），使这段序列的结构发生变化，这段特殊的系列被称为三磷酸腺苷适配子。三磷酸腺苷适配子能够形成发卡结构，在发卡结构的尾部有 dsDNA 结构形成，因此，$[Ru(bpy)_2dppz]^{2+}$ 能够嵌入其中，具有电化学发光响应［图 5-9（a）］。当三磷酸腺

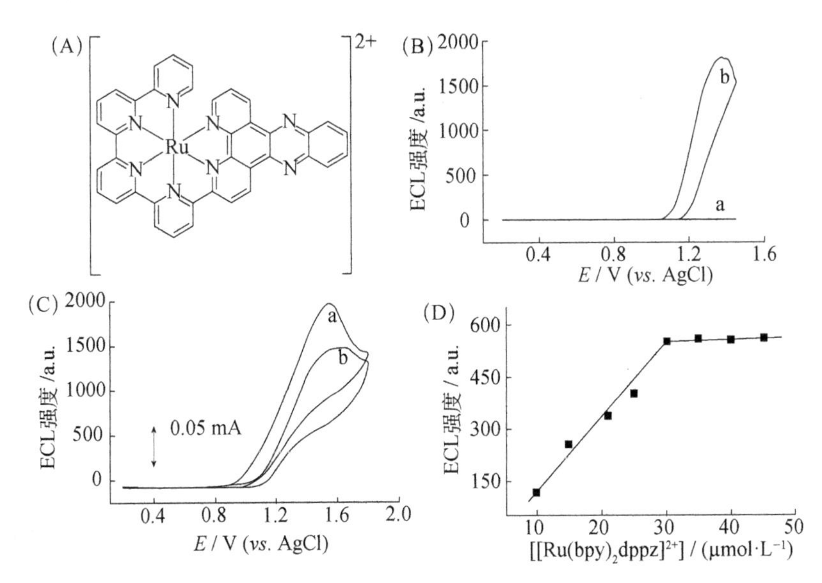

图 5-8　（A）$[Ru(bpy)_2dppz]^{2+}$ 分子结构式；（B）和（C）（曲线 a）0.1 mmol • L^{-1} $[Ru(bpy)_2dppz]^{2+}$ 溶液和 0.1 mmol • L^{-1} $[Ru(bpy)_2dppz]^{2+}$ 与（曲线 b）0.16 mmol • L^{-1} DNA 混合溶液的 ECL 曲线和循环伏安曲线。实验条件：5 mmol • L^{-1} $C_2O_4^{2-}$，pH 5.5。（D）$[Ru(bpy)_2dppz]^{2+}$ 的 ECL 滴定曲线。dsDNA，0.06 mmol • L^{-1} [39]

图片引用经 American Chemical Society 授权

苷与其适配子结合后，这种发卡结构被破坏，dsDNA 结构消失，$[Ru(bpy)_2dppz]^{2+}$ 被释放到溶液中，电化学发光信号消失。如图 5-9（b）所示，向含有 1 μmol • L^{-1} ATP 适配子和 20 μmol • L^{-1} $[Ru(bpy)_2dppz]^{2+}$ 的 pH 5.5 的 $C_2O_4^{2-}$ 溶液中加入不同浓度的 ATP 分子，随着 ATP 浓度的升高，体系的电化学发光强度下降，下降比例 $(I_0-I)/I_0$ 逐渐增大，在 0～1.0 μmol • L^{-1} 范围内与 ATP 浓度呈线性关系，检出限为 0.1 μmol • L^{-1}。该方法具有免标记、无修饰的特点，灵敏度较高，能够满足实际样品中三磷酸腺苷分子的选择性检测。

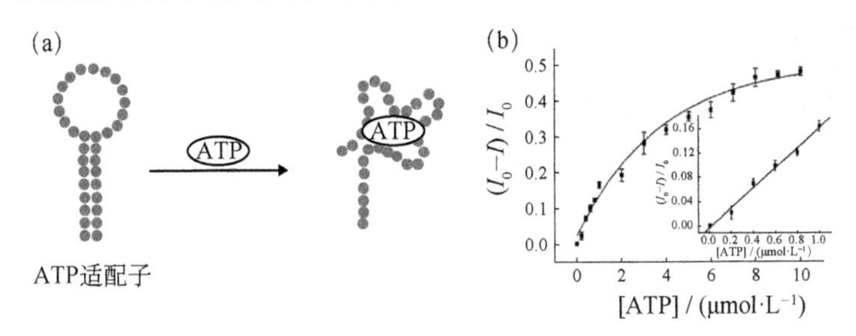

图 5-9　（a）ATP 适配子与 ATP 结合前后的结构示意图；（b）ECL 发光强度下降比例与 ATP 浓度的关系。实验条件：5 mmol • L^{-1} $C_2O_4^{2-}$，pH 5.5，20 μmol • L^{-1} $[Ru(bpy)_2dppz]^{2+}$，1 μmol • L^{-1} ATP 适配子[39]

图片引用经 American Chemical Society 授权

5.2.2 能量共振转移电化学发光检测

当电化学发光分子的发射波长与显色试剂的吸收波长重叠时，处于激发态的电化学发光分子的能量被显色试剂吸收，电化学发光被猝灭，这种现象称为ECL共振能量转移（ECL resonance energy transfer，ECRET）[40]。二氧化硅球能够使过渡金属配合物的电化学发光试剂的信号增强，基于过渡金属配合物掺杂的二氧化硅球与显色试剂的能量共振转移现象更为明显，可间接实现目标分子的灵敏检测。$Ru(phen)_3^{2+}$ 掺杂的 SiO_2 纳米球（缩写为RuSiNPs）的电化学发光被靛蓝（indigo carmine，IDS）分子猝灭，而臭氧分子 O_3 能够氧化IDS分子的C═C双键，防止IDS分子猝灭 $Ru(phen)_3^{2+}$ 的电化学发光，使体系的电化学发光信号恢复，实现 O_3 分子的灵敏检测[图5-10（A）][41]。

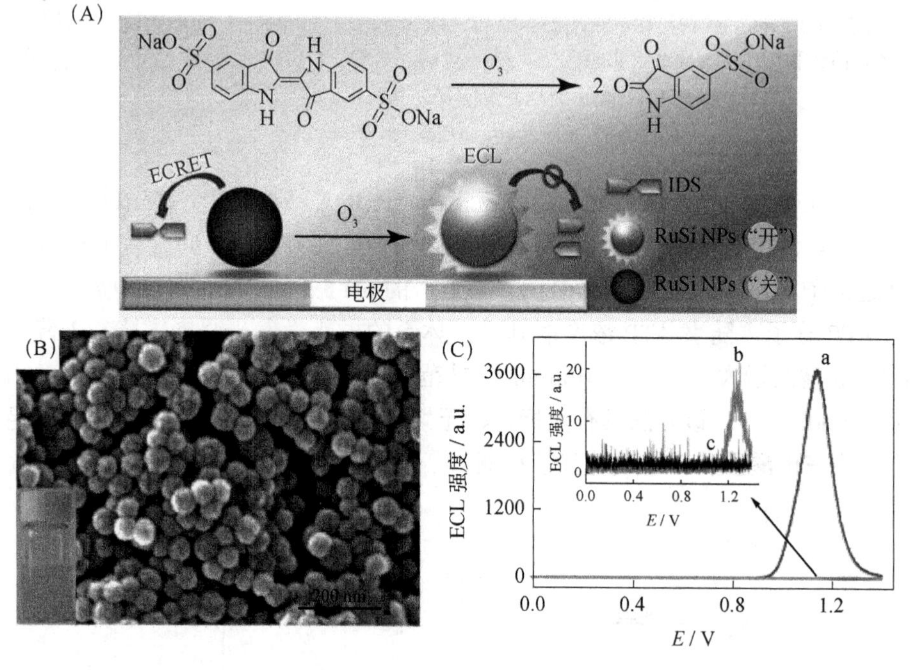

图5-10 （A）基于IDS分子与RuSi NPs的ECRET的 O_3 分子检测示意图。（B）RuSi NPs的扫描电子显微镜表征图和溶液的颜色。（C）1.2 μmol·L^{-1} RuSi NPs与（a）18.1 mmol·L^{-1} TPA和（b）72.5 mmol·L^{-1} $C_2O_4^{2-}$ 和（c）无共反应剂时的ECL信号曲线。扫速：0.1 V·s^{-1}；光电倍增管高压：−1100 V[41]

图片引用经American Chemical Society授权

RuSi NPs 通过水油微乳液方法获得。在含有环己烷、己醇、聚乙二醇辛基苯基醚（Triton X-100，曲拉通 X-100）和水的混合体系中加入 $Ru(phen)_3^{2+}$，搅拌 15 min，使体系充分混合。然后向体系中加入一定量的四乙氧基硅烷（tetraethoxysilane，TEOS），搅拌 30 min 后，加入氨水，搅拌 24 h。在这个过程中，四乙氧基硅烷水解、分散在被表面活性剂包埋的水核中，形成 RuSi NPs。然后向体系中加入 3-氨基丙基三乙氧基硅烷（3-aminopropyltriethoxysilane，APTES），继续搅拌 24 h，使形成的 RuSi NPs 表面带有一级胺活性基团，提高 RuSi NPs 的亲水性。反应完成后，透明的溶液转变为橘黄色浑浊液，代表 RuSi NPs 的生成[图 5-10（B）]。通过离心法收集，乙醇和水分别洗涤，最后获得能够分散在水相中的 RuSi NPs，其直径约为 40 nm。在共反应试剂 TPA 的存在下，RuSi NPs 溶液能够产生很强的电化学发光信号（pH 7.4，磷酸盐缓冲溶液），而 $C_2O_4^{2-}$ 不能够使 RuSi NPs 的电化学发光信号增强，说明 TPA 的增强效果更好[图 5-10（C）]。

向含有 1.2 μmol・L^{-1} RuSi NPs 和 18.1 m mol・L^{-1} TPA 的混合体系中加入 30 μmol・L^{-1} IDS 分子时，体系的 84%的电化学发光信号被猝灭，当进一步引入 1.5 μmol・L^{-1} O_3 时，体系的电化学发光能够恢复至原来的 60%[图 5-11（a）]。靛蓝分子能够吸附到玻碳电极的表面，抑制掺杂在 SiO_2 纳米球中的 $Ru(phen)_3^{2+}$ 的电化学氧化，所以加入 IDS 分子后，RuSi NPs 和 TPA 的电化学氧化电流降低[图 5-11（b）]。O_3 分子氧化 IDS 分子后，电极表面被恢复，电化学氧化电流值与加入靛蓝分子前一致。为了使 O_3 分子与 IDS 分子充分反应，在检测前先将二者混合，在 4℃的条件下反应 10 min，反应体系为 pH 2.0 的 0.2 mol・L^{-1} 磷酸盐缓冲溶液。然后与 RuSi NPs 溶液、TPA 的 pH 7.4 的磷酸盐缓冲溶液混合，进行电化学发光检测。体系中最终含有 1.2 μmol・L^{-1} RuSi NPs、18.1 mmol・L^{-1} TPA 和 30 μmol・L^{-1} 靛蓝分子。随着引入溶液中的 O_3 浓度的增加，最终混合体系的电化学发光强度逐渐增加，当 O_3 浓度为 4.5 μmol・L^{-1} 时，体系的电化学发光强度基本达到最大值[图 5-11（c）]。O_3 检测的线性工作曲线范围为 0.05～3.0 μmol・L^{-1} 时，检出限为 30 nmol・L^{-1}[图 5-11（d）]。这种方法具有很好的选择性，$OH^{\cdot}$ 自由基、$O_2^{\cdot-}$ 自由基、H_2O_2 分子、$NaClO_4$ 等含氧活性基团不产生干扰，并且能够满足空气和人血清样品中的 O_3 分子的检测，回收率在 90%～110%之间。

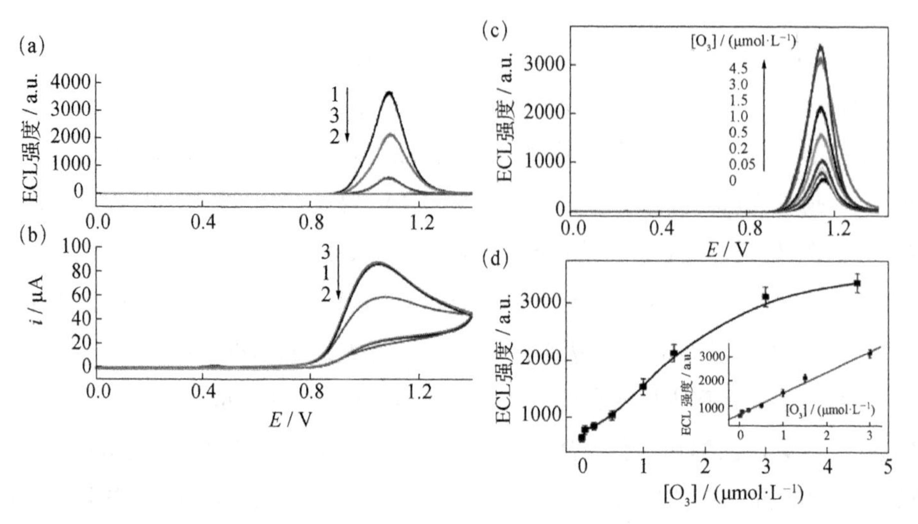

图5-11 (a)和(b)RuSi NPs溶液(1)、IDS和RuSi NPs混合溶液(2)、1.5 μmol·L^{-1} O_3、IDS和RuSiNPs混合体系(3)在三丙基胺体系中的电化学发光曲线和循环伏安曲线。(c)不同浓度的O_3的条件下，IDS和RuSi NPs混合体系的电化学发光曲线。(d)O_3分子检测的工作曲线。实验条件：1.2 μmol·L^{-1} IDS和RuSi NPs，18.1 mmol·L^{-1} TPA，30 μmol·L^{-1} IDS。扫速：0.1 V·s^{-1}；光电倍增管高压：−1100 V[41]

图片引用经 American Chemical Society 授权

5.3 现代电化学发光免疫分析法

5.3.1 $Ru(bpy)_3^{2+}$掺杂的SiO_2纳米球标记免疫分析

5.3.1.1 有序排列单层SiO_2纳米粒子表面的电化学发光增强

氧化铟锡(indium tin oxide，ITO)导电玻璃是ITO膜通过磁控溅射的方法镀到玻璃基片上而形成的基质，因其价格低廉且透明，常用在光电器件中。当SiO_2纳米粒子在ITO导电玻璃表面自组装为单层时，$Ru(bpy)_3^{2+}$与TPA的电化学发光强度较未修饰的ITO电极和SiO_2纳米粒子无规则排列修饰的ITO电极的电化学发光强度分别增强约2倍和77倍[图5-12(a)和(b)][42]。这种显著的增强效应由三种因素引起。第一个因素为电化学比表面积的增加，通过有序排列的SiO_2纳米粒子单层修饰的ITO电极、无序排列的SiO_2纳米粒子修饰的ITO电极和未修饰的ITO电极在$[Ru(NH_3)_6]Cl_3$溶液中的循环伏安电量的计算，得到三种电极的比表面积分别为 0.191 cm^2、0.170 cm^2、0.127 cm^2。在电极面积上，有序 SiO_2 纳米粒子和无序 SiO_2 纳米粒子的 ITO 电极差别不大，比未修饰的 ITO 电极比表面积略高 50% 和 34%，所以电极面积不是引起 ECL 强度增加的主要因素。第二个因素为 SiO_2 表面的电荷，SiO_2 纳米粒子含有大量的羟基基团，在 pH 9.0 的磷酸盐缓冲溶液中，SiO_2 纳米粒子表面带有负电荷，对 $Ru(bpy)_3^{2+}$ 有静电吸引作用，引起 $Ru(bpy)_3^{2+}$ 的氧化还原电流和电化学发光强度的增加，这一结论可通过在表面分别修饰有—COOH 和—NH_2 的 SiO_2 纳米球的 ITO 电极在 $Ru(bpy)_3^{2+}$ 和 TPA 体系中的 ECL 强度证明［图 5-12（c）和（d）］。当 SiO_2 纳米球表面修饰有—NH_2 基团时，质子化后表面带有正电荷，对 $Ru(bpy)_3^{2+}$ 产生静电排斥作用，所以 $Ru(bpy)_3^{2+}$ 在其表面的氧化电流和电化学发光都较弱。当 SiO_2 纳米球表面修饰有—COOH 基团时，在 pH 9.0 的缓冲溶液中，其表面带有负电荷，对 $Ru(bpy)_3^{2+}$ 产生静电吸引作用，所以 $Ru(bpy)_3^{2+}$ 在其表面的电化学发光强度很大，并有 $Ru(bpy)_3^{2+}$ 的氧化峰。所以，SiO_2 纳米球表面负电荷产生的静电吸引为主要因素之一。第三个因素为光散射作用。如图 5-12（e）所示，在有序的 SiO_2 纳米粒子单层表面，光散射较强，是无序 SiO_2 纳米粒子修饰 ITO 电极的 2 倍，所以单位比表面积的有序 SiO_2 纳米粒子修饰 ITO 电极表面的电化学发光信号强度较无序 SiO_2 纳米粒子修饰 ITO 电极高出约 2.5 倍［图 5-12（f）］。

5.3.1.2 有序排列单层 SiO_2 纳米粒子膜的制备

通过液-液界面自组装的方式，SiO_2 纳米粒子可在液-液界面间自组装，形成单层纳米粒子薄膜。单层 SiO_2 纳米粒子薄膜可以被转移，负载到 ITO 电极表面[42]。首先，TEOS 的乙醇溶液与水和氨水溶液混匀，搅拌 1 h，即可获得 SiO_2 纳米粒子，通过离心洗涤纳米粒子，分散在异丙醇溶剂中。将 3-(三乙氧基)硅基丙基丁二酸酐加入到上述 SiO_2 纳米粒子异丙醇分散液中，85℃加热 24 h，此时 SiO_2 纳米粒子表面连接有—COOH。离心洗涤 SiO_2 纳米粒子，分散在水中。然后，向 SiO_2 纳米粒子水分散液中加入正己烷，在水液面上形成正己烷层后，迅速向混合体系中倒入甲醇，使 SiO_2 纳米粒子集中在水-正己烷界面中。在正己烷挥发过程中，在水-正己烷界面自发形成 SiO_2 纳米粒子单层膜。最后，将 4 mm 宽、40 mm 长的 ITO 导电玻璃用水、丙酮、乙醇、水分别超声清洗后，置入含有水、H_2O_2 和 $NH_3 \cdot H_2O$ 的混合体系中 80℃加热 15 min，对其表面进行亲水处理。用 ITO 导电玻璃将已形成的 SiO_2 纳米粒子单层膜负载到表面，利用二者之间的范德瓦耳斯力，将 SiO_2 单层膜负载到 ITO 电极表面。如图 5-13（a）和（b）所示，SiO_2 纳米粒子直径为 189 nm± 18.7 nm。SiO_2 纳米粒子均匀排列在 ITO 表面，从侧面看为单层［图 5-13（c）和（d）］。无序排列的 SiO_2 纳米粒子修饰的 ITO 电极可以通过直接滴涂的方式获得。

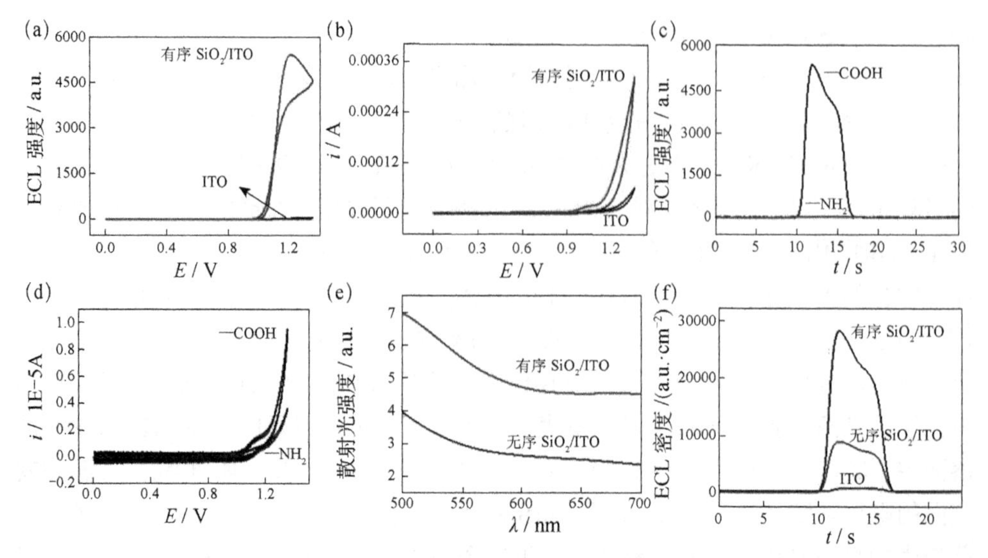

图 5-12 （a）和（b）有序 SiO_2 纳米粒子组装的 ITO 和 ITO 电极在 $Ru(bpy)_3^{2+}$ 和三丙基胺溶液中的 ECL 信号曲线和循环伏安曲线。（c）和（d）表面修饰有—COOH 和—NH_2 的 SiO_2 纳米粒子组装的 ITO 电极的 ECL 曲线和循环伏安曲线。（e）有序 SiO_2 纳米粒子、无序 SiO_2 纳米粒子修饰的 ITO 电极的模拟光散射强度曲线。（f）有序 SiO_2 纳米粒子、无序 SiO_2 纳米粒子和无纳米粒子修饰的 ITO 电极的 ECL 密度曲线。实验条件：0.1 mmol • L^{-1} 三丙基胺，20 μmol • L^{-1} $Ru(bpy)_3^{2+}$，0.1 mol • L^{-1} 三丙基胺磷酸盐缓冲溶液；pH 9.0[42]

图片引用经 American Chemical Society 授权

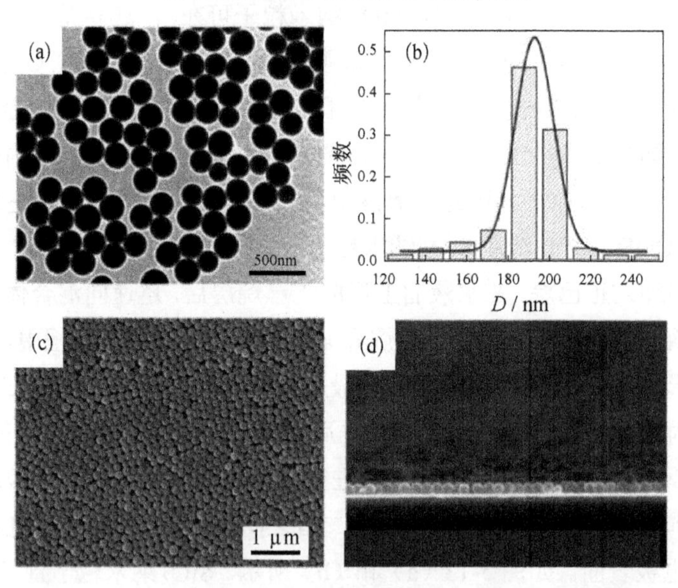

图 5-13 （a）和（b）SiO_2 纳米球的透射电镜表征图和直径分布图；（c）和（d）单层 SiO_2 纳米球修饰的 ITO 电极的正面和侧面扫描电镜表征图[42]

图片引用经 American Chemical Society 授权

5.3.1.3　$Ru(bpy)_3^{2+}$掺杂的 SiO_2 纳米粒子标记的免疫分析

由于 SiO_2 纳米粒子中可以包埋大量的 $Ru(bpy)_3^{2+}$ 分子，且稳定性好，可起到信号放大的作用，所以常用作免疫分析中的二级抗体的电化学发光信号的标记物。在有序的 SiO_2 纳米粒子单层修饰的 ITO 电极表面构建双抗体夹心结构，可用于检测待测抗原，如对急性心肌梗死疾病产生的心肌钙蛋白 I（cardiac troponin I，cTnI）的检出限为 5.6 fg・mL^{-1}[42]。一级抗体与 ITO 表面的单层 SiO_2 纳米粒子的结合通过酰胺键的形成来实现。SiO_2 纳米粒子表面带有酸酐基团，抗原表面带有—NH_2，经过 1-(3-二甲氨基丙基)-3-乙基碳二亚胺盐酸盐[1-(3-dimethylaminopropyl)-3-ethylcarbodiimide hydrochloride，EDC]和 NHS 试剂的活化，酸酐基团和—NH_2 发生缩合反应，形成酰胺键。这个过程中需要将 EDC、NHS 和一级抗体的混合液滴覆盖到单层 SiO_2 纳米粒子修饰的 ITO 电极表面，25℃的条件下孵育 2 h。随后用 pH 7.4 的磷酸盐缓冲溶液洗涤 ITO 电极，洗去未吸附在 ITO 电极表面的一级抗体。同样，用 3% BSA 溶液封闭一级抗体修饰的单层 SiO_2/ITO 电极，封闭电极表面的非特异性吸附位点。用磷酸盐缓冲溶液洗涤未被吸附的 BSA。然后，在一级抗体修饰的 SiO_2/ITO 表面滴加 10 μL 的 cTnI 待测液，孵育 2 h，用磷酸盐缓冲溶液洗涤。最后，将电极浸入至二级抗体修饰的 $Ru(bpy)_3^{2+}$ 掺杂的 SiO_2 纳米粒子溶液中，孵育 4 h，洗涤电极，在 0.1 mmol・L^{-1} 的 TPA 的 pH 9.0 的磷酸盐缓冲溶液中扫循环伏安，在 E=1.2 V 附近的电化学发光峰的峰值随待测溶液中 cTnI 的含量的升高而增加[图 5-14（a）]。电化学发光信号在 10 fg・mL^{-1}～1.0 μg・mL^{-1} 之间成线性，线性关系为 $I = 686\ \lg(c/\text{ng}\cdot\text{mL}^{-1}) + 4702$（$R^2$=0.994）[图 5-14（b）]。

$Ru(bpy)_3^{2+}$ 掺杂的 SiO_2 的制备与 $Ru(phen)_3^{2+}$ 掺杂的 SiO_2 的方法类似，在 Triton X-100、环己烷、$Ru(bpy)_3^{2+}$、正己醇的混合溶液中加入四乙氧基硅烷，搅拌均匀后加入氨水，诱导水解反应，反应 24 h 即可得到 $Ru(bpy)_3^{2+}$ 掺杂的 SiO_2 纳米粒子分散液。用丙酮进行沉淀分离，获得的沉淀通过离心采用异丙醇试剂洗涤干净，分散在异丙醇溶液中。然后用上述类似的方法，将 3-(三乙氧基)硅基丙基丁二酸酐加入到上述 SiO_2 纳米粒子异丙醇分散液中，85℃加热 24 h，此时 SiO_2 纳米粒子表面连接有—COOH 基团。离心洗涤表面 SiO_2 纳米粒子，分散在水中。通过 EDC 和 NHS 活化，将二级抗体连接到 $Ru(bpy)_3^{2+}$ 掺杂的 SiO_2 纳米粒子的表面。EDC 和 NHS 活性时间为 40 min，活化后再与二级抗体混合，室温反应 24 h。通过离心洗涤（8000 r/min），用 pH 7.4 的磷酸盐缓冲溶液洗涤 2 次，洗去未反应的二级抗体，收集 $Ru(bpy)_3^{2+}$ 掺杂的 SiO_2 纳米粒子。然后与 BSA 溶液混合 1 h，封闭 $Ru(bpy)_3^{2+}$

掺杂的 SiO_2 纳米粒子表面的非特异性活性位点，离心洗涤未吸附的 BSA，将修饰有二级抗体的 $Ru(bpy)_3^{2+}$ 掺杂的 SiO_2 纳米粒子分散在 pH 7.4 的缓冲溶液中。甲胎蛋白（alpha-fetoprotein，AFP）、BSA、肌红蛋白（myoglobin，Mb）、IgG 均不产生干扰，且稳定性较好[图 5-14（c）和（d）]。

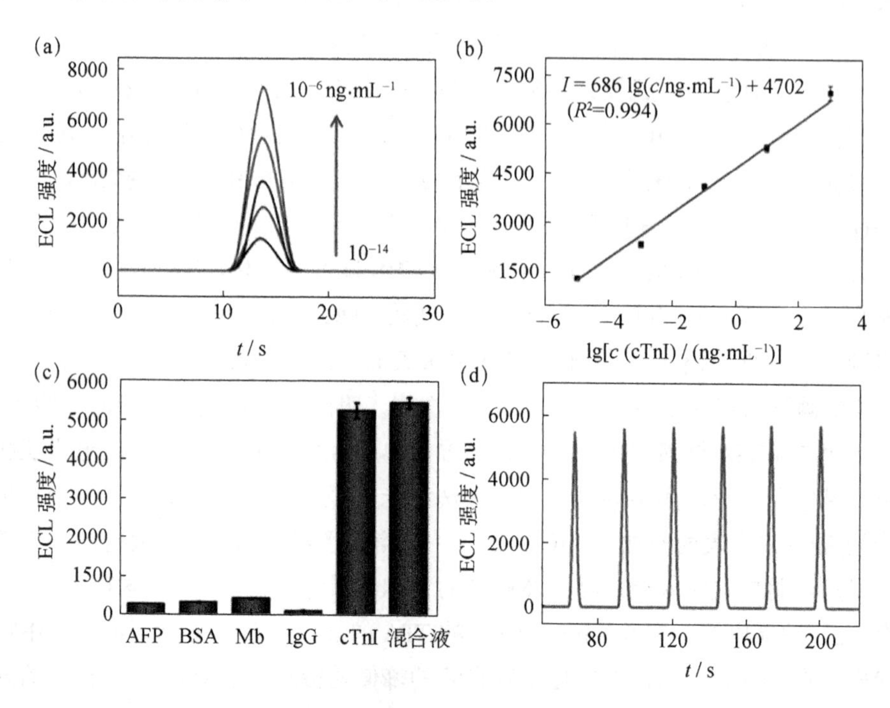

图 5-14 （a）和（b）不同浓度的 cTnI 对应的 ECL 曲线和线性工作曲线；（c）100 ng · mL^{-1} AFP、BSA、Mb、IgG、cTnI 和其混合溶液的 ECL 信号强度；（d）10 ng · mL^{-1} cTnI 的 ECL 稳定性测试实验。实验条件：0.1 mmol · L^{-1} TPA，磷酸盐缓冲溶液，pH 9.0 [42]

图片引用经 American Chemical Society 授权

5.3.1.4 碳纳米管包埋一级抗体的免疫分析试剂盒

碳纳米管具有良好的导电性，将其作为免疫分析试剂盒的导电基底材料可以实现抗原的电化学发光检测。采用磁性纳米粒子分离的方法，以荧光分析与比色分析检测手段，前列腺癌特异抗原（prostate specific antigen，PSA）的检出限分别为 14 fg · mL^{-1} 和 10 fg · mL^{-1} [43, 44]。对于癌标记物蛋白质细胞介素-8（protein interleukin-8，IL-8）的检测，采用 16-电极芯片可以实现检出限为 7 pg · mL^{-1} 的唾液中的样品的检测[45]。采用单壁碳纳米管作为基底材料，将其包埋在导电的检测试剂盒中[46]，然后利用单壁碳纳米管表面的—COOH 与 PSA 和 IL-6 的一级抗体表面的—NH_2 基团的缩合，实现 PSA 和 IL-6 的夹心法检测。如图 5-15 所示，以碳纳米管为基底，采用 $Ru(bpy)_3^{2+}$ 掺杂的 SiO_2 纳米粒子作为电化学发光信号的标记物，通过电感耦合器件（charge coupled device，CCD）相机收集电化学发光信号，检测的 PSA 和 IL-6 的检出限分别为 1 pg・mL^{-1} 和 0.25 pg・mL^{-1}。

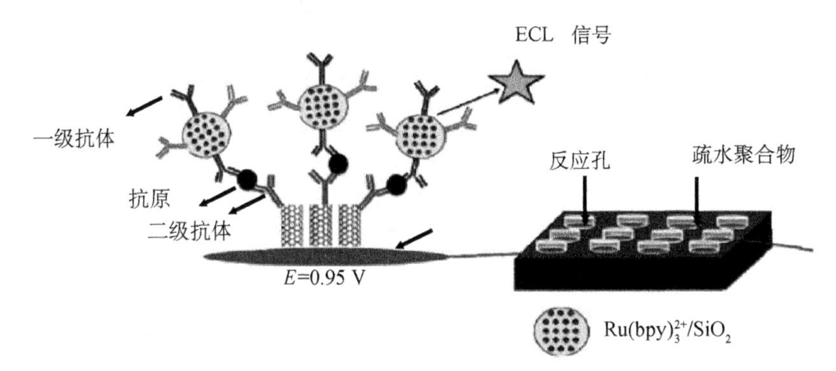

图 5-15　基于碳纳米管为基底和 $Ru(bpy)_3^{2+}$ 掺杂的 SiO_2 纳米粒子为标记物的电化学发光免疫检测试剂盒原理示意图[46]

图片引用经 American Chemical Society 授权

检测试剂盒的基底材料为裂解石墨，是一种很好的导电材料，基底的表面有多个直径为 2 mm 的圆底凹槽，凹槽的周边为不导电的疏水的聚丁二烯材料[46]。在裂解石墨基底表面，单壁碳纳米管在全氟磺酸聚合物（Nafion）和 $Fe(OH)_x$ 形成的薄膜中自发垂直排列，形成导电性好的有序的纳米阵列，进一步形成有序的抗体-抗原-被标记抗体的夹心结构。在含有 0.05% Tween 20、0.05% Triton-X 100 和 100 mmol・L^{-1} 三丙基胺的 pH 7.5 的磷酸盐缓冲溶液中，施加 0.95 V（*vs.* Ag/AgCl）电位，使用 CCD 相机收集信号 400 s，检测牛血清中的 PSA 和 IL-6 癌标记抗原。在单壁碳纳米管表面同时修饰 PSA 和 IL-6 的一级抗体，所以该种检测试剂盒适用于 PSA 和 IL-6 的检测。如图 5-16 所示，10 ng・mL^{-1}、0.4 ng・mL^{-1}、1.0 pg・mL^{-1} 的 PSA 的 ECL 成像的强度逐渐降低，2 ng・mL^{-1}、0.2 ng・mL^{-1}、0.1 pg・mL^{-1} 的 IL-6 的 ECL 成像的强度也逐渐降低，无抗原时 ECL 成像强度微弱，背景强度较低。将 ECL 强度转换为数值，绘制 ECL 强度随 PSA 和 IL-6 的浓度变化的曲线，能够检测约 1 pg・mL^{-1} 至 10 ng・mL^{-1} 范围的 PSA 和约 1 pg・mL^{-1} 至大于 2 ng・mL^{-1} 范围的 IL-6（n=4）。每个 $Ru(bpy)_3^{2+}$ 掺杂的 SiO_2 纳米粒子表面能够结合 26 个二级抗体，每个纳米粒子表面能够掺杂 5.9×10^5 个 $Ru(bpy)_3^{2+}$ 分子，所以 $Ru(bpy)_3^{2+}$ 掺杂的 SiO_2 纳米粒子起到信号放大的作用。

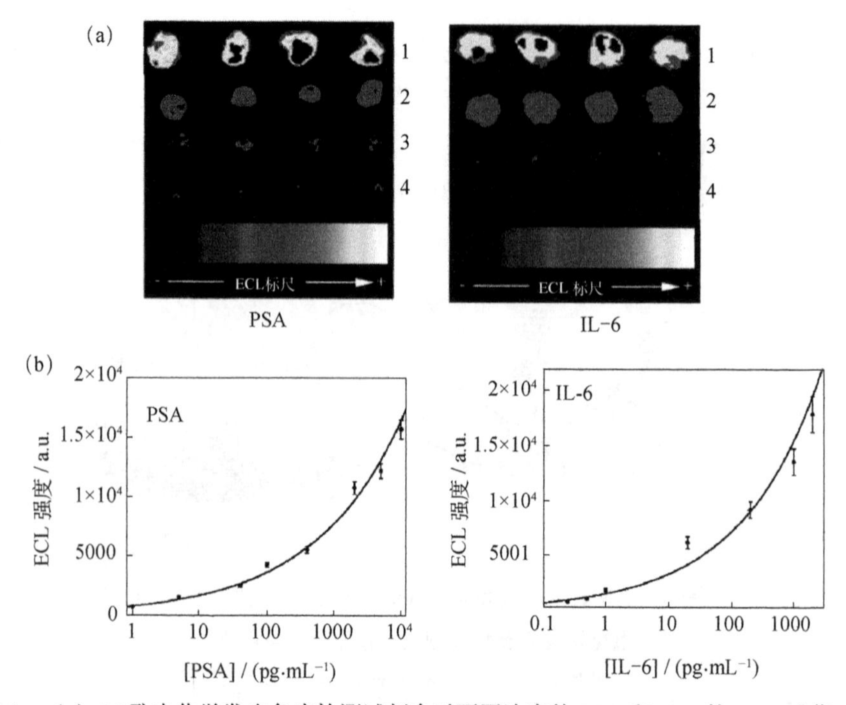

图 5-16 （a）16-孔电化学发光免疫检测试剂盒对不同浓度的 PSA 和 IL-6 的 CCD 成像，1～4 分别为 10 ng mL^{-1}、0.4 ng mL^{-1}、1.0 pg mL^{-1} 和 0 pg mL^{-1} PSA 或 2.0 ng mL^{-1}、0.2 ng mL^{-1}、0.1 pg mL^{-1} 和 0 pg mL^{-1} IL-6；（b）CCD 相机读取的 ECL 强度对 PSA 和 IL-6 的浓度曲线图[46]

图片引用经 American Chemical Society 授权

这种 ECL 检测试剂盒的检测结果与 ELISA 方法相比无差异（t 检验，可信度 95%）。如图 5-17 所示，针对 4 位（1～4 号）前列腺癌患者和两位（5～6 号）正常人的血清进行检测，只有 1 号患者的 IL-6 高于正常人，2～3 号患者的 IL-6 并未显示有显著的增高。对于 6 个样品的 PSA 检测，1～4 号患者的血清中的 PSA 均普遍高于 5 号和 6 号正常血清的含量，说明对于前列腺癌的检测，PSA 特异性癌标记物更有效。

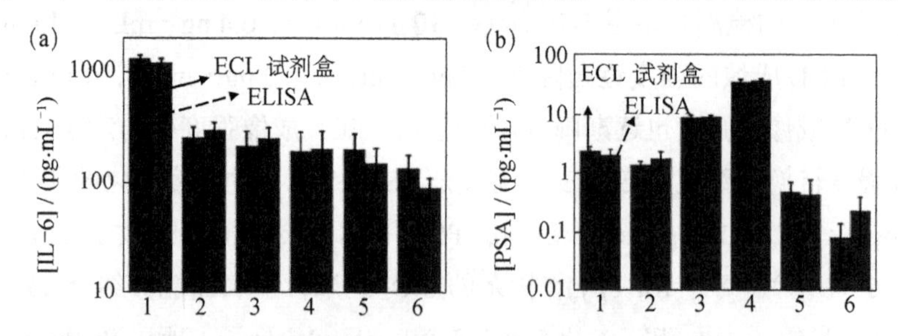

图 5-17 电化学发光免疫检测试剂盒和 ELISA 对 1～4 号前列腺癌患者和 5、6 号正常人的血清样品中的 IL-6（a）和 PSA（b）的检测[46]

图片引用经 American Chemical Society 授权

5.3.2　单细胞的电化学发光成像

癌细胞表面存在特殊的抗原识别位点，结合电化学发光分子标记的抗体后能够进行癌细胞的电化学发光成像，进而观察和诊断癌细胞的分布情况。通过在 ITO 表面进行光刻蚀构造双电极体系，在双电极的两端分别施加电压，一端发生还原反应，另一端发生氧化反应。如图 5-18（a）所示，在 3 mm×3 mm 大小的 ITO 导电玻璃上进行光刻蚀，两边的区域为导电区域，作为驱动电极，连接电源的正负极[47]。中间的空白区域为不导电部分，留有一个直径约 100 μm 的电极，电极的两端不与 ITO 两端的导电区域接触。双电极一端的驱动电极与电源的正极相连，发生还原反应，作为双电极的阴极端，被还原的分子为 $K_3Fe(CN)_6$。为了增强 ITO 电极导电性，在双电极的阴极端电镀一层 Au 纳米粒子，提高阴极端的还原电流，以此提高整个导电回路的电流。双电极的另一端的驱动电极连接电源的负极，发生氧化反应，作为双电极的阳极。采用 H_2O_2 和 NH_4OH 的混合水溶液对阳极端的 ITO 进行氧化，使其表面带有—OH，然后与 APTES 的乙醇溶液反应，使阳极表面带有氨基，然后滴加戊二醛溶液，干燥 30 min，在 ITO 阳极表面形成一层含有醛基的活化层。该活化层能够与 PSA 的一级抗体分子的氨基缩合，进而与 PSA 或表面附有 PSA 的前列腺癌细胞特异性结合，最后与表面吸附有二级抗体的 5 nm 的 Au 纳米粒子修饰的 $Ru(bpy)_3^{2+}$ 掺杂的 SiO_2 纳米粒子特异性结合，形成夹心结构［图 5-18（b）和（c）］。在 pH 7.4 的磷酸盐缓冲溶液中，$Ru(bpy)_3^{2+}$ 被氧化为 $Ru(bpy)_3^{3+}$，与 TPA 反应后形成激发态 $Ru(bpy)_3^{2+*}$，激发态回到基态，产生电化学发光。

直径为 100 μm 的电极的背景低，检测灵敏度较直径为 3 mm 的电极高。如果用光电倍增管对电化学发光进行检测，这种双电极体系能够检测 10 pg・mL^{-1}～50 ng・mL^{-1} 的 PSA，ECL 信号随 PSA 浓度的增加而增大［图 5-19（a）］[47]。在外加电压达到 3.7 V 时，ECL 强度达到最大值。取 ECL 最大值对 PSA 浓度的对数做曲线，可以获得线性工作曲线，$I = 1546.8\lg[PSA] + 5006.2$ ($R^2 = 0.997$)，检出限为 3.0 pg・mL^{-1}［图 5-19（b）］。如果采用 CCD 检测信号，可得到不同 PSA 含量的双电极阳极的发光强度。随着 PSA 含量的升高，双电极阳极的发光强度逐渐增大，成像越来越明显［图 5-19（c）］。将 ECL 成像转换为信号图，对 PSA 溶液浓度的对数做工作曲线，得到 $G = 17.8\log c_{PSA} + 27.5$ ($R = 0.997$) (S/N = 3)的线性方程，适用范围为 0.05～50 ng・mL^{-1}，检出限为 31 pg・mL^{-1}［图 5-19（d）］。CCD 检测的灵敏度与光电倍增管检测的灵敏度近似，但是仪器要求简单，且能够获得分子和细胞的成像信息。

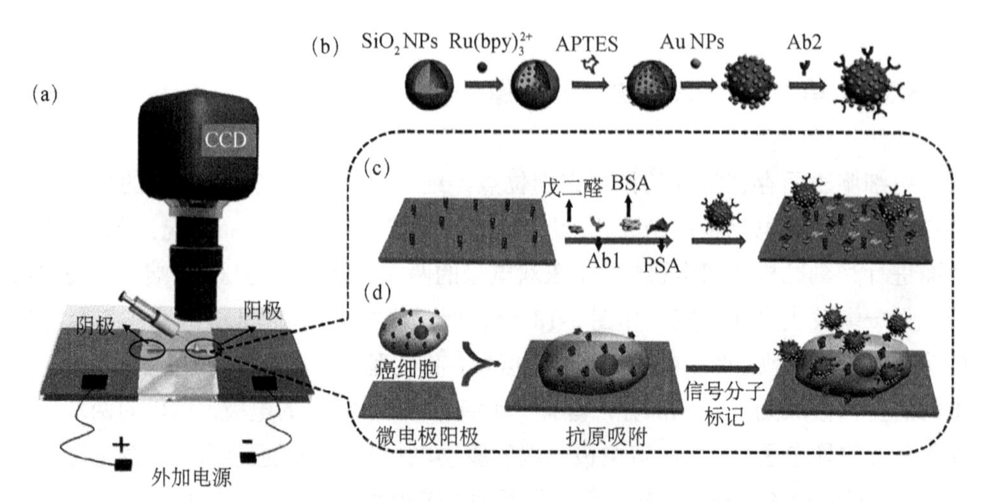

图 5-18 (a) 基于 CCD 检测终端和双电极结构的 ECL 成像原理示意图；(b) $Ru(bpy)_3^{2+}$ 掺杂的 SiO_2 纳米粒子的合成与 Au NPs 和二级抗体（Ab2）的修饰过程示意图；(c) PSA 的 ECL 成像检测原理图；(d) 前列腺癌细胞的 ECL 成像检测原理图[47]

图片引用经 American Chemical Society 授权

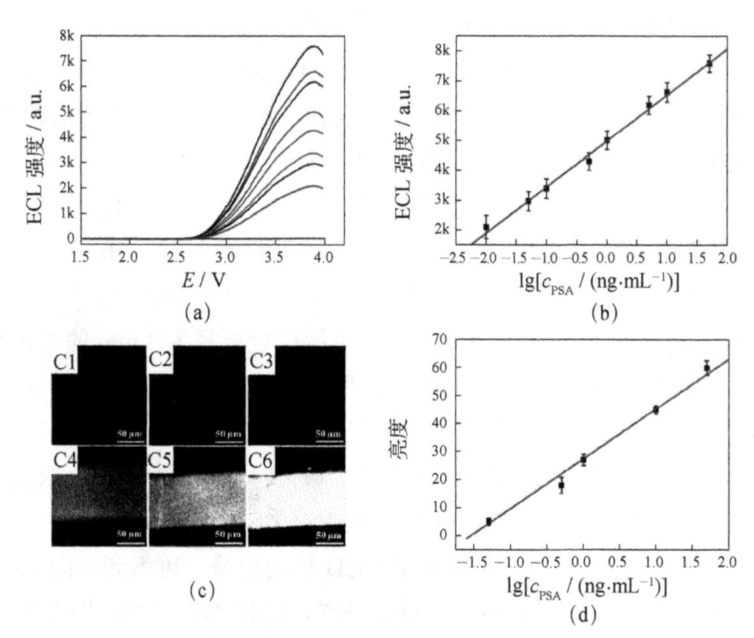

图 5-19 (a) 基于光电倍增管检测的不同 PSA 浓度（0～50.0 ng · mL^{-1}）的 ECL 曲线。(b) PSA 线性工作曲线。光电倍增管高压：−600 V。(c) 基于 CCD 为检测终端的不同浓度的 PSA 的 ECL 成像图。[PSA]=0 ng · mL^{-1}、0.05 ng · mL^{-1}、0.50 ng · mL^{-1}、1.0 ng · mL^{-1}、10.0 ng · mL^{-1} 和 50.0 ng · mL^{-1}。(d) PSA 线性工作曲线。CCD 曝光时间：5 s [47]

图片引用经 American Chemical Society 授权

图 5-20 为前列腺癌细胞和海拉（Hela）细胞的明场显微镜照片和 ECL 成像图[47]。明场显微镜下能够观察到两种细胞，而通过双极阳极部分的 ECL 成像，只有目标细胞前列腺癌细胞观测到，海拉细胞则观测不到。两种成像方式的细胞能够重叠，说明 ECL 成像的可靠性。

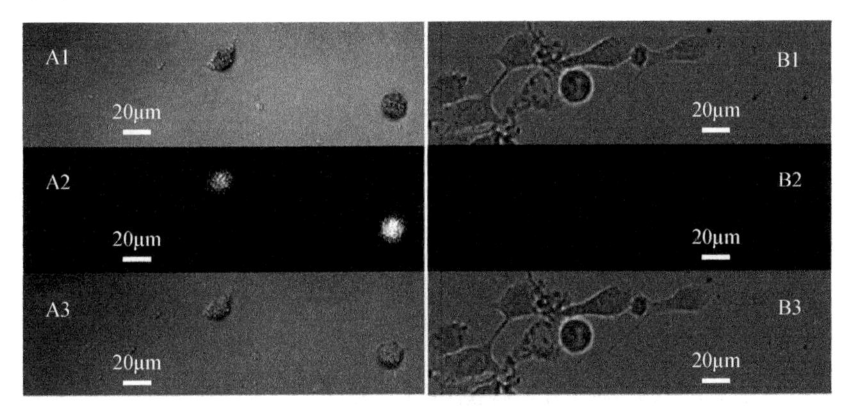

图 5-20　（A1～A3）前列腺癌细胞的明场成像、ECL 成像和叠加图；（B1～B3）海拉细胞的明场成像、ECL 成像和叠加图。CCD 曝光时间：30 s [47]

图片引用经 American Chemical Society 授权

阳极溶液的 pH、TPA 的浓度、$Ru(bpy)_3^{2+}$ 掺杂的 SiO_2 纳米粒子的直径均影响 ECL 信号。在 pH 为 7.4 的条件下，双电极阳极的 ECL 强度最大，pH 过高或过低将导致抗原和抗体蛋白的不稳定。在 TPA 浓度为 10 mmol · L^{-1} 时，ECL 强度不再增加，所以采用的检测条件为 10 mmol · L^{-1} TPA。ECL 强度随 Au 纳米粒子修饰的 $Ru(bpy)_3^{2+}$ 掺杂的 SiO_2 纳米粒子的直径的增加而先增加后降低，在掺杂的 SiO_2 纳米粒子的直径为 70 nm 时信号达到最大值。随着纳米粒子尺寸的增加，表面带有的 $Ru(bpy)_3^{2+}$ 分子越多，ECL 信号越强。但直径过大会导致电极的电阻过高，电流下降，ECL 信号降低。

这种基于双电极阳极的 PSA 的 ECL 成像检测的选择性很好，40 mg · mL^{-1} 人血清蛋白（human serum albumin，HSA）、10 mg · mL^{-1} 人免疫球蛋白 G（human immunoglobulin G，hIgG）、10 mg · mL^{-1} 人免疫球蛋白 E（human immunoglobulin E，hIgE）、40 pmol · L^{-1} 雌激素（estradiol，E2）和 4.0 mg · mL^{-1} 血小板衍生生长因子（platelet-derived growth factor BB，PDGF-BB）对 1.0 ng · mL^{-1} PSA 的 ECL 信号无干扰。且用循环伏安的方式连续扫 13 圈，相对误差在 3.0%～7.0% 的范围内。

思 考 题

1. $Ru(bpy)_3^{2+}$与$C_2O_4^{2-}$、$S_2O_8^{2-}$和 TPA 的 ECL 反应机理是什么，请用方程表达。

2. 常用的电化学发光反应试剂有哪些，请举出 4～5 例。

3. 举例说明免标记的 ssDNA 的 ECL 检测方法。

4. O_3与靛蓝分子间可发生什么反应，对于靛青分子与$Ru(phen)_3^{2+}$掺杂的SiO_2纳米球之间的 ECRET 有何影响。

5. SiO_2纳米球自组装单层修饰的 ITO 电极在$Ru(bpy)_3^{2+}$和 TPA 体系中的 ECL 增强的因素包括哪些，主要因素是什么？

6. 请简要分析 ECL 免疫分析检测试剂盒的原理。

7. ECL 信号的检测终端包括哪些，哪一种能够应用于细胞成像分析？

第6章　电化学生物传感器与微型化分析

本章要点

- 掌握现代电化学传感器的构建原理和应用。
- 掌握微型化电化学传感器装置的类别和构造。

6.1　现代电化学生物传感器的构建原理

传感器是把非电学物理量（如位移、速度、压力、温度、声强、光照度、浓度等）转换成易于测量、传输、处理的电学量（如电压、电流、电容等）的一种组件，起自动控制作用。根据检测原理可以分为化学传感器、压电传感器、光电传感器等多种。生物传感器为化学传感器的一种，以生物活性单元（如酶、抗体、核酸、细胞等）作为生物敏感基元，是对目标被测物具有高度选择性的检测器。因此本章重点介绍生物传感器的构建原理及其微型化装置。生物传感器是由固定化的生物敏感材料（识别元件）、理化换能器、信号放大装置构成的分析工具或系统。电化学生物传感器则通过施加恒电流、恒电压、扫描电压等方式引起化学反应的发生，并收集化学反应过程中产生的电流、电阻和电压等信号作为检测信号。电化学生物传感器是最早问世的一类生物传感器，其采用固体电极作为基础电极，将生物活性单元固定到电极表面，然后通过特异性识别作用和催化作用，使目标分子结合到电极表面并发生氧化还原反应或产生浓度的差异，从而引起基础电极的电势、电流、电阻或电容等可测量的电信号产生，从而对目标物质进行定量和定性的分析。

电化学生物传感器的研制源于 20 世纪 50 年代，包括隔离式氧电极、葡萄糖酶传感器、微生物传感器等，技术较为成熟，如市场化的血糖测试仪、生物需氧量（BOD）传感器、以葡萄糖酶电极为基础的人工肾脏。电化学生物传感器具有灵敏度高、易微型化、能够检测复杂样品优点，已广泛用于医疗保健、食品工业、农业和环境检测等领域。现代电化学生物传感器则是基于单分子层催化、高效纳米催化剂作为信号标记物的微型化、智能化的传感装置。

6.1.1 生物素–亲和素结合原理

酶作为催化活性单元，具有选择性高、催化活性高的优点。酶在电极表面的自组装单层结构有利于分子的精准测量和动力学结合参数的分析。酶在电极表面的自组装可以通过共价键和生物素-亲和素、抗原-抗体的特异性结合作用来实验，其中生物素-亲和素的亲和能力最高，亲和常数为 10^{15} mol · L^{-1}，比抗原-抗体的亲和常数至少高 1 万倍。

亲和素（avidin）是一种糖蛋白，在鸡蛋的卵白中大量存在。亲和素的总分子质量在 67 kDa 左右，其中糖的含量占 10%。亲和素由四个完全相同的次级单元组成，每一个次级单元能与一个生物素（biotin）特异性结合[图 6-1（a）]。其等电点 pI 为 10～10.5，可溶于水，性质稳定，耐热性好，不受浓度、pH 和有机试剂的影响。中性亲和素（Neutral Avidin）是去糖的亲核素，分子质量约为 60 kDa，pI 值为中性，与生物素的特异性结合能力更高，适用范围更广。

生物素则是具有两个环状结构的小分子，广泛分布于动植物组织中，常从含量较高的卵黄和肝组织中提取，分子量为 244.3。两个环状结构分别为咪唑酮环和噻吩环。其中，咪唑酮环是与亲和素结合的主要部位[图 6-1（b）]。噻吩环的 C_2 上连接有戊酸侧链，其—COOH 基团为连接酶、多糖、核酸的部位，并且能够进一步连接烷基链更长的结构，从而能够控制酶与电极之间的距离。如生物素的侧链末端与氨基己酸琥珀酰酯通过酰胺键缩合后，可形成长度为 22.3 Å 的烷基链[图 6-1（c）]；将聚合度为 12 的聚乙二醇链引入其中，可得到长度为 56 Å 的烷基链[图 6-1（d）]。两种长链分子末端的磺基琥珀酰为活性基团，可被一级胺取代，使酶连接到生物素的末端，完成酶在电极表面的自组装过程。

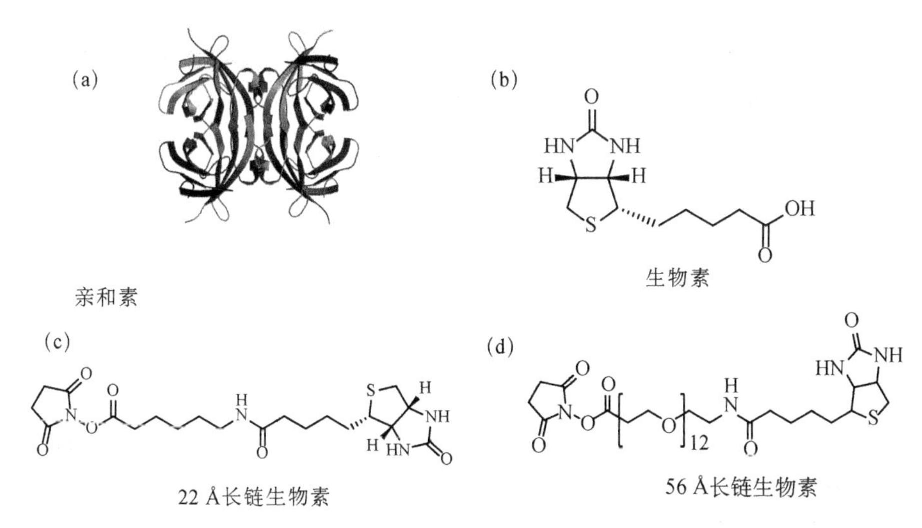

图 6-1　亲和素（英国皇家化学会蛋白质数据库，DOI: 10.2210/pdb1RAV/pdb）和不同链长生物素的结构

6.1.2　葡萄糖脱氢酶在玻碳电极表面的自组装

中性亲和素能够特异性吸附到碳材料如玻碳电极（glassy carbon electrode，GCE）和丝网印刷石墨电极（screen-printed carbon electrode，SPCE）表面，自发形成有序的单层结构。然后将生物素标记到酶如葡萄糖脱氢酶（glucose dehydrogenase，GDH）、HRP 生物活性单元表面，通过生物素与电极表面的中性亲和素有序单层的特异性结合作用，在电极表面形成酶的有序的单层排列。通过酶的活性测试测定电极表面实际的酶的覆盖量与酶在电极表面的理论覆盖量的数值接近［图 6-2（a）］[48]。

首先，将 5 μL 中性亲和素的磷酸盐溶液的液滴滴到 GCE 或 SPCE 的工作区域，孵育 2 h 后，洗去液滴，此时中性亲和素在电极表面自组装为单层结构。然后，用 BSA 封闭电极表面的非特异性结合位点。BSA 溶液在电极表面孵育 15 min 后即可洗去。最后将生物素标记的 GDH（bio-GDH）的含有 Ca^{2+}的 Tris-HCl 溶液滴到电极表面，4℃孵育 2 h，洗去液滴，即在 GCE 或 SPCE 表面构建单层酶分子。酶在 GCE 或 SPCE 表面的覆盖量可以通过利用比色法测定修饰液滴中剩余的 GDH 的浓度。如图 6-2（b）所示，GDH 与电极表面吸附前在液滴中的含量已知，吸附后在液滴中的含量则通过比色分析法测定。在 GDH 的催化下，吩嗪硫酸甲酯（phenazine methosulfate，PMS）氧化葡萄糖分子为葡糖酸内酯，其本身被加氢还原，

生成 $PMSH_2$，$PMSH_2$ 性质不稳定，不宜放置，且与 PMS 的摩尔消光系数差别不大，不宜作为分析对象[图 6-2（c）]。所以进一步用显色分子 DCPIP 将 $PMSH_2$ 氧化，其还原产物 $DCPIPH_2$ 在波长 600 nm 处无吸收，体系的吸光光度值下降，能够灵敏检测葡萄糖分子和酶的活性。基于此原理，将 5 μL 吸附后的电极表面的酶的液滴收集到 0.5 mL 的含有 Ca^{2+}的 Tris-HCl 缓冲溶液，然后与一定量的 PMS、DCPIP 和葡萄糖溶液混合，放置 5～10 min，测量混合溶液在 600 nm 波长处的吸光光度，与 GDH 的标准工作曲线比较，最后计算出 GDH 在电极表面的吸附量。根据比色分析法的测量结果，GDH 在电极表面的单位面积的吸附量为（1.1±0.1）pmol · cm^{-2}。以 GDH 的直径约为 4.5 nm 的参数计算，填充因子系数为 0.6，单位面积的 GDH 的最大吸附量为 1.5 pmol · cm^{-2}。采用生物素-亲和素特异性结合的方法吸附的单层 GDH 的数目是最大吸附数目的 75%。

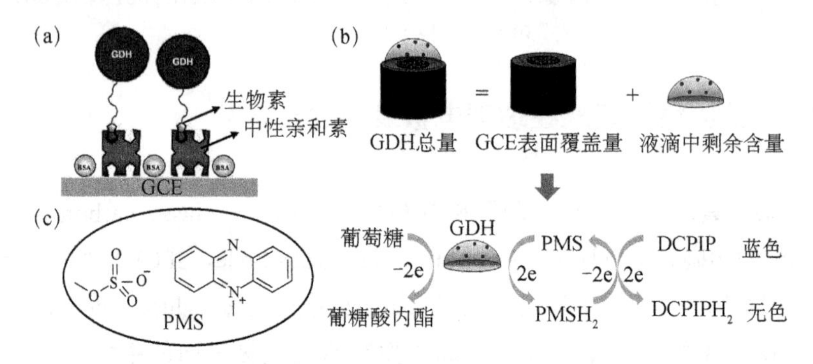

图 6-2 （a）基于生物素-亲和素结合的 GDH 在 GCE 表面的单层自组装原理示意图；（b）和（c）比色分析法测定 GDH 在 GCE 表面的吸附量的示意图，内插图为 PMS 分子结构式

6.1.3 空间位阻对酶催化活性的影响

将酶固定到电极的表面（异相催化）后，酶的催化活性会受到空间位阻的影响，催化活性较酶处于游离态时（均相催化）的催化活性低。如采用包埋的方法，无法确定电极表面酶的数目，所以不能够测出酶在催化过程中的各步反应速率常数和结合常数。而通过生物素-亲和素特异性结合的方式获得的单层酶分子的数目能够确定，所以能够定量分析酶的催化活性的变化。酶在催化的过程中通常遵循“乒乓反应”机制，即酶与底物分子结合，内部发生催化转换反应后，释放产物，在电子转移媒介体的作用下，酶恢复到原来的状态。然后酶才能与下一个底物分子结合，开始又一轮的催化反应。由于底物和产物是交替地与酶结合或从酶释放，就

像打乒乓球一样，故称“乒乓反应”。大多数酶催化底物时都有抑制效应，即溶液中底物浓度过高，酶没有恢复到原来的状态，就被底物分子结合，此时酶不能催化底物分子的反应，所以酶的活性被抑制。

以吡咯喹啉醌（pyrroloquinoline quinone，PQQ）型 GDH 为例，其是由两个结构完全相同次级单元组成的，能够催化葡萄糖脱氢，被氧化为葡糖酸内酯的生物活性单元，分子质量为 100 kDa。每一个次级活性单元内部存一个 PQQ 分子，作为酶的催化活性中心，参与葡萄糖氧化反应[图 6-3（a）和（b）][48]。PQQ 中心附近有一个 Ca^{2+}来稳定次级单元结构，在次级单元交界处各有两个 Ca^{2+}来稳定酶的结构，所以一个 GDH 分子中有两个 PQQ 活性中心和 6 个 Ca^{2+}。PQQ 分子能够接受两个电子和质子，被还原为吡咯喹啉酚类化合物（$PQQH_2$）。这个过程包括两个步骤：首先，PQQ 分子接受一个电子和质子，生成 PQQ 自由基还原过渡产物，即半醌自由基分子 PQQH˙，PQQH˙ 接受一个电子和质子，生成 $PQQH_2$[图 6-3（c）]。在 pH 7.0 的条件下，两个半反应的标准电极电势分别为 0.033 V 和−0.012 V。由于 PQQH˙ 不稳定，所以在反应前后主要以 PQQ 和 $PQQH_2$ 分子形式存在。

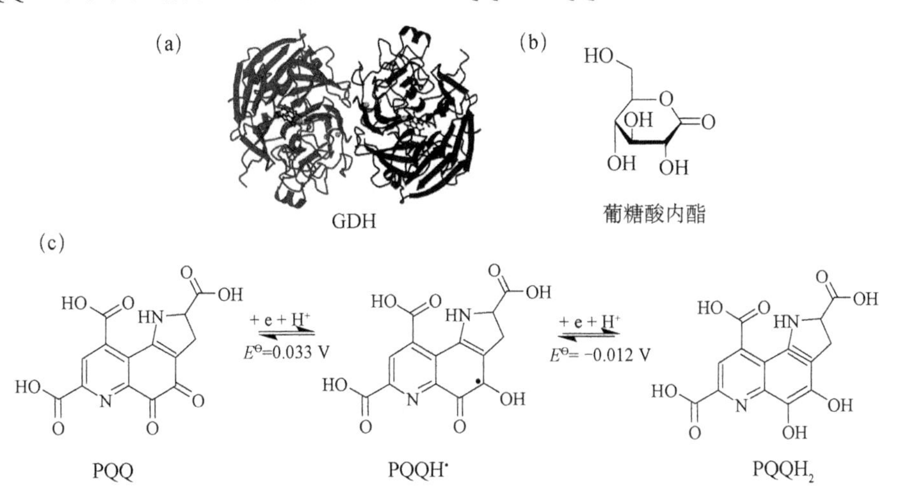

图 6-3　（a）和（b）GDH 和葡糖酸内酯结构；（c）PQQ 分子的氧化过程示意图[48]

图片引用经 American Chemical Society 授权

GDH 对于葡萄糖的脱氢反应的催化是一个多步骤的过程[49]。如图 6-4 所示，GDH 由两个次级单元组成，其辅酶中心为还原型时，被电子媒介体氧化，氧化型 GDH 与底物结合，将底物氧化，本身变为还原型，随后进一步被电子媒介体氧化，恢复为氧化型，继续下一轮反应。GDH 催化反应中，电子媒介体一般为甲醇基二茂铁（ferrocene methanol，FcMeOH）分子（$E^{\ominus}$=0.435 V），其在电极表面失去电子被氧化为甲醇基二茂铁阳离子，$Fc^{+}MeOH$。一般情况下，GDH 中只有一个次级单元参与反应，另一个次级单元或是以还原型存在、或是以氧化型存在、或是被底物分子占据但未反应。根据这几种情况，可以将催化反应分为三种类型。第一种适用于电子媒介体浓度较低时，此时 GDH 的两个次级单元均为还原型，其中一个还原型次级单元被 $Fc^{+}MeOH$ 氧化，变为氧化型，该分反应为二级反应，反应速率常数为 k_1，单位为 $L \cdot mol^{-1} \cdot s^{-1}$。氧化型次级单元与底物分子结合，这个反应为可逆反应，底物分子可脱离氧化型次级单元，正反应速率较快，逆反应速率较慢，速率常数分别为 k_2（二级反应，单位为 $L \cdot mol^{-1} \cdot s^{-1}$）和 k_{-2}（一级反应，单位为 s^{-1}）。第三步为分解反应，经过氧化型次级单元与底物结合物的内部转换，底物分子被氧化而脱离 GDH 次级单元，GDH 的次级单元则被还原，这一过程的反应速率常数为 k_3（一级反应，单位为 s^{-1}）。米氏常数 K_M 则为 $(k_{-2}+k_3)/k_2$，表示反应速率达到最大值的二分之一时对应的底物的浓度（单位为 $mol \cdot L^{-1}$），与酶的本身的性质有关，代表了酶与底物分子的亲和能力，K_M 越小，亲和力越强。这个反应中，电子媒介体被消耗，但电子媒介体在电极表面重新被氧化，所以最后消耗的是电能。

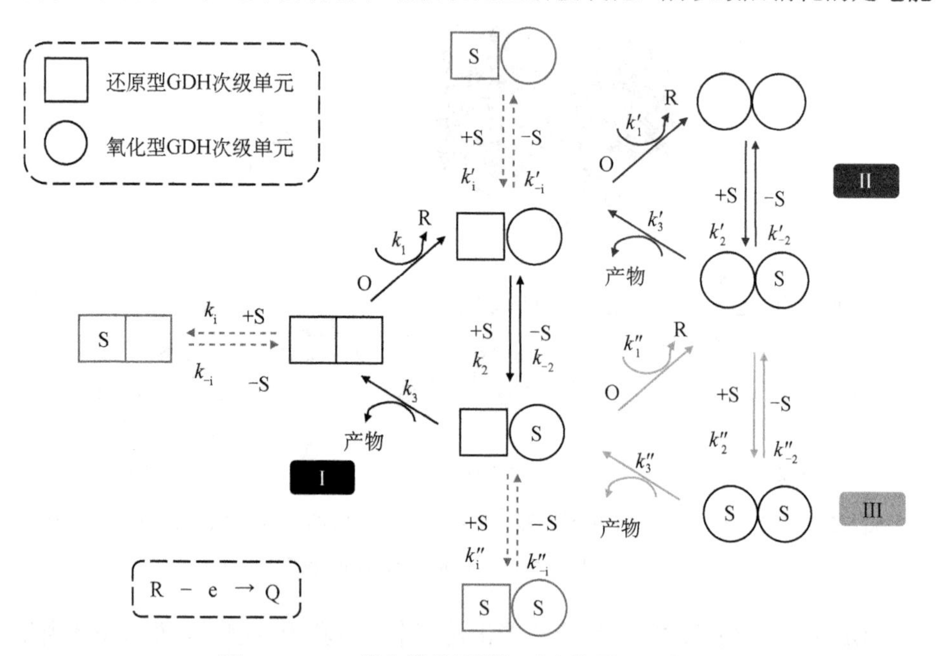

图 6-4 GDH 催化葡萄糖脱氢反应的原理示意图

S 代表底物（葡萄糖）、O 代表氧化型电子媒介体、R 代表还原型电子媒介体，产物为葡糖酸内酯

在电极媒介体为中等浓度时，催化反应为第二种类型。即 GDH 的两个还原型次级单元均被氧化，同时其中一个次级单元与底物可逆结合，同时底物与次级单元的

结合物发生内部转换，完成底物分子的脱氢反应。这一循环中的各步催化反应原理与第一个循环类似，各步分反应的反应速率常数分别为 k_1'（单位为 L·mol^{-1}·s^{-1}）、k_2'（单位为 L·mol^{-1}·s^{-1}）、k_{-2}'（单位为 s^{-1}）和 k_3'（单位为 s^{-1}）。这一循环中的米氏常数用 K_M'（单位为 mol·L^{-1}）表示。

在电子媒介体浓度非常高时，催化反应为第三种类型。即 GDH 的两个还原型次级单元均被氧化，其中一个次级单元被底物分子占据，不发生转换反应；另一个次级单元与底物可逆结合并发生转换反应，完成底物分子的脱氢反应，本身变为还原型次级单元。这一循环中的各步催化反应原理与第一个循环和第二个类似，各步分反应的反应速率常数分别为 k_1''（单位为 L·mol^{-1}·s^{-1}）、k_2''（单位为 L·mol^{-1}·s^{-1}）、k_{-2}''（单位为 s^{-1}）和 k_3''（单位为 s^{-1}）。这一循环中的米氏常数用 k_M''（单位为 mol·L^{-1}）表示。

在底物浓度过高时，GDH 的还原型次级单元被底物分子占据，此时 GDH 的另一个次级单元即使为氧化型也不能继续进行反应，该酶分子失去了催化活性，催化反应停止，酶的活性被抑制。还原型次级单元与底物结合的过程亦为可逆过程。根据另一个次级单元的状态，带有还原型次级单元的 GDH 的状态有三种：第一种为另一次级单元为还原型，第二种为另一次级单元为氧化型，第三种为另一次级单元为氧化型并与底物结合。这三种状态的 GDH 中的还原型次级单元与底物结合的正反应速率常数分别为 k_i、k_i' 和 k_i''，均为二级反应，单位为 L·mol^{-1}·s^{-1}。逆反应速率常数分别为 k_{-i}、k_{-i}' 和 k_{-i}''，均为一级反应，单位为 s^{-1}。三种情况的抑制反应的平衡常数分别用 K_i、K_i' 和 K_i'' 表示，分别等于 k_i / k_{-i}、k_i' / k_{-i}''、k_i'' / k_{-i}''，单位为 L·mol^{-1}。

在酶催化葡萄糖脱氢反应的过程中，第二个循环中的各步反应速率与第一个循环反应的速率常数相等。即另一次级单元只要没有被底物分子占据，则不影响另一个次级活性单元的催化反应。根据稳态近似模拟，即在催化反应中各种状态的 GDH 的浓度保持不变。当体系中电子媒介体分子的浓度（$[O]^0$）极低时，即 $[O]^0 < k_3 / k_1''$ 和 $[O]^0 < k_2[S]^0 / k_1'$，反应以第一种催化循环为主。根据稳态近似模拟，得到下列各反应速率常数、反应物浓度之间的关系式，

$$\frac{i_{pl}}{FS[Q]^0} = \sqrt{\frac{2k_1[E]^0 D_Q}{1+K_i[S]^0}}\sqrt{\frac{2}{\sigma}\left[1-\frac{\ln(1+\sigma)}{\sigma}\right]} \tag{6-1}$$

其中，

$$\sigma = k_1[Q]^0\left(\frac{1+K_i''[S]^0}{k_3}+\frac{K_M(1+K_i[S]^0)}{k_3[S]^0}\right) \tag{6-2}$$

式中，$[E]^0$ 为溶液本体 GDH 的浓度，mol·L^{-1}；$[Q]^0$ 为溶液本体电子媒介体的浓

度，mol・L^{-1}；$[S]^0$为溶液本体葡萄糖的浓度，mol・L^{-1}；D_Q为电子媒介体的扩散常数，等于 6.7×10^{-6} cm^2・s^{-1}；i_{pl}为催化反应不受扩散控制时的电流，A；F为法拉第常数，C・mol^{-1}；S为电极面积，cm^2。

向含有 GDH 和 FcMeOH 的溶液中加入不同浓度的葡萄糖分子，得到循环伏安曲线，当反应不受 FcMeOH 的扩散控制的影响时，电流只由酶的催化反应的速率决定，此时的循环伏安曲线为 S 形，获得 i_{pl}数值，使用的工作电极为 SPCE［图 6-5（a）］。固定 FcMeOH 浓度和 GDH 不变，不断增加葡萄糖的浓度，i_{pl}数值先增大后降低。以 lg i_{pl}对 lg$[S]^0$作图，得到抛物线形的曲线［图 6-5（b）］。在不同的 FcMeOH 浓度下测得 lg i_{pl}随 lg$[S]^0$的变化曲线，用于各步催化反应中的反应速率常数和平衡常数的计算。

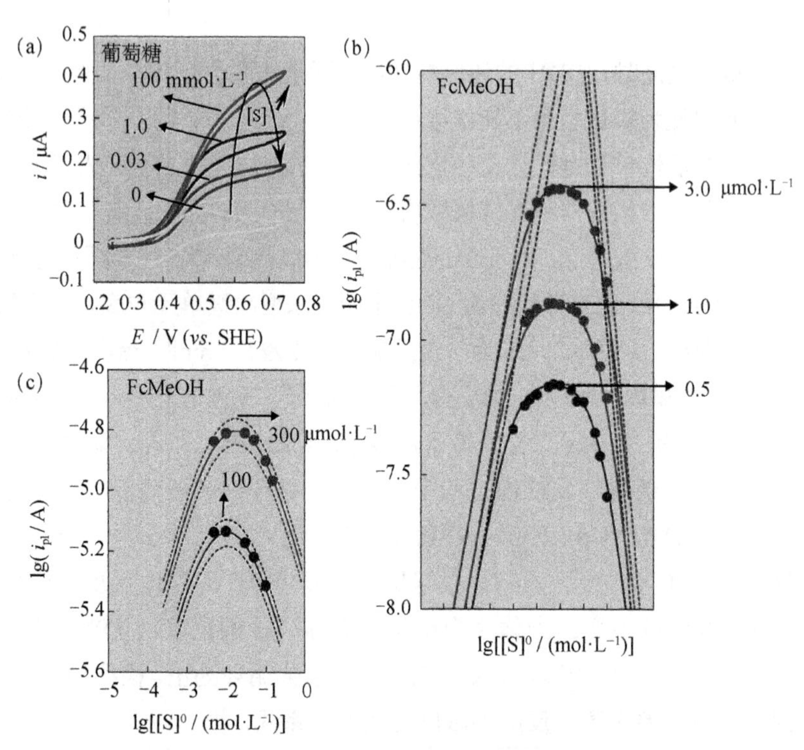

图 6-5 （a）SPCE 在含有 94 nmol・L^{-1} GDH、3.0 μmol・L^{-1} FcMeOH、1.0 g・L^{-1} BSA 和不同浓度的葡萄糖溶液中的循环伏安图；0.1 mol・L^{-1}磷酸盐缓冲溶液，pH 7.0。扫速为 0.1 V・s^{-1}；T为 20℃。（b）第一个循环催化模型中，不同 FcMeOH 下的 lg i_{pl}随 lg$[S]^0$的变化曲线。（c）第三个循环催化模型中，不同 FcMeOH 下的 lg i_{pl}随 lg$[S]^0$的变化曲线[49]

图片引用经 American Chemical Society 授权

在第一种类型的催化循环反应中，即电极媒介体浓度极低时，如 0.5 μmol・L^{-1}，

当$[S]^0 \to \infty$且抑制反应没有发生时，则有

$$1 + K_i[S]^0 \xrightarrow{[S]^0 \to \infty} 1 \tag{6-3}$$

$$\frac{i_{pl}}{FS} \xrightarrow{[S]^0 \to \infty} [Q]^0 \sqrt{2k_1[E]^0 D_Q} \sqrt{\frac{2}{\sigma}\left[1 - \frac{\ln(1+\sigma)}{\sigma}\right]} \tag{6-4}$$

其中

$$\sigma = \frac{k_1[Q]^0}{k_3} \tag{6-5}$$

此时，催化反应处于$\lg i_{pl}$随$\lg[S]^0$变化曲线的顶点部分。根据三种$[Q]^0$取值下的$\lg i_{pl}$随$\lg[S]^0$变化曲线的拟合，能够得到k_1和k_3的数值［图 6-5（b）］。

当$[S]^0 \to 0$时，催化反应处于$\lg i_{pl}$随$\lg[S]^0$变化曲线的上升部分，并有

$$\lg\left(\frac{i_{pl}}{FS}\right) \xrightarrow{[S]^0 \to 0} \lg\left(\sqrt[2]{D_Q[E]^0[Q]^0 \frac{k_3}{K_M}}\right) + \frac{1}{2}\lg[S]^0 \tag{6-6}$$

根据三种$[Q]^0$取值下的$\lg i_{pl}$随$\lg[S]^0$变化曲线的拟合，能够得到k_3 / K_M的比值，进而得到K_M。

当$[S]^0 \to \infty$且抑制反应发生时，催化反应处于$\lg i_{pl}$随$\lg[S]^0$变化曲线的下降部分，并有

$$\lg\left(\frac{i_{pl}}{FS}\right) \xrightarrow{[S]^0 \to \infty} \lg\left(\sqrt[2]{D_Q[E]^0[Q]^0 \frac{k_3}{K_i K_i''}}\right) - \lg[S]^0 \tag{6-7}$$

根据三种$[Q]^0$取值下的$\lg i_{pl}$随$\lg[S]^0$变化曲线的拟合，能够得到$K_i' K_i''$的值，根据第三类催化循环中的计算可得到K_i''，进而得到K_i。

对于第三类催化循环，即$[Q]^0 > k_3 / k_1''$和$[Q]^0 > k_{-2} / k_1''$，并有$[S]^0 > k_3' / k_2''$和$[S]^0 > k_{-2}' / k_2''$，如$[Q]^0$>100 μmol・L^{-1}，$[S]^0$>5.0 mmol・L^{-1}［图 6-5（c）］。根据稳态近似模拟，得到下列各反应速率常数、反应物浓度之间的关系式：

$$\frac{i_{pl}}{FS[Q]^0} = \sqrt{\frac{2k_1''[E]^0 D_Q}{1 + K_i''[S]^0}} \sqrt{\frac{2}{\sigma}\left[1 - \frac{\ln(1+\sigma)}{\sigma}\right]} \tag{6-8}$$

其中，

$$\sigma = k_1''[Q]^0\left(\frac{1}{k_3''} + \frac{K_M''}{k_3''[S]^0}\right) \tag{6-9}$$

其中，各分反应速率常数和平衡常数的计算类似以第一类催化循环中的各反应常数的计算过程，经过一系列的$\lg i_{pl}$随$\lg[S]^0$变化曲线的拟合，得到各反应循环中的速率常数和平衡常数，见表 6-1。在第三类催化循环中的内转换反应速率常数（k_3''），

大于第一类催化循环中的内转化速率常数（k_3），说明高二茂铁浓度有利于内转化反应的发生，这种现象称为酶的协同作用。

表 6-1 图 6-3 中所示的 GDH 催化葡萄糖脱氢反应的各种催化反应循环中的均相催化反应速率常数和平衡常数的数值[49]

	催化循环 I		催化循环III
k_1 /（L·mol^{-1}·s^{-1}）	（1.05±0.20）×10^8	k_1'' /（L·mol^{-1}·s^{-1}）	（1.10±0.15）×10^8
k_3 /s^{-1}	1500±300	k_3'' /s^{-1}	5000±1000
K_M /（mol·L^{-1}）	（4.68±1.8）×10^{-4}	K_M'' /（mol·L^{-1}）	（6.3±2.5）×10^{-3}
K_i /（L·mol^{-1}）	40±5	K_i'' /（L·mol^{-1}）	65±5

注：0.1 mol·L^{-1}磷酸盐缓冲溶液，pH 7.0；T=20℃。数据引用经 American Chemical Society 授权

当 GDH 固定到 SPCE 表面时，由于空间位阻的影响，各步催化反应速率常数和平衡常数会发生变化。在实验中发现，GDH 固定在 SPCE 表面时，第三类催化循环中很难获得 i_{pl}，即反应一直受电极媒介体扩散控制，各步反应的速率常数、平衡常数、反应物浓度和扩散系数之间的关系十分复杂。对于第一类催化循环反应，能够获得 i_{pl}（图 6-6），根据稳态平衡模拟，可以得到，

$$j_{pl} = 2F \frac{\Gamma^0_{GDH}}{\dfrac{1}{k_3} + \dfrac{K_M}{k_3[S]^0} + \dfrac{1}{k_1[O]^0} + \dfrac{K_i[S]^0}{k_1[O]^0}} \tag{6-10}$$

式中，j_{pl} 为催化反应不受扩散控制时的电流密度，A·cm^{-2}；Γ^0_{GDH} 为 GDH 在 SPCE 电极表面自组装为饱和单分子层时的单位面积吸附量，为$(1.1\pm0.1)\times10^{-12}$ mol·cm^{-2}。

根据一系列的近似计算，可以得到 GDH 在 SPCE 自组装为单层时的第一类催化反应循环中的各步反应的反应速率常数、平衡常数，与均相催化相比，GDH 的次级单元被电子媒介体氧化的反应过程中的反应速率常数 k_1 降低约 50%，说明空间位阻抑制电子媒介体与酶次级单元之间的电子转移过程（表 6-2）。内转化速率常数 k_3 保存不变，米氏常数 K_M 略有升高，说明空间位置使 GDH 次级单元与底物结合能力略微下降，但影响不大。抑制平衡常数 K_i 基本不变。由于 GDH 需要与 SPCE 表面的亲和素吸附，所以 GDH 需要修饰生物素基团才能在电极表面自组装。因此，异相催化中的酶的催化性质需要与 bio-GDH 的均相催化性质相比，在生物素连接到 GDH 后，根据均相催化反应的测量，k_1 和 k_3 保持不变，酶与底物的亲和能力略有降低。

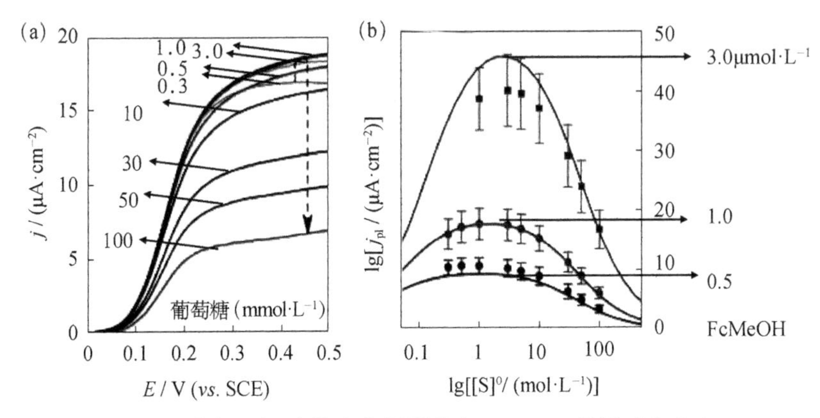

图 6-6 （a）SPCE 通过亲和素–生物素作用覆盖有 bio-GDH 单层时在含有 1.0 μmol • L^{-1} FcMeOH 和不同葡萄糖浓度的溶液中的循环伏安曲线。实验条件：0.1 mol • L^{-1} Tris-HCl，pH 7.5；3.0 mmol • L^{-1} $CaCl_2$；扫速：0.1 V • s^{-1}；T=20℃。（b）不同 FcMeOH 浓度下的 lg j_{pl} 随 lg$[S]^0$ 的变化曲线[48]

图片引用经 American Chemical Society 授权

表 6-2 GDH 的均相催化以及 bio-GDH 的均相催化和异相催化反应中的反应速率常数和平衡常数的数值[48]

	GDH（均相催化）	bio-GDH（均相催化）	bio-GDH（异相催化）
k_1 /（L • mol^{-1} • s^{-1}）	（1.9±0.3）×10^8	（1.8±0.5）×10^8	（9.5±2.0）×10^7
k_3 /s^{-1}	1500±300	1500±3000	1500±400
K_M /（mol • L^{-1}）	（2.7±0.5）×10^{-4}	（4.8±1.2）×10^{-4}	（7.3±0.9）×10^{-4}
K_i /（L • mol^{-1}）	52±6	24±2	30±4
k_i'' /（L • mol^{-1} • s^{-1}）	（3.3±0.6）×10^8	（2.7±0.3）×10^8	—
k_3'' /s^{-1}	6000±1000	5000±1000	—
K_M'' /（mol • L^{-1}）	（4.7±0.3）×10^{-3}	（9.6±3.2）×10^{-3}	—
K_i'' /（L • mol^{-1}）	127±20	53±13	—

注：0.1 mol • L^{-1} Tris-HCl，pH 7.5；3.0 mmol • L^{-1} $CaCl_2$；T=20℃。数据引用经 American Chemical Society 授权

6.1.4 辅酶因子的在线检测

GDH 一般通过相关的基因在大肠杆菌中表达而获得。不含有辅酶 PQQ 的 GDH（apo-GDH）也可通过基因表达获得。apo-GDH 不具有催化活性，但与 PQQ 结合后，催化活性恢复。通过电化学方法，可以监测在 GCE 表面的饱和单分子层 apo-GDH 与溶液本体中的 PQQ 的结合过程。如图 6-7（a）所示，apo-GDH 通过连接的生物素与亲和素特异性结合作用，在 GCE 表面自组装为饱和单分层，溶液中的 PQQ 向电极扩散，不断与电极表面的 apo-GDH 结合，在一定浓度的葡萄糖和电子媒介体的 Tris-HCl 缓冲溶液中，通过循环伏安方法检测的催化电流随反应的不断

进行而逐渐增大[图 6-7(b)]。这一过程遵循朗缪尔吸附规则，即 apo-GDH 与 PQQ 结合是一个可逆的过程，正反应即为吸附反应，为二级反应，反应速率常数用 k_a（单位为 $L \cdot mol^{-1} \cdot s^{-1}$）表示。逆反应即为脱附反应，为一级反应，反应速率常数用 k_d（单位为 s^{-1}）表示。反应达到平衡时，平衡常数 K（单位为 $L \cdot mol^{-1}$）为 k_a / k_d。所以，当反应达到平衡时，电流不随时间变化，平衡时的电流不再随时间变化，电极表面的 GDH 含量不再增加，电流达到最大值。

在 PQQ 浓度较低的条件下，平衡时 GCE 表面在线形成的 GDH（Γ_{GDH}）占总 GDH（Γ^0_{GDH}，为 1.1×10^{-12} $mol \cdot cm^{-2}$）的比例值与 PQQ 浓度成正比，进而能够绘制 PQQ 检测的线性工作曲线，通过这种方法能够检测 0～50 $pmol \cdot L^{-1}$ 的 PQQ，检出限为 12 $pmol \cdot L^{-1}$[图 6-7（c）]。根据朗缪尔吸附模型的理论拟合，可以得到吸附速率常数 k_a $=2.0\times10^6$ $L \cdot mol^{-1} \cdot s^{-1}$、平衡常数 $K=2.4\times10^{10}$ $L \cdot mol^{-1}$。拟合后得到的 $\Gamma_{GDH} / \Gamma^0_{GDH}$ 值高于实验值，说明在实际的 aop-GDH 和 PQQ 的结合过程中，结合速率低于理论值。这种辅酶因子 PQQ 的灵敏检测可用于免疫分析中，即将 PQQ 包埋在聚合物形成的纳米球中作为信号标记物，在夹心式抗体-抗原-抗体结构形成后，使 PQQ 从聚合物纳米球中脱离，然后采用上述的基于电极表面的酶的在线形成的方法检测脱离的 PQQ 的含量，进而检测待测抗原浓度。

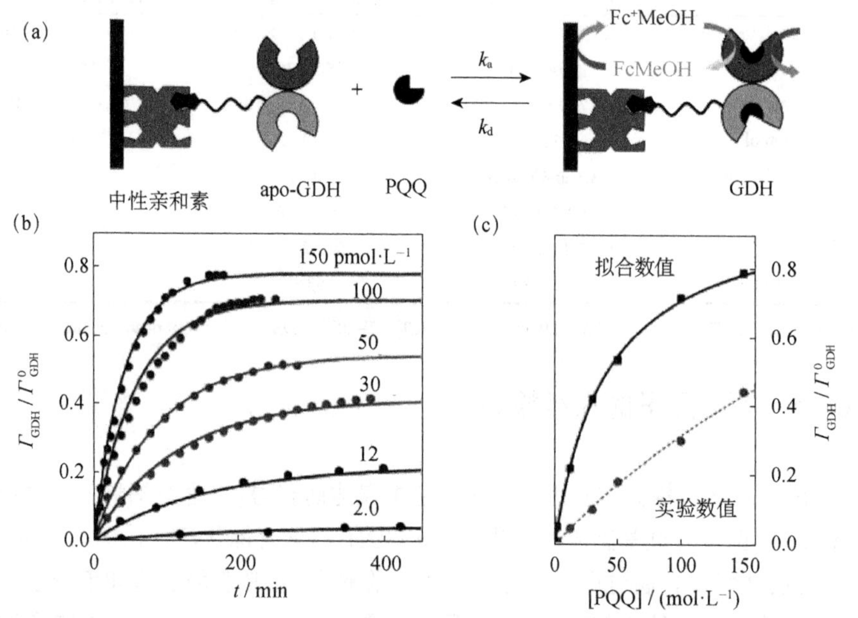

图 6-7 （a）GCE 表面的饱和单分子层 apo-GDH 与溶液中的 PQQ 结合过程示意图。（b）不同 PQQ 浓度的电极表面形成的 GDH 比例值随时间变化曲线。实验条件：0.1 $mol \cdot L^{-1}$ Tris-HCl，pH 7.5；0.3 $mmol \cdot L^{-1}$ 葡萄糖；1.0 $\mu mol \cdot L^{-1}$ FcMeOH；3.0 $mmol \cdot L^{-1}$ $CaCl_2$；T=20℃。（c）t=40 min 时 GCE 表面在线形成的 GDH 比例值随 PQQ 浓度的变化曲线和拟合曲线[48]

图片引用经 American Chemical Society 授权

6.2 微型化电化学传感器

传统的电化学传感器中的三电极为独立的电极，需要 1 mL 以上的电解液，每次只能检测一个样品，不能够实现快速的分析检测。随着电子技术和制造业的发展，打印电极已成为主流发展趋势。通过丝网印刷和模板打印技术等将碳浆和银浆打印在带有固定图案的聚丙烯（polypropylene，PP）等塑料、陶瓷或层析纸基底上，制作三电极回路。如图 6-8（a）所示，SPCE 的工作电极和对电极区域的导电材料为石墨，参比电极区域的导电材料为银。检测时只需 50 μL 左右的样品溶液即可，有利于样品的痕量分析。结合现在发展起来的掌上型电化学工作站，如上海辰华仪器有限公司生产的 1242C 型电化学分析仪，实现了便携式电化学检测装置的构筑[图 6-8（b）]。

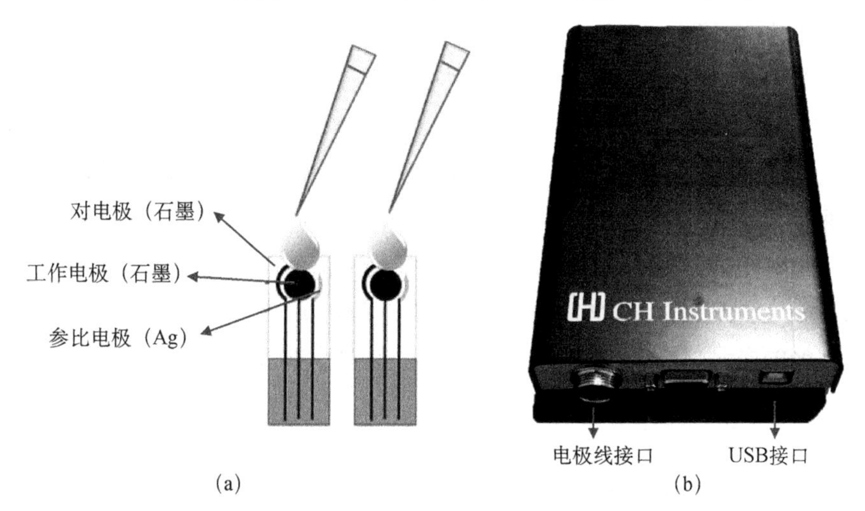

图 6-8 （a）SPCE 的结构示意图；（b）1242C 型辰华电化学工作站，长×宽×高=17 cm×11 cm×3 cm

6.2.1 层析纸微型化电化学传感器

层析纸能够作为模板用于三电极的打印。如图 6-9（a）所示，首先，将蜡涂抹到层析纸上，随后在 120℃的烘箱中加热 25 s 使蜡熔化，渗透到层析纸中，起到防水的作用[50]。然后，将层析纸粘到照片纸的背面，使层析纸具有一定的韧性，并剪成长×宽为 2 cm×5 cm 的长方形薄片。随后，采用制图软件绘制工作电极、参比电极和对电极的图形，并用激光裁剪透明的塑料模板，模板上留有供打印的三电极的空白区域。然后将模板置于打蜡的层析纸上，采用打印机将导电碳浆喷到层析纸上，空气中干燥 14 h，去掉模板，就会得到三电极结构的印刷电极。工作电极、参比电极和对电极均为导电碳墨。

采用 Au 与银元素之间的伽伐尼取代反应、银在电极表面的沉积和银的溶出伏安氧化来检测电极表面银纳米粒子的含量。因此，Ag 纳米粒子可以作为电化学信号标记物，进行抗体或抗原的检测[51]。脑钠肽作为心力衰竭疾病的生物标记物，是重要的检测对象。血清中含有 116 pmol・L^{-1} 以上的脑钠肽说明患有心力衰竭的风险。尽管检测脑钠肽的方法种类较多，但采用便携式的电化学检测装置的研究较少。所以以层析纸印刷电极、银纳米粒子为标记物来检测脑钠肽。首先，在层析纸印刷电极的工作电极端施加还原电压（−0.6～0 V，2 s，参比电极为碳墨），使 Au 纳米粒子沉积到工作电极表面，待用。在修饰有亲和素的磁珠的表面吸附生物素连接的抗体，然后与待测抗原结合后，通过磁性分离洗涤，随后与标记有银纳米粒子的抗体结合[图 6-9（b）]。磁珠的直径约为 2.5 μm，银纳米粒子的直径约为 100 nm[图 6-9（c）]。然后，利用磁铁将表面有夹心结构的磁性纳米珠固定到层析纸电极的工作电极区域，即完成了便携式抗原检测传感装置的构建[图 6-9（d）]。施加氧化电位（0～0.8 V，12 s），氧化 Au 原子为 Au(Ⅲ)离子。在这个过程中 Au(Ⅲ)离子扩散到磁珠表面的银纳米粒子处，氧化银原子为 Ag(Ⅰ)离子。随后立即施加还原电位（−0.7～0 V，50 s），使 Ag(Ⅰ)被还原为银原子，在电极表面沉积。上述过程进行两次。然后施加氧化电位（−0.7～0.2V，50 s），使银原子被氧化，在阳极析出。析出峰的电量与待测抗原的含量成正比，能够检测 0.58～2.33 nmol・L^{-1} 的脑钠肽，检出限为 116 pmol・L^{-1}[图 6-9（e）]。

6.2.2 柔性可穿戴化学传感器

柔性可穿戴化学传感器的兴起源于柔性导电性材料合成技术的发展。最早研究的柔性导电材料包括硅纳米线、导电聚合物，应用于柔性可拉伸的电子器件中，如人造皮肤、视网膜、心脏瓣膜、电子显示屏等[52-54]。近年来，金属纳米线如 Ag、Cu、Au 以及石墨烯逐渐应用于柔性导电薄膜材料中。通常与聚合物混合交联，形成透明的薄膜。相对于硅纳米线和导电聚合物，金属纳米线和石墨烯具有制作成本低的优点，成为研究热点。在柔性导电材料基底构建化学类的传感器，能够直接用于人体器官皮肤和牙齿表面的汗液或唾液中化学成分的检测。

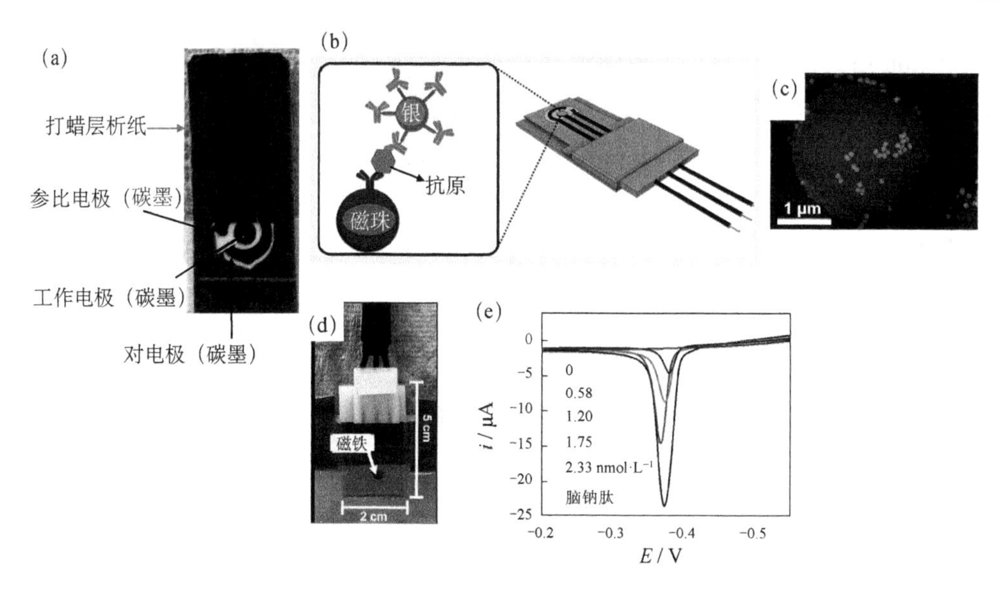

图 6-9　(a) 层析纸印刷电极结构示意图；(b) 磁珠表面抗体-抗原-抗体夹心结构示意图；(c) 标记有银纳米粒子的磁珠的扫描电子显微镜图；(d) 封装的层析纸的反面图像；(e) 银的阳极溶出伏安电流随脑钠肽浓度的变化[50]

图片引用经 American Chemical Society 授权

加州伯克利分校的电子工程与计算机科学系、加州大学圣地亚哥分校电子和计算机工程系、北京科技大学、中国科学院半导体研究所的研究人员在柔性可穿戴化学传感器方面做了大量的研究工作，主要应用于汗液中化学成分的检测[53, 55, 56]。其原理是通过丝网印刷方法在柔性塑料基底表面构建乙醇柔性可穿戴传感器，通过电渗流的方法和匹罗卡品药物刺激皮肤分泌汗液，用于酒精中毒状况确认[55]。电极的构造如图 6-10（A）所示，整体为双电极体系，施加外加电流 0.6 mA • cm^{-2}、5 min 后，匹罗卡品药物渗透到皮肤中，使汗液分泌到皮肤表面。电渗透系统的阳极为检测葡萄糖的三电极体系，分别为工作电极、对电极和参比电极。工作电极和对电极均为含有普鲁士蓝（Prussian blue、PB、$Fe_4[Fe(CN)_6]_3$）还原剂的碳墨。工作电极表面修饰有乙醇氧化酶，在乙醇氧化酶的催化下，乙醇被空气中的氧气氧化，同时产生 H_2O_2。H_2O_2 氧化普鲁士蓝为铁氰化铁，在外加电位为−0.2 V (*vs.* Ag/AgCl)时，铁氰化铁在电极表面被还原，根据还原电流的大小检测汗液中乙醇的浓度[图 6-10（B）]。在 pH 7.0 的磷酸盐缓冲溶液中，取计时安培曲线中 60 s 时间点的电流值，对溶液中乙醇的浓度做工作曲线，在 0～30 mmol • L^{-1} 的范围内呈线性，灵敏度为（0.362±0.009）μA • L • $mmol^{-1}$，能够满足汗液中乙醇检测的要求[图 6-10（C）]。将柔性传感器置于皮肤表面，在饮入 150 mL 和 300 mL 的红酒 20 min 后，检测汗液中乙醇的浓度，分别为 7.6 mmol • L^{-1} 和 18.9 mmol • L^{-1}［图 6-10（D）和（E）］。汗液中乙醇在线检测的线性范围为 0～18.3 mmol • L^{-1}。可通过蓝牙传递在电脑端进行检测（蓝牙 4.0，频率 1 Hz），在饮入 360 mL 啤酒后，对两个人的汗液进行在线检测，结果分别为 14.9 mmol • L^{-1} 和 7.9 mmol • L^{-1}，但该结果与每个人的体质相关，目前还不能用于实际的应用检测中（图 6-11）。

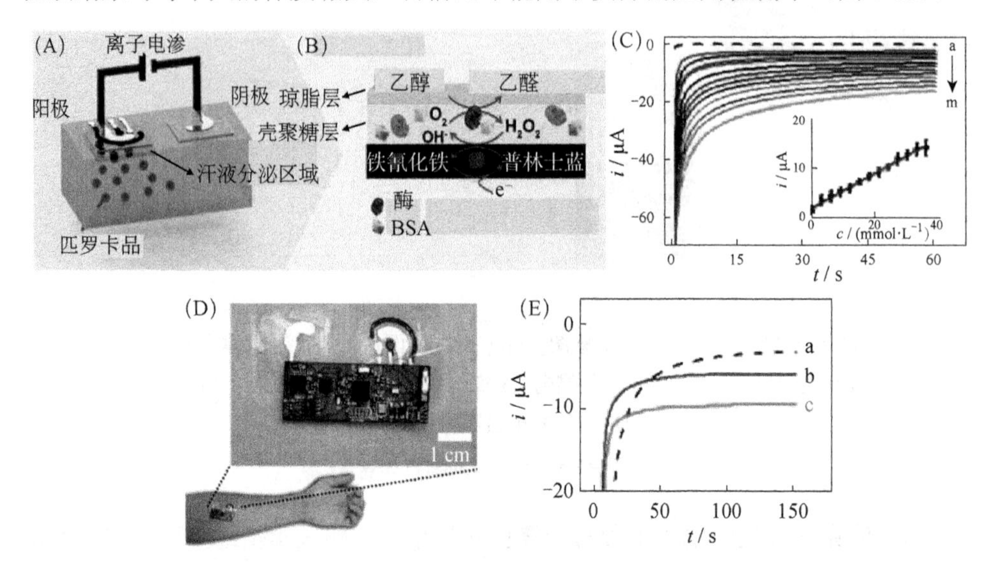

图 6-10 （A）离子电渗电流示意图。（B）阳极表面汗液中乙醇检测原理示意图。（C）阳极在不同浓度的乙醇溶液中的计时安培曲线。（a→m）0～36 mmol • L^{-1} 乙醇，梯度为 3 mmol • L^{-1}。插图：线性工作曲线。外加电压：−0.2 V *vs*. Ag/AgCl；pH 7.0 磷酸盐缓冲溶液。（D）皮肤表面的柔性传感器的实物图。（E）在饮入 150 mL（B）和 300 mL（C）的红酒 20 min 后汗液中的乙醇检测，并与（A）未饮入红酒比较[55]

图片引用经 American Chemical Society 授权

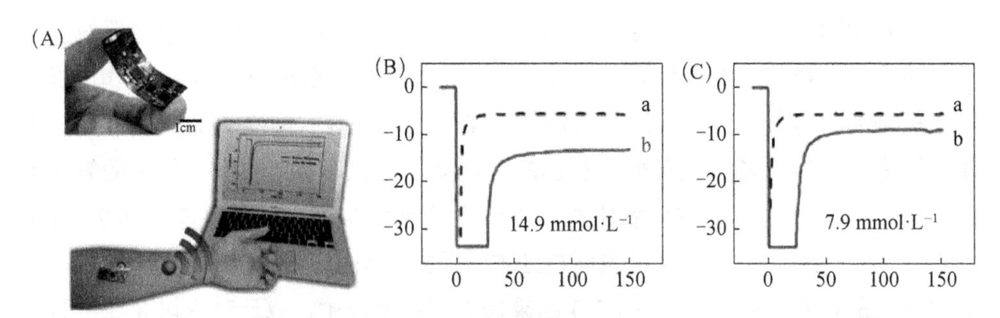

图 6-11 （A）蓝牙检测示意图。（B）未饮入啤酒（a）和饮入 360 mL 啤酒后（b）的人体 1 的汗液中的乙醇检测。（C）未饮入啤酒（a）和饮入 360 mL 啤酒后（b）的人体 2 的汗液中的乙醇检测。外加电压：−0.2 V *vs*. Ag/AgCl[55]

图片引用经 American Chemical Society 授权

思　考　题

1. 简述通过生物素和亲和素特异性结合在玻碳电极或丝网印刷电极表面自组装葡萄糖脱氢酶的原理与过程。

2. 如果采用比色分析法测定吡咯喹啉醌型葡萄糖脱氢酶单层在玻碳电极或丝网印刷电极表面的吸附量，简述比色反应原理。

3. 请画出电子媒介体浓度低、中、高时的吡咯喹啉醌型葡萄糖脱氢酶的催化反应机理图，并简述说明各反应步骤。

4. 举例说明基于层析纸为基底的打印电极的制备方法。

5. 举例说明基于离子电渗方法检测汗液中的有效成分的原理和电极构造图。

第 7 章　扫描探针显微镜分析技术

本章要点

- 了解扫描探针显微镜技术的种类和工作原理。
- 掌握其在分子的结构表征、二维材料的结构表征等方面的应用。

扫描探针显微镜技术主要指基于探针与基底之间的相互作用为检测信号的一类分子和材料的结构和形貌的表征方法。根据探针与基底之间的作用原理不同，扫描探针显微镜技术可以分为原子力显微镜、扫描隧道显微镜和扫描电化学显微镜。

7.1　原子力显微镜技术

7.1.1　原子力显微镜技术的原理

7.1.1.1　原子力显微镜的工作原理

原子力显微镜利用原子之间的范德瓦耳斯力作用来呈现样品的表面特性。当两个原子距离较近时（通常小于两个原子半径的和），二者之间的范德瓦耳斯力以排斥力为主，随着两个原子的相互靠近，二者之间的排斥力逐渐增加[图 7-1（a）]。当两个原子距离较远时（通常大于两个原子半径的和），二者之间的范德瓦耳斯力以吸引力为主，随着两个原子之间的相互远离，二者之间的吸引力逐渐减小，直至二者之间无范德瓦耳斯力。

将一个对微弱力极敏感的微悬臂一端固定，另一端有一微小的针尖，针尖与样品表面轻轻接触[图 7-1（b）]。由于针尖尖端原子与样品表面原子间存在极微弱的力，会使悬臂产生微小的偏转。通过检测出偏转量并作用反馈控制其排斥力的恒定，就可以获得微悬臂对应于扫描各点的位置变化，从而可以获得样品表面形貌的图像。

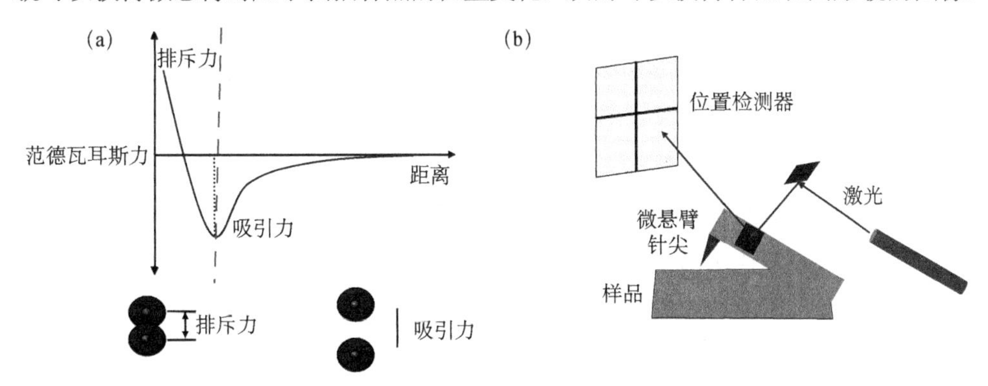

图 7-1　（a）相邻两个原子之间的范德瓦耳斯力；（b）原子力显微镜工作原理示意图

7.1.1.2　原子力显微镜的构造

原子力显微镜主要由四部分组成，分别为力检测部分、位置检测部分、反馈电子系统和压电扫描系统（图 7-2）。力检测部分由悬臂和悬臂末端的针尖组成，检测的力是原子与原子之间的范德瓦耳斯力。微悬臂是探测样品的直接工具，它的属性直接关系到仪器的精密度和使用范围。

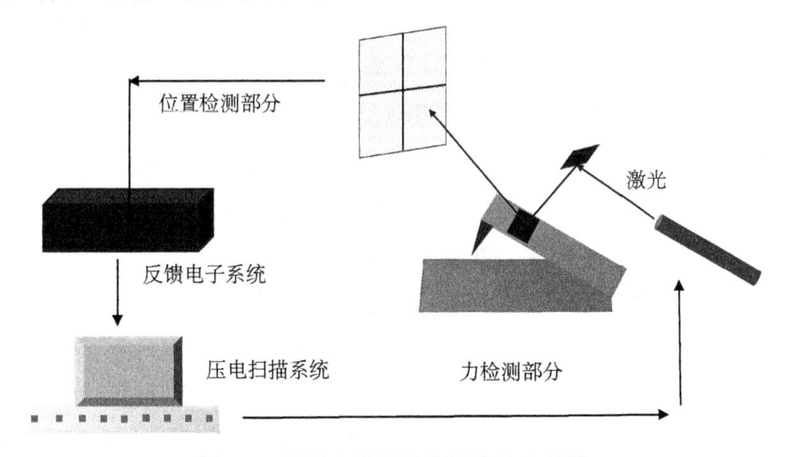

图 7-2　原子力显微镜装置构造示意图

微悬臂通常具有以下性能：

（1）极低的 Z 向弹性系数，其值在 $10^{-2}\sim10^{2}\,\mathrm{N\cdot m^{-1}}$ 之间。这样的微悬臂将极其灵敏，能够检测出小于 1 nN 的微小力。

（2）足够高的固有频率（>10 kHz），使针尖扫描时可以跟随表面轮廓的起伏，具有足够高的分辨率。

（3）足够小的微悬臂，其长度必须在微米尺度才能符合要求。用光束偏转来测量悬臂的偏转时，其灵敏度反比于悬臂的长度。

（4）足够高的侧向刚性，以便尽可能地克服由于水平方向摩擦力造成的信号干扰。

针尖则需要满足以下要求：

（1）理想针尖的顶端应该是单个原子，这样的针尖能够灵敏地感应出它与样品表面之间的相互作用力。

（2）较高的纵横比，尽可能小的曲率半径。

（3）高的机械柔软性，针尖扫描时，即使撞击到样品的表面也不会使针尖损坏。

（4）高的弹性形变，可有效地限制针尖在样品表面上的作用力，从而减小对样品的损害，对柔软的生物样品特别有利。

（5）稳定的结构。通常使用 SiC 材料制作针尖。

位置检测系统能够检测针尖与样品之间作用后微悬臂的偏转量。这个偏转量的数值极小，检测的灵敏度分别可以达到纳米级。且在检测时不能够对微悬臂产生任何的作用力，避免造成信号误差。悬臂的位置检测有四种方法，分别为电容测量法、隧道电流检测法、光学干涉测量法和光束偏转测量法。其中光束偏转测量法最为灵敏、简便且误差小。电容测量法则是将微悬臂作为构成平行平板电容器的一块平板之一，而另一块平板则平行地位于微悬臂上方。微悬臂的偏转值将通过测量该电容器的电容值的变化得到。它的垂直位移检测精度达到 0.03 nm，灵敏度不是很高。隧道电流检测法则是在微悬臂的上方设有一个隧道探针电极，通过测量微悬臂与探针电极之间隧道电流的变化就可以检测微悬臂的偏转。这种方法要求微悬臂具有很高的导电性，对微悬臂上表面的结晶度有很高的要求，实用性不强。光学干涉法则是探测微悬臂共振频率的位移（或偏振光的相移），进而测量微悬臂偏转的幅度。其可以克服隧道电流检测法的缺点，微悬臂上吸附的微小污染物也不会影响光学方法的检测精度。光学干涉法需要两束光在微悬臂表面反射后相互干涉，对于光路系统的精密度要求较高，难度较大。光束偏转测量法则是在微悬臂的顶部设置一面微小的镜子，通过检测小镜子上反射光束的偏转得到微悬臂偏转的信息。这种方法误差小、光路检测系统构造简单。二极管激光器发出的激光束经过光学系统聚焦在微悬臂背面，并从微悬臂背面反射到由光电二极管构成的光斑位置检测器。通过光电二极管检测光斑位置的变化，就能获得被测样品表面形貌的信息。目前的原子力显微镜都是采用这种检测模式。

压电装置能够在 *X*、*Y*、*Z* 三个方向上精确控制样品或探针位置，是一种机械作用和电信号相互转换的物理器件。目前，构成扫描器的基质材料主要是由钛锆酸铅制成的压电陶瓷材料。压电陶瓷有压电效应，即在加电压时有收缩特性，并且收缩的程度与所加电压成比例关系。压电陶瓷能将 1 mV 至 1000 V 的电压信号转换成十几分之一纳米到几微米的位移。

反馈电子系统又称控制系统，则包括计算机和电子线路，能够为压电陶瓷管提供电压、接收位置敏感器件传来的信号并构成控制针尖和样品之间距离的反馈系统。

控制系统主要有两个功能：

（1）提供控制压电转换器 *X-Y* 方向扫描的驱动电压。

（2）在恒力模式下维持来自显微镜检测环路输入模拟信号在一恒定数值。计算机通过模数转换器转换读取比较环路电压（即设定值与实际测量值之差）。根据电压值不同，控制系统不断地输出相应电压来调节 *Z* 方向压电传感器的伸缩，以纠正读入模数转换器的偏差，从而维持比较环路的输出电压恒定。

7.1.1.3 原子力显微镜的工作模式

原子力显微镜主要包括三种工作模式，分别为接触模式（contact mode）、非接触模式（non-contact mode）和轻敲模式（tapping mode）。

在接触模式中，探针的针尖部分保持与样品表面接触，其主要作用力是库仑排斥力。微悬臂探针紧压样品表面，探针尖端和样品做柔软性的“实际接触”，当针尖轻轻扫过样品表面时，接触的力量引起悬臂弯曲，进而得到样品的表面图形。该方式可以稳定地获得高分辨率试样表面微观形貌图像，有可能达到原子级的测量分辨率。检测弹性模量低的软质试样时，试样表层在针尖力的作用下会产生变形，甚至划伤，这将使测出的表面形貌图像出现假象。针尖和试样接触并滑行，容易使探针尖磨损甚至损坏。所以接触模数适用于表面起伏度小的样品，如二维材料。

在非接触模式中，针尖在样品表面的上方振动，始终不与样品接触，测量的作用力以吸引力为主。探针回到当前扫描的开始点，根据第一次扫描得到的样品形貌，增加探针与样品之间的距离，并始终保持探针与样品之间的距离，进行第二次扫描。在这个阶段，可以通过探针悬臂振动的振幅和相位的变化，得到相应的长程力的图像。在该种模式下，探针和试样不接触，针尖测量时不会使试样表面变形，适用于弹性模量低的试样。因针尖和试样不接触，测量不受毛细力的影响，同时针尖也不易磨损。但非接触扫描测量模式测量灵敏度要低些。

在轻敲模式中，一个外加的振荡信号驱动微悬臂在其共振频率附近做受迫振动，振荡的针尖轻轻地敲击表面，间断地和样品接触。用处于共振状态、上下振荡的微悬臂探针对样品表面进行扫描，样品表面起伏使微悬臂探针的振幅产生相应变化，从而得到样品的表面形貌。与接触模式相比，轻敲模式的分辨率与其一样好，且对于一些与基底结合不牢固的样品，轻敲模式很大程度地降低了针尖对表面结构的“搬运效应”。与非接触模式相比，轻敲模式更适用于样品表面起伏较大的大范围扫描以及较软或黏性较大的样品。

原子力显微镜具有如下优点：

（1）样品制备简单，甚至无须处理，对样品破坏性较其他生物学常用技术（如电子显微镜）要小得多。

（2）能够在多种环境（包括空气、液体和真空）中运作，生物分子可在其生理条件下直接成像，还能对活细胞进行实时动态观察。

（3）能够提供生物分子和生物表面的分子高分辨率的三维图像。

（4）能够以纳米尺度的分辨率观察局部的电荷密度和物理特性，测量生物大分子间（如受体和配体）的相互作用力。

（5）能够对单个生物分子进行操纵，如可搬动原子、切割染色体、在细胞膜上打孔等。

原子力显微镜的不足之处在于：

（1）成像范围太小，速度慢，受探针的影响太大（最大成像范围为 10 μm× 10 μm）。

（2）受样品因素限制较大（不可避免）。

（3）针尖易磨钝或受污染（磨损无法修复；污染清洗困难）。所获图像有时是针尖的磨损形状或污染物的形状。这种假象的特征是整幅图像都有同样的特征，为山峦状成像。可采用氧等离子体进行针尖清洗。

（4）存在针尖的放大效应。AFM 中大多数假象源于针尖成像，针尖比样品尖锐时，样品特征就能很好地显现出来。相反，当样品比针尖更尖时，假象就会出现，这时成像主要为针尖特征，高表面率的针尖可以减少这种假象发生。另外，如果探针末端带有两个或多个尖点时，当扫描样品时，多个针尖依次扫描样品而得到重复图像。

（5）针尖-样品间作用力较小，探针不能顺利地扫描样品而出现横向拉伸现象。此时可以通过调节振幅衰减量来调节作用力。

（6）近场测量干扰问题，可将仪器放入屏蔽箱中，加高底座厚度、悬挂显微镜的力与位置检测系统来减少噪声。

（7）扫描速率低（得到一张分辨率高的 AFM 图扫描的时间约为 1～5 min）。

7.1.2　原子力显微镜技术的应用

原子力显微镜技术的应用主要包括以下几个方面：

（1）可用于导体、半导体和绝缘体纳米材料表面的高分辨成像。在超高真空中可得到原子分辨率的简单分子骨架的成像（如联苯环）。在普通的工作环境下，可获得二维材料的原子层厚度等信息，如对二维材料过渡金属硫化物、过渡金属硒化物的表征，可判断其为单层、两层还是多层结构（图 7-3）。通过气相沉积法可获得具有手性结构的 WS_2 二维材料，单层的 WS_2 材料厚度约为 0.75 nm，两层的 WS_2 材料的厚度约为 1.5 nm [57]。

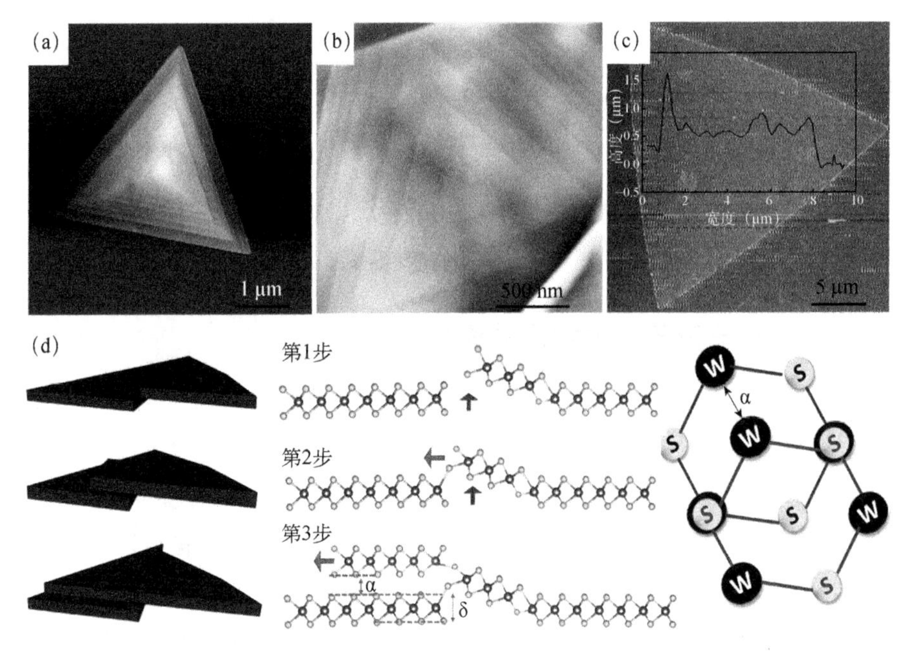

图 7-3　（a）～（c）不同放大倍数的具有手性对称结构的 WS_2 层状材料的 AFM 图；（d）WS_2 结构示意图[57]

图片引用经 American Chemical Society 授权

（2）可应用于生物样品和薄膜的表面结构的高分辨成像和结构的研究，如 DNA、蛋白质和细胞的结构、功能和性质方面的研究。例如，1992 年通过分子级水平的可重复质粒 DNA 分子的成像，可估算分子宽度和高度，这是原子力显微镜研究生物大分子的一项重大突破。可通过单分子蛋白质的形貌成像研究质子泵和离子泵、光合作用原理等。可通过力学谱研究蛋白质表面物理特性，如黏弹性和静电特性。利用 AFM 可研究蛋白质结构，如蛋白质的抗体标记的鉴定、酶消化的鉴定、多肽末端移除的鉴定和多肽环置换或移出的鉴定等；可研究蛋白质的功能特性，如在纳米尺度下显示膜蛋白的时间依赖性构象变化及聚集运动。AFM 已成为蛋白质结构和功能特性的经典的研究方法。利用 AFM 还可观测细胞（如血红细胞、神经细胞、上皮细胞）或各种微生物的表面结构成像，并可对细胞间的相互作用进行观察。例如，研究动物胚胎移植中细胞的免疫排斥反应、病变细胞与健康细胞间的相互作用等；能够识别正常细胞和癌细胞，如癌细胞比正常细胞要柔软得多。

（3）可应用于表面化学反应研究、分子间力和表面力研究以及摩擦学等各种力学研究。如通过力学谱图的测量计算配位键的键长。

（4）可应用于纳米加工与操纵和超高密度信息存储。可直接操控原子，进行表面结构的修饰。也可操控蛋白质等分子，能够宏观地从单分子尺度上对生物系统进行精确和可控的修饰与研究。

7.2 扫描隧道显微镜技术

7.2.1 扫描隧道显微镜技术的原理

7.2.1.1 扫描隧道显微镜的工作原理

扫描隧道显微镜的工作原理基于量子力学中电子的隧道效应。经典理论认为金属中处于费米能级 E_F 以上的自由电子如要逸出表面，必须获得足以克服金属表面逸出功 Φ 的能量。当一个粒子的动能 E 低于前方势垒的高度 V_0 时，它不可能越过此势垒，即透射系数等于零，粒子将完全被弹回。而量子力学认为，电子波函数 ψ 向表面传播，遇到边界，一部分被反射（ψ_R），而另一部分则可透过边界（ψ_T），从而形成金属表面上的电子云[图 7-4（a）]。隧道效应是由粒子的波动性而引起的，只有在一定的条件下，隧道效应才会显著。经计算，透射系数 T 为

$$T \approx \frac{16E(V_0 - E)}{V_0^2} e^{-\frac{2a}{h'}\sqrt{2m(V_0-E)}} \tag{7-1}$$

式中，E 为粒子的动能；V_0 为势垒的厚（宽）度；a 为势垒的宽度；m 为粒子的质量；h' 为约化普朗克常数。

T 与势垒宽度 a、能量差（V_0-E）以及粒子的质量 m 有着很敏感的关系。在势垒宽度达到很小的数值时，T 有较大的数值，即能够观测到明显的电子隧穿线性。随着势垒宽度 a 的增加，T 将指数衰减。因此在一般的宏观实验中，很难观察到粒子隧穿势垒的现象。

当金属 1 与金属 2 靠得很近时（<1 nm），两金属表面的电子云将相互渗透，产生电子隧道效应[图 7-4（b）]。若加上较小的电压（偏压），则形成电流，即隧道电流，电子由电势低的金属流向电势高的金属。通常偏压小于 1 V，形成的隧道电流在 10^{-8} A 级别[图 7-4（c）]。扫描隧道显微镜的基本原理是将原子线度的极细探针和被研究物质的表面作为两个电极，当样品与针尖的距离非常接近时（<1 nm），在外加电场的作用下，电子会穿过两个电极之间的势垒流向另一电极。尖锐金属探针在样品表面扫描，利用针尖与样品间纳米间隙的量子隧道效应引起的隧道电流与间隙大小呈指数关系，从而获得原子级样品表面形貌特征图像。隧道电流 I 是电子波函数重叠的量度，与针尖和样品之间距离 S 以及平均功函数 Φ 有关，其关系式为

$$I \propto V_{\mathrm{b}} \mathrm{e}^{-A\Phi^{\frac{1}{2}}S} \tag{7-2}$$

式中，I 为隧道电流；V_{b} 为针尖与样品间的偏压；A 为常数，真空条件下约等于 1；Φ 为针尖与样品的平均功函数；S 为针尖与样品表面间的距离，一般为 0.3～1.0 nm。

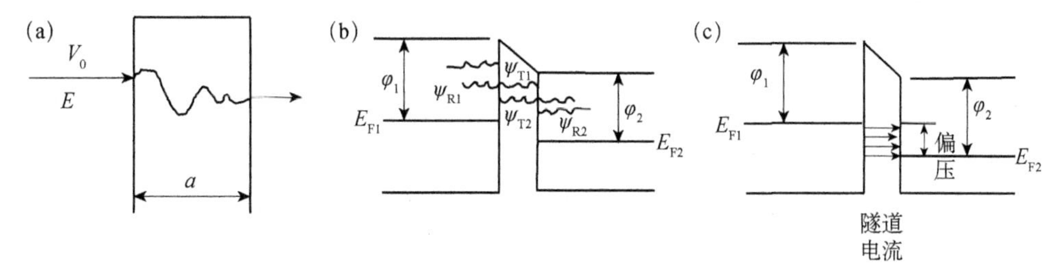

图 7-4 （a）量子隧道效应原理示意图；（b）距离极近的两个金属原子的电子云的重叠；（c）隧道电流的形成原理示意图

隧道电流 I 对针尖和样品表面间距离 S 的变化是非常敏感的，换句话说，隧道电流对样品表面的微观起伏特别敏感。当距离减小 0.1 nm 时，隧道电流将会增加 10 倍；反之，将减小 10 倍。所以，扫描隧道显微镜的分辨率极高，在普通工作条件下即可获得分子的原子级别成像。前提是样品导电，且针尖很细（直径约 50～100 nm）。

7.2.1.2 扫描隧道显微镜的构造

扫描隧道显微镜主要由探针系统、电子控制箱、振动隔绝系统和计算机系统组

成。探针系统包括探针、压电陶瓷器件等。探针通常是钨丝（适用于 pH>7 的溶液）和 Pt-Ir 丝（直径 0.1～0.3 mm）。针尖与样品表面距离一般约为 0.3～1.0 nm，此时针尖和样品之间的电子云互相重叠。当在它们之间施加一偏压时，电子就因量子隧道效应由针尖（或样品）转移到样品（或针尖）。在针尖与样品互相作用时，可根据样品性质的不同（如表面原子的几何结构和电子结构）产生变化的隧道电流。

针尖的大小、形状、化学同一性影响 STM 图像的分辨率和图像形状，影响测定的电子态；针尖曲率半径影响横向分辨率，因此对针尖的要求：

（1）应具有高的弯曲共振频率，减小相位滞后，提高采集速度。

（2）尖端只有一个稳定原子，不是多失重针尖，隧道电流稳定，能够获得原子级分辨的图像。

（3）化学纯度高，不会涉及系列势垒；不能有氧化膜。若有氧化层，则其电阻可能会高于隧道间隙的阻值，从而导致针尖和样品间产生隧道电流之前，二者就发生碰撞。

通常使用电化学腐蚀的方法获得直径约 50～100 nm 的针尖。通常采用阳极溶解法，以 W 丝作为阳极、Pt 作为阴极，在 2 mol · L^{-1} 的 NaOH 或 KOH 水溶液中（针尖进入溶液 2～3 mm），施加约 13 V 的直流电压，阳极溶解反应发生，在 W 丝表面有大量气泡产生。微调直流电电压，保证气泡均匀，当气泡不再产生时，腐蚀完成，形成具有双曲线形状的针尖，适用于高分辨成像。用去离子水洗涤针尖，并用光学显微镜观察针尖的形貌。PtIr 丝具有抗氧化的优点，且在酸性、中性和碱性溶液中均可使用，但成本高。可采用交流电的方式进行电化学腐蚀，获得符合要求的针尖。在 $CaCl_2$ 和 HCl 的水溶液中（$CaCl_2$: HCl : H_2O=60% : 36% : 40%），施加 25 V 的交流电约 5 min，对电极为碳棒。同样有剧烈的气泡产生，当气泡不再产生时，说明针尖制备完成。

金属探针安置在三个相互垂直的压电陶瓷（P_x、P_y、P_z）架上，当在压电陶瓷器件上施加一定电压时，由于压电陶瓷器件产生变形，便可驱动针尖在样品表面实现三维扫描。压电陶瓷控制针尖运动的精密度可达 0.001 nm，能够保证扫描隧道显微镜的高分辨成像。压电陶瓷的材料可为 $PbTiO_3$、$PbZrO_3$、$BaTiO_3$ 等。压电陶器器件 X、Y 方向的扫描范围可为 5 nm×5 nm，也可为 5 μm×5 μm。扫描范围越小，放大倍数越大。Z 方向伸缩范围≥1 μm，精度约为 0.001 nm。Z 方向机械调节精度高于 0.1 μm，精度至少应在压电陶瓷驱动器 Z 方向变化范围，机械调节范围>1 mm。能够在较大范围内选择感兴趣的区域扫描，并保证针尖与样品间距离 d 具有高的稳定性。

控制器用来控制偏压、压电陶瓷扫描电压以及隧道电流设定值，用以保证上述功能的连续变化。振动隔绝系统的功能为降低外界振动对检测系统的干扰，而微小的振动都会对稳定性产生影响。扫描隧道显微镜工作中，应保证外界振动引起的 d 变化必须小于 0.001 nm。减振措施包括橡胶缓冲垫、弹簧悬挂、磁性涡流阻尼等。其中，前两者较为常用。

7.2.1.3　扫描隧道显微镜的工作模式

根据针尖与样品间相对运动方式的不同，扫描隧道显微镜有两种工作模式，分别为恒电流模式和恒高模式。

在恒电流工作模式中，扫描时，在偏压不变的情况下，始终保持隧道电流恒定[图 7-5（a）]。当给定偏压，并已知样品-针尖的平均功函数时，隧道电流的大小仅决定于针尖-样品间的距离。隧道电流恒定，针尖-样品间的距离即为恒定，变化的量为压电陶瓷的高度。针尖保持隧道电流的恒定可通过电子反馈系统控制针尖和样品间距离来完成。在压电陶瓷 P_x 和 P_y 控制针尖在样品表面进行扫描时，通过从反馈系统中提取它们间距离变化的信息，就可以绘制出样品表面的原子图像。

在恒高工作模式中，始终控制压电陶瓷在样品表面某一水平高度上扫描，随样品表面高低起伏，针尖-样品间的距离不断变化，隧道电流也不断变化[图 7-5（b）]。通过提取扫描过程中针尖和样品间隧道电流变化的信息（反映出样品表面起伏几何结构特征），就可以得到样品表面的原子图像。所得到的扫描隧道显微镜图像不仅勾画出样品表面原子的几何结构，而且还反映了原子的电子结构特征。扫描隧道显微镜图像是样品表面原子几何结构和电子结构综合效应的结果。

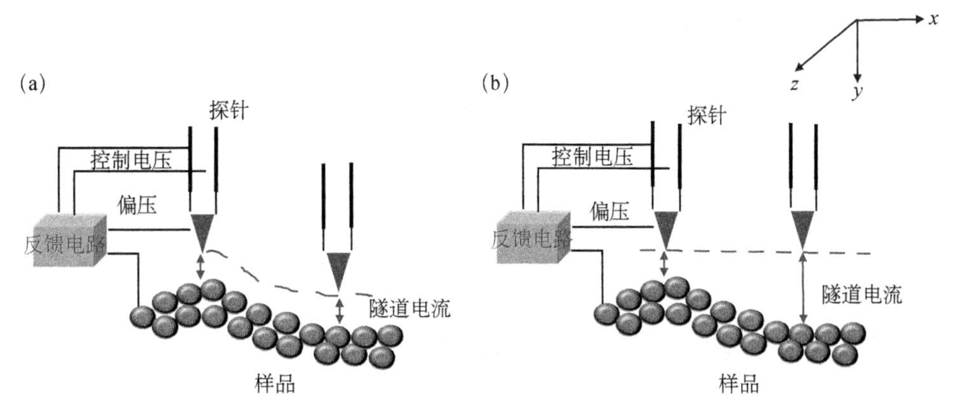

图 7-5　（a）STM 恒电流工作模式示意图；（b）STM 恒高度工作模式示意图

恒电流模式是扫描隧道显微镜最常用的一种工作模式。以恒电流模式工作时，由于针尖是随着样品表面的起伏而上下运动，因此不会因表面起伏太大而碰撞到样品表面，所以恒电流模式适于观察表面起伏较大的样品。恒高模式工作时，由于针尖的高度恒定不变，所以仅适用于观察表面起伏不大的样品。但在恒高模式下工作，获取图像快，且能有效地减少噪声和热漂移对隧道电流的干扰，提高分辨率。

7.2.1.4 扫描隧道显微镜的特点

与 TEM、SEM 等分析技术相比，扫描隧道显微镜具有如下特点（表 7-1）：

（1）仪器结构简单。

（2）其实验可在多种环境中进行。如大气、超高真空或液体（包括在绝缘液体和电解液中）。

（3）工作温度范围较宽，可在 mK 到 1100 K 温度范围内工作。这是目前任何一种显微技术都不能同时做到的。

（4）分辨率高，扫描隧道显微镜在水平和垂直分辨率可以分别达到 0.1 nm 和 0.01 nm。因此可直接观察材料表面的单个原子和原子在材料表面上的三维结构图像。

（5）在观测材料表面结构的同时，能够获得材料表面的扫描隧道谱，从而可以研究材料表面化学结构和电子状态。

（6）不能探测深层信息，无法直接观察绝缘体。

表 7-1 STM、TEM 和 SEM 分析技术的特点

分析技术	分辨本领	工作环境	工作温度	样品破坏	检测深度
STM	可直接观察原子 横向分辨率：0.1 nm 纵向分辨率：0.01 nm	大气、溶液、真空均可	低温 室温 高温	无	1～2 原子层
TEM	横向点分辨率：0.3～0.5 nm 横向晶格分辨率：0.1～0.2 nm 纵向分辨率：无	高真空	低温 室温 高温	中	等于样品厚度（<100 nm）
SEM	采用二次电子成像 横向分辨率：1～3 nm 纵向分辨率：低	高真空	低温 室温 高温	小	1 μm

7.2.2 扫描隧道显微镜技术的应用

扫描隧道显微镜已在材料、物理、化学、生命等科学领域得到了广泛的应用，特别是在金属、半导体和超导体等材料研究中取得了突破性进展。

（1）扫描隧道显微镜的成像可应用于 DNA、卟啉、巯基烷烃、磷脂分子的结构表面。通常采用单晶金属电极如 Au（111）、Cu（111）或高度取向裂解石墨为基底，在其表面进行分子自组装，然后进行扫描，最终获得分子自组装结构。如图 7-6 所示，铁卟啉和 DNA 分子在原子排列整齐的单晶 Au（111）电极表面自组装成单层，形成有序二维结构[1]。其中，铁卟啉分子的有序排列由 $c(4\times3\sqrt{3}-2)$ 的矩形单元组成，即沿单晶 Au(111)电极的 $[11\bar{2}]$ 方向矩形边长为 3 个 Au 原子间距，沿 $[\bar{1}10]$ 方向矩形边长为 4 个 Au 原子间距，每个矩形单元中含有 2 个铁卟啉分子［图 7-6（a）］。水相中 G 四极子结构的 DNA 分子在 Au(111)表面形成二维自组装结构，测得 G 四极子中氢键键长为 1.6 nm±0.2 nm，是超高真空中测量结果的 2 倍［图 7-6（b）］。

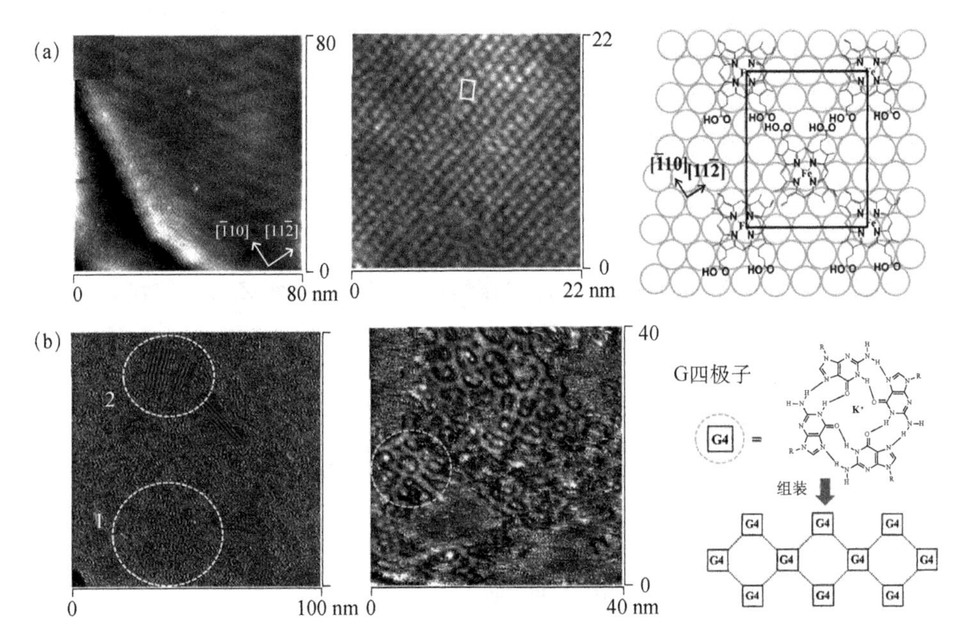

图 7-6　（a）铁卟啉分子在 Au（111）表面的 STM 图和自组装结构示意图；（b）G 四极子 DNA 分子在 Au（111）表面的 STM 图和自组装结构示意图[1]

图片引用经 Royal Society of Chemistry 授权

（2）扫描隧道显微镜可进行微观操作，在场发射模式下，针尖与样品仍相当接近，此时用不很高的外加电压（最低可到 10 V 左右）就可产生足够高的电场，电子在其作用下将穿越针尖的势垒向空间发射。这些电子具有一定的束流和能量，由于它们在空间运动的距离极小，至样品处来不及发散，故束径很小，一般为纳米量级，所以可能在纳米尺度上引起化学键断裂，发生化学反应。

（3）扫描隧道显微镜可移动获刻写样品。在恒流状态下工作时，突然缩短针尖与样品的间距或在针尖与样品的偏置电压上加一脉冲，针尖下样品表面微区中将会出现纳米级的坑、丘等结构上的变化。针尖进行刻写操作后一般并未损坏，仍可用它对表面原子进行成像，以实时检验刻写结果的好坏。

（4）扫描隧道显微镜可探伤及修补样品。在对表面进行加工处理的过程中，扫描隧道显微镜可实时对表面形貌进行成像，用来发现表面各种结构上的缺陷和损伤，并用表面淀积和刻蚀等方法建立或切断连线，以消除缺陷，达到修补的目的，然后还可用扫描隧道显微镜进行成像以检查修补结果的好坏。

（5）利用扫描隧道显微技术，不仅可以获取样品表面形貌图像，同时还可以得到扫描隧道谱。利用这些谱线可对样品表面显微图像作逐点分析，以获得表面原子的电子结构（电子态）等信息。在样品表面选一定点，并固定针尖与样品间的距离，连续改变偏压（负几 V 至正几 V），同时测量隧道电流，便可获得隧道电流随偏压的变化曲线，即扫描隧道谱。扫描隧道谱代表样品表面费米能级处的电子态密度随偏压的变化，可获得表面原子的电子结构（电子态）信息，用来研究化学组成，成健状态、能隙、能带弯曲效应和表面吸附等方面的细节。例如，一个平面金属表面上吸附两种原子，分别为 Na 和 S，针尖作恒电流扫描，观察 Z 方向位移。Na 费米能级处电子态密度比 S 高，所以位移比 S 大。

7.3 扫描电化学显微镜技术

7.3.1 扫描电化学显微镜的原理

7.3.1.1 扫描电化学显微镜的工作原理

扫描电化学显微镜（SECM）基于电化学原理工作，可测量微区内物质氧化或还原所给出的电化学电流。该技术驱动非常小的电极（探针）在靠近样品处进行扫描，样品可以是导体、绝缘体或半导体，从而获得对应的微区电化学和相关信息，目前可达到的最高分辨率约为几十纳米。扫描电化学电镜的工作原理分为正负反馈模式。如图 7-7 所示，扫描探针作为工作电极，有效电极直径为 a（单位：nm）。基底表面为所研究的样品，可被极化，作为第二个工作电极。作为探头的超微盘电极和基底均处于含有电化学活性物 R[如 $Fe(CN)_6^{4-}$]的溶液中，当探针所处的电极电位足以使 R 的氧化反应仅受溶液的扩散控制时，则该条件下探针上的稳态电流为

$$i_T = 4nFC_0D_0a \tag{7-3}$$

式中，i_T 为稳态电流，A；F 为法拉第常数，96 500 C mol^{-1}；C_0 为溶液本体中 R 的浓度，mol・L^{-1}；D_0 为扩散系数，cm^2・s^{-1}；a 为探头半径，nm。

当探针与基底间距 d 大于 5～10 倍的探头半径 a 时，基底的存在并不影响稳态电流[图 7-7（a）]。当探针与基底间距 d 值与 a 相当时，探针上的电化学电流 i_T 将随距离 d 的变化和基底性质的不同而发生显著改变。由于绝缘体基底距离超微电极过近，R 向探头表面的扩散受到阻碍，探针的稳态电流降低，这种现象称为负反馈[图 7-7（b）]。当处于探针下的区域为导体时，基底产生的氧化态物质 O，并扩散至探针表面，使探针工作表面上 R 的有效流量增加，稳态电流增大，这种现象称为正反馈[图 7-7（c）]。此时在保持探针垂直距离不变的情形下，将探针移至基底的绝缘体区域上方。

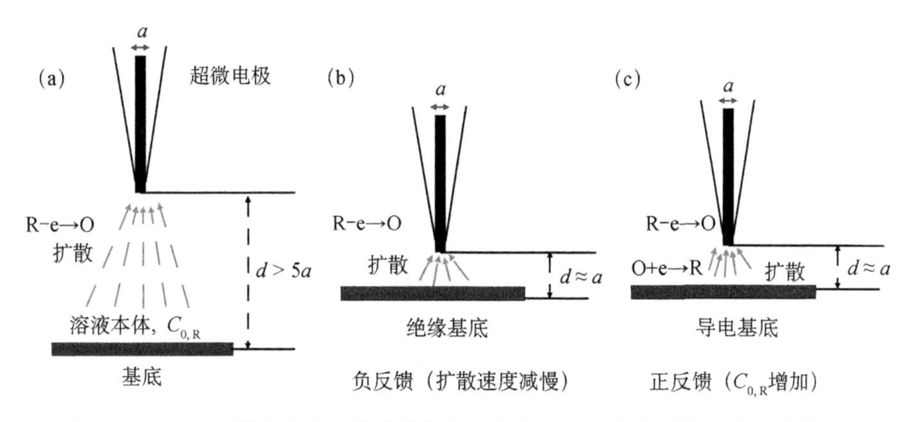

图 7-7　（a）扫描电化学显微镜的超微电极靠近不同基底时的反应示意图；（b）负反馈模式示意图；（c）正反馈模式示意图

当探针在微位移器的驱动下对基底进行恒定高度状态下的 X-Y 扫描时，探针电极上的法拉第电流将随基底的起伏或性质改变而发生相应改变，扫描电化学显微镜就是通过电流的正反馈或负反馈过程及其强弱来感应基底表面的几何形貌或电化学活性。故而能够判断样品不同位点的导电性和形貌，但分辨率小于扫描隧道显微镜和原子力显微镜。

7.3.1.2 扫描电化学显微镜的构造

扫描电化学显微镜主要由电化学部分、压电驱动器和计算机部分组成。电化学部分包括电解池、探头、基底、各种电极和双恒电位仪，是稳态电流的形成部分（图 7-8）。压电驱动器用来精确地控制操作探针和基底位置，计算机用于控制操作、获取和分析数据。扫描电化学显微镜目前只能在较小的基底平面（边长 1 cm 左右）上做一些基础性研究使用。双恒电位仪控制探针与基底电极的电位或电流，定位装置控制探针对基底进行 *X*、*Y*、*Z* 方向扫描。电解池固定于操作台上。探针电极的设计和表面状态可显著影响扫描电化学显微镜的分辨率和实验的重现性，用前须处理以获得干净表面。

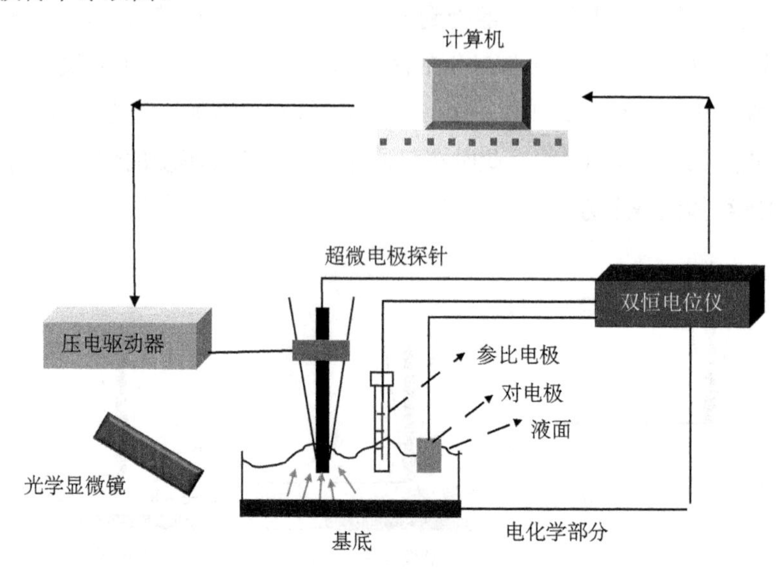

图 7-8 扫描电化学显微镜装置结构示意图

扫描电化学显微镜的探针是被绝缘层包围的超微圆盘电极，常为贵金属或碳纤维，半径在微米或亚微米级（图 7-9）。制作时把清洗过的微电极丝放入除氧气毛细玻璃管内，两端加热封口，然后打磨至电极部分露出，由粗到细用抛光布依次抛光至探针尖端为平面。再小心地把绝缘层打磨成锥形，以在实验中获得尽可能小的探针-基底间距 *d*。扫描电化学显微镜的分辨率主要取决于探针的尺寸、形状及探针-基底间距 *d*。能够做出小而平的超微盘电极是提高分辨率的关键所在，且足够小的 *d* 和超微电极半径 *a* 能够较快获得探针稳态电流。同时要求绝缘层要薄，减少探针周围的归一化屏蔽层尺寸 RG（RG = *r*/*a*，*r* 为探针尖端半径），以获得更大的探针电流响应（图 7-9）。

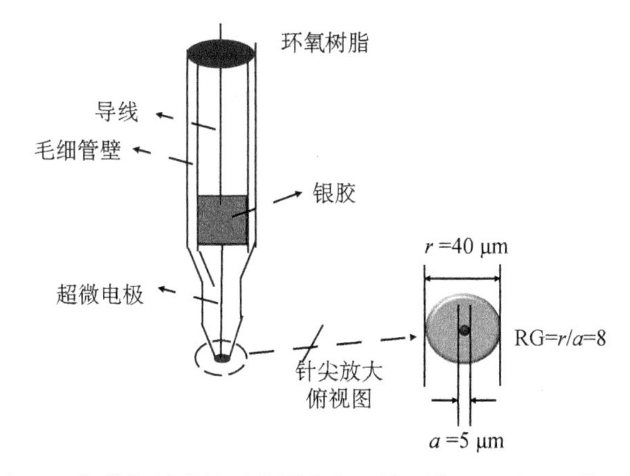

图 7-9　扫描探针结构示意图和归一化屏蔽层尺寸 RG 的计算

7.3.1.3　扫描电化学显微镜的工作模式

扫描电化学显微镜的工作模式包括电流法、电位法和电阻法。电流法是基于给定探针和基底电位，观察电流随时间或探针位置的变化，从而获取信息的方法。

电流法包括变电流模式（恒高度）和恒电流模式（直接模式）。其中，变电流模式（恒高度）分为反馈模式、收集模式和暂态检测模式。反馈模式中，探针既是信号的发生源又是检测器，被形象地称为“电化学雷达”。当探针与基底建立电化学反馈电流后，恒定探针-基底绝对距离为 d，即探针在基底表面进行等高的 X-Y 方向扫描，同时记录探针在不同位置的电流大小。收集模式中，探针（基底）上施加电位得到电化学活性物质，基底（探针）电极上记录所收集的该物质产生的电流，根据收集比率得到物质产生/消耗流量图。该模式可分为探针产生/基底收集和基底产生/探针收集两种模式。暂态检测模式中，利用单电位阶跃计时安培法和双电位阶跃计时安培法用于获取暂态信息。在探针上施加大幅度电位阶跃至扩散控制电位，考察还原反应，设 t_c 为到达稳态的时间，则在绝缘体基底上 t_c 是 d^2/D_O 的函数，而在导体基底上 t_c 是$[d^2/(D_O+D_R)]$的函数。

恒电流模式（直接模式）中，通过反馈电路控制探针-基底的相对间距 d 不变，并检测探针在垂直方向的位置变化来实现成像过程，以提高分辨率。对于基底含有导电和绝缘体微结构的不均匀体系，应用恒电流模式可以避免恒高度模式所引起的探头会碰到基底而撞坏的问题。

电位法则使用微型离子选择性电极作为探针。此类探针仅能感应基底附近浓度，而不产生或消耗电极反应活性物质。电极膜电位方程可用于浓度空间分布的计算并确定探针-基底间距范围。

电阻法则使用液膜或玻璃微管离子选择性电极作为探针，可用于没有电活性物质或有背景电流干扰的体系，也常用在生物体系中。在两电极之间施加恒电位，通过测量探针-基底电极间的溶液电阻来获得空间分辨信息。探针电极内阻越小，灵敏度越高。

7.3.2 扫描电化学显微镜的应用

1）样品表面扫描成像

探针在靠近样品表面扫描并记录作为 X-Y-Z 坐标位置函数的探针电流，可以得到三维的 SECM 图像。

2）异相电荷转移反应研究

探针可移至非常靠近样品电极表面从而形成薄层池，达到很高的传质系数，且探针电流测量很容易在稳态进行，具有很高的信噪比和测量精度，也基本不受 i_R 降和充电电流的影响。

扫描电化学显微镜可以定量地测量在探针或基底表面的异相电子转移速率常数。异相速率常数既可以通过稳态伏安法也可以由分析 i_T-d 曲线而得到。

3）均相化学反应动力学研究

扫描电化学显微镜的收集模式、反馈模式及其与计时安培法、快扫描循环伏安法等电化学方法的联用，已用于测定均相化学反应动力学和其他类型的与电极过程耦联的化学反应动力学。

4）薄膜表征

扫描电化学显微镜可监测微区反应，因此也是研究电极表面薄膜的十分有效的技术。它既可以通过媒介反应进行测量，也可以把探针伸入膜中直接测量。

5）液/液界面研究

扫描电化学显微镜主要应用于研究固体基底。但最近的研究表明，液/液界面是一个稳定的、在尺寸上处于亚微米级的界面，从而可作为扫描电化学显微镜的基底。

扫描电化学显微镜用于液/液界面研究时，两相的电位取决于两相中电对的浓度。此时电子转移在探针附近微区内发生，而离子转移在整个相界面发生，因而可以区分电子转移与离子转移过程，减少电容电流和非水相 i_R 降的影响。

6）生物体系测量和成像

采用扫描电化学显微镜的电流法或电位法可观察人工或天然的生物体系。例如，活细胞研究、生物酶活性的分布和测定、抗原抗体成像等。

7）微区加工

当探针移至样品表面时，电子转移局限于靠近样品表面的很小的区域，故可用扫描电化学显微镜进行微区沉积或刻蚀。探针可以作为工作电极来直接进行表面加工，也可以在探针上产生试剂与样品的作用。已用于制作生物传感器的生物分子沉积。

8）联用技术

扫描电化学显微镜与石英晶体微天平联用，其中扫描电化学显微镜提供电化学信息，石英晶体微天平提供质量效应信息，可用于研究有机或无机薄膜性质。

7.3.3　扫描电化学显微镜的最新进展

1）扫描电化学显微镜的探头

在扫描电化学显微镜早期的研究中，大多采用各种金属或碳纤维圆盘电极作为探头，这种探头至今仍是最常用的扫描电化学显微镜伏安式（安培式）探头。但这限制了扫描电化学显微镜仅可应用于有电活性样品的研究中。

然而，许多与生命过程有密切关系的离子物质，如 Cl^-、NH_4^+、Ac^+（乙酰胆碱）及碱金属和碱土金属离子等，均是非电活性物质。为了检测它们的流量及浓度分布的纵剖面，人们通常是制作固体或以微米管为基础的电位式的离子选择性微电极来作为扫描电化学显微镜的探头。

因为电位式的探头是一个被动式的传感器，它不会改变在基底上产生或消耗的物质的浓度分布的纵剖面，这样它可方便地应用在收集模式实验中，并且它与伏安式探头相比具有选择性。但是它与伏安式探头相比，其图像分辨率降低。另外它不能给出距基底的距离的信息。

已报道在碳纤维上涂有酶可作为具有生物敏感性的探头。另外已发展了一种对于研究半导体电化学有用的探头，在光导纤维外镀一层很薄的金，然后用高分子膜将之绝缘。光导纤维可在基底上产生一个微米大小的聚光点，金圆环电极作为探头检测在基底上发生光化学反应的产物。探头电流和基底的光电流可提供有关区域光化学反应性以及给出基底的图像。

以液体为基础的玻璃微米管类型的离子选择电极也可以作为扫描电化学显微镜的探头。对 K^+、Zn^{2+}和 NH_4^+有选择性的微米管探头可用来给出微米级分辨率的区域浓度分布图。

2）扫描电化学显微镜图像

大多数已报道的扫描电化学显微镜图像是应用等高模式得到的。此模式的工作原理是探头在基底表面进行等高的 *X-Y* 方向扫描，同时记录探头在不同位置的电流大小。探头电流的大小反映出 *Z* 方向的高低不等，从而可得到基底的三维图像。获得的图像的分辨率主要与探头的大小和探头与基底之间的距离有关。

应用纳米级的探针可使图像的分辨率从 μm 级提高到 30～50 nm，这已接近其理论极限。因为进一步提高图像的分辨率需要将探头移到离基底 10 nm 之内，而这样将引起电子在探头和导电基底之间的隧道电流，从而使扫描电化学显微镜过渡到扫描隧道显微镜的范畴。

对于基底含有导电和绝缘体微结构的不均匀体系，应用等电流模式可以避免等高模式所引起的探头会碰到基底而撞坏的问题。目前应用扫描电化学显微镜所得到的最高的分辨率是在空气中研究绝缘基底。

思　考　题

1. 什么是量子隧道效应？扫描隧道显微镜的工作原理是什么？
2. 扫描隧道显微镜主要常用的有哪几种扫描模式？各有什么特点？
3. 原子力显微镜的工作原理什么，请简要说明？
4. 原子力显微镜有哪几种成像模式？
5. 原子力显微镜的优点和不足之处有哪些？
6. 扫描电化学显微镜的工作原理是什么？请简要说明。

第 8 章　电子显微镜分析与 X 射线衍射和光电子能谱分析技术

本章要点

- 了解扫描电子显微镜技术、透射电子显微镜技术、X 射线衍射和 X 射线光电子能谱分析技术的原理。
- 掌握其在纳米材料的形貌和结构表征、材料的表面元素分析等方面的应用。

8.1　扫描电子显微镜技术

8.1.1　扫描电子显微镜的原理

8.1.1.1　电子显微镜的工作原理

人通过两种基本的方式感知和观测事物，一种是肉眼直接观测，另一种是用手触摸。自然光光线经物体反射后被视网膜接收，经过眼球的聚焦和放大，最后成像。人的肉眼的分辨率为 0.10～0.25 mm，是物体距离人眼 25 cm 处能分辨的两点间的最小距离（δ，cm）。光学显微镜能够将物体放大至 2000 倍，使人眼能够观测到最小为 200 nm 的物体，达到了光学显微镜的放大极限。1918 年，德国理论光学家建立了光子的波长与能够分辨的两点间的距离关系，

$$\delta = \frac{h\lambda}{N\sin\alpha} \tag{8-1}$$

式中，h 为普朗克常数，$6.626\times10^{-34}\ \mathrm{J\cdot s^{-1}}$；$\lambda$ 为波长，nm；N 为介质折射率；α 为

入射光束孔径角的一半；$N\sin\alpha$ 为数值孔径。

可见光的波长在400～790 nm之间，以500 nm波长为例。入射光束的最大孔径角为180°，则 a=90°。以香柏油作为介质，其 N=1.51。代入方程（8-1）得，δ=200 nm。因此，进一步放大显微镜的倍数，观测更小尺寸的物体，则需要小于可见光光子波长的光波作为光源。

紫外线波长在 200～400 nm 之间，能够提高的放大倍数有限，且紫外线不能够透过玻璃，容易被空气中的氧气吸收。高速运动的电子是一种波长极短的电磁波，具有波粒二相性。1924 年，法国科学家德布罗意证明光波的波长和粒子的质量与运动速度存在以下关系，

$$\lambda = \frac{h}{mv} \tag{8-2}$$

式中，m 为粒子的质量，kg；v 为粒子的运动速度，m・s^{-1}。

对于高速运动的电子，其在真空中的运动速度与加速电压有关，根据能量守恒定律，可以得到下列关系式，

$$\frac{1}{2}mv^2 = eU \tag{8-3}$$

式中，m 为电子的质量，9.1×10^{-31} kg；e 为电子的电荷绝对值，1.6×10^{-19} C；U 为加速电压，V。

结合方程（8-2）和方程（8-3）可得到高速运动的电子波的波长与加速电压的关系为

$$\lambda = \frac{1.225}{\sqrt{U}}(\mathrm{nm}) \tag{8-4}$$

电子显微镜所用的加速电压为几十千伏至几百千伏，电子的运动速度接近光速，需考虑相对论效应。经过相对论修正后，方程（8-4）为

$$\lambda = \frac{1.225}{\sqrt{U(1+0.978\times10^{-6}U)}}(\mathrm{nm}) \tag{8-5}$$

高速运动电子束可以通过 X 射线轰击金属阴极获得，同时，1924 年德国科学家 Garbor 和 Busch 发现铁壳封闭的铜线圈能够聚焦电子流，可以作为电子束的透镜，奠定了电子显微镜的理论基础。1932 年，德国物理科学家恩斯特・鲁斯卡（Ernst Ruska）和马克斯・克诺尔（Max Knoll）在实验室中研制了第一台透射电子显微镜，尽管分辨率低，但证实了电子显微镜的合理性，经过改进，分别率可达 10 nm，1930 年该成果转让于德国西门子公司生产。电子显微镜的发明获得了 1986 年诺贝尔物理学奖。现代电子显微镜中使用场发射电子作为电子束源，提高了电子的运动速

度和显微镜的分辨率。即在超高真空中以极细的金属针尖(曲率半径为 10^{-4}～10^{-6} cm)为阴极，外加数千伏的电压，获得场发射电子束。当加速电压为 50 kV、75 kV、100 kV、200 kV、300 kV 时，电子束的波长分别为 0.0055 nm、0.0045 nm、0.0039 nm、0.0025 nm 和 0.002 nm。理论的分辨率达到 10^{-3}～10^{-4} nm 级别。目前，美国 FEI 公司生产的 Tecnai G2 F30 场发射透射电子显微镜的分辨率可达 0.1 nm，加速电压为 300 kV，能够用于表征晶体的原子排列成像。

当电子束作用于物体表面时，可以产生二次电子、背散射电子、俄歇电子、X 射线、光子、透射电子等种类的粒子，其中二次电子能够反映样品的形貌，是扫描电子显微镜的工作原理。当样品很薄时，电子束能够穿透样品中的晶格，对原子进行成像，这是透射电子显微镜的工作原理。

8.1.1.2　扫描电子显微镜的工作原理

入射电子束受样品的散射与样品的原子进行能量交换，原子的外层电子受激发而逸出样品表面，逸出的原子被称为二次电子[图 8-1 和图 8-2（a）]。二次电子逸出表面前有能量的损失，所以二次电子的能量较低，约 10～50 eV，只有距离样品表面约 5～100 nm 深度范围的二次电子能够逃离样品表面而被侦测。由于二次电子产生的数量受样品表面起伏状况的影响，所以二次电子影像可以观察样品表面的形貌特征。样品的凸起部分距离检测器较近，检测器接收的电子数目较多，图像较明亮。样品的凹陷部分距离检测器较远，检测器接收的电子数目少，图像则较暗。另外，原子序数越高，外层轨道上的原子数目越多，产生的二次电子越多，图

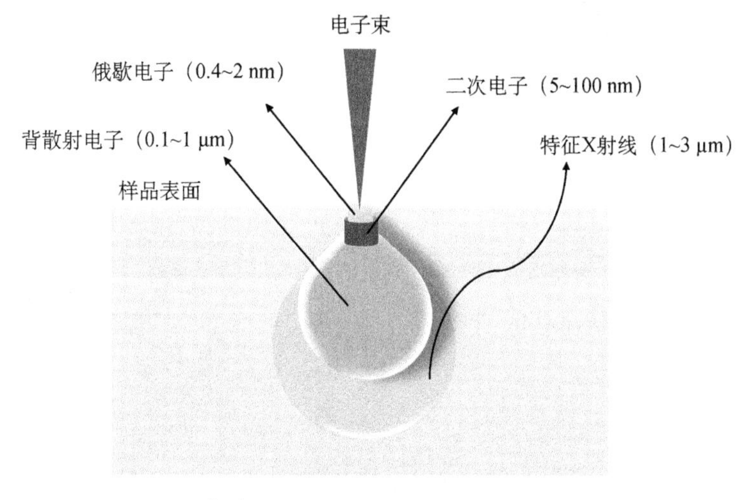

图 8-1　高速运转电子与样品作用后产生的粒子种类

像越明亮。由于二次电子的能量低，可在检测器前端施加正电压来收集二次电子，然后通过 6～12 kV 的加速高压运动至闪烁体，闪烁体产生荧光，通过光电倍增管进行检测，形成扫描电子显微镜图像。

1935 年克诺尔研制了第一台原始的扫描电子显微镜，但分辨率达不到样品的高分辨成像，只能作为电子探针 X 射线微分析仪中的辅助成像装置。1965 年英国剑桥仪器公司生产了第一台扫描电子显微镜，分辨率可达 25 nm，使扫描电子显微镜进入实用阶段。1968 年克诺尔成功研制了场发射电子枪，使电子显微镜达到了现代表征水平。美国 FEI 公司生产的 Quanta FEG 250 场发射扫描电子显微镜分辨率为 1 nm，电子束的加速电压可为 5～30 kV。

背散射电子又称为反射电子，是入射电子受到原子核散射而反射回来的电子，反射电子的能量接近入射电子的能量。反射电子为入射电子束深入到样品内部而产生，且能量高，样品深度为 0.1～1 μm 的区域可产生反射电子。

入射电子束作用于样品更深区域（1～3 μm）中的原子时，能够激发原子的内层电子（如 K 层）电离，脱离原子，临近壳层（如 L 层）的电子填充空电子穴位，同时释放 X 射线[图 8-2（b）]。X 射线的能量为两层相邻轨道的能量差，

$$\Delta E = E_{\mathrm{L}} - E_{\mathrm{K}} = \frac{hc}{\lambda_{\mathrm{K\alpha}}} \tag{8-6}$$

式中，E 为相邻原子轨道能级差，eV；E_{L} 为 L 层原子轨道能级，eV；E_{K} 为 K 层原子轨道能级，eV；c 为光速，$3\times10^{8}\ \mathrm{m\cdot s^{-1}}$；$\lambda_{\mathrm{K\alpha}}$ 为 K 系特征 X 射线波长，nm。

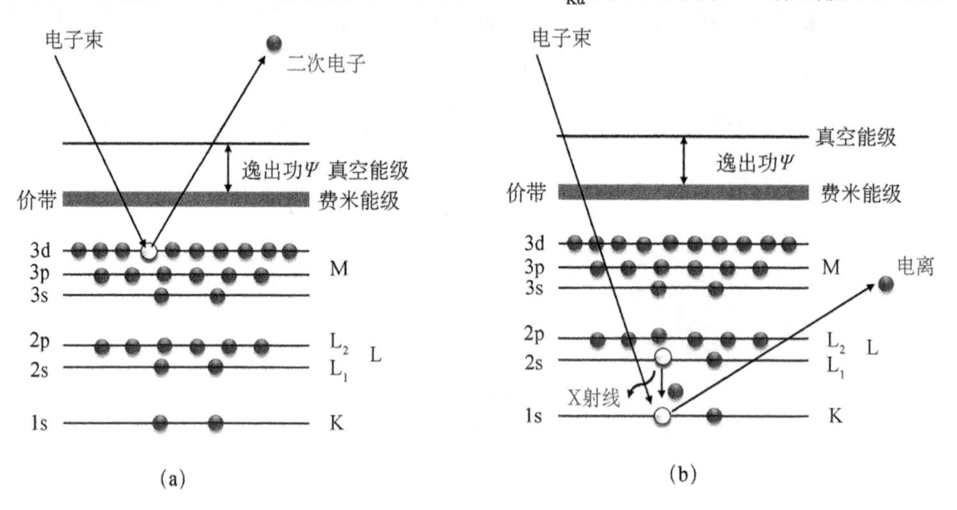

图 8-2　电子束作用于样品原子后产生的二次电子和 X 射线示意图

特征 X 射线只与原子种类和化学环境有关，能够用于样品的元素种类的分析。扫描电子显微镜中配有特征 X 射线的检测器，能够收集电子束撞击样品时产生的 X 射线，根据样品某一区域收集的 X 射线能量色散谱（energy dispersive spectrum，EDS）可判断样品由哪些元素组成。信号收集的区域面积较大，边长为几个微米至几十微米。这是分析样品中元素组成的一种常用的方法。

俄歇电子（Auger electron）是原子的内层电子被激发而产生的次级电子（图 8-3）。原子 K 层电子被击出，L 层电子（L_1）向 K 层跃迁，其能量不是以产生一个 K 系 X 射线光量子的形式释放，而是被邻近的电子（L_2）所吸收，使这个电子受激发而成为自由电子，这就是俄歇效应，这个自由电子被称为俄歇电子。俄歇电子的动能只与产生俄歇效应的物质的元素种类有关，能够用于样品表面的元素种类和价态的分析。样品表面深度为 0.5～6.5 nm 的原子产生的俄歇电子能够逸出样品表面到达检测器。俄歇电子能谱虽然存在能量分辨率较低的缺点，但却具有 XPS 难以达到的微区分析优点。对于能量为 50～2000 eV 范围内的俄歇电子，逸出深度为 0.4～2 nm，深度分辨率约为 1 nm，横向分辨率取决于入射束斑大小。

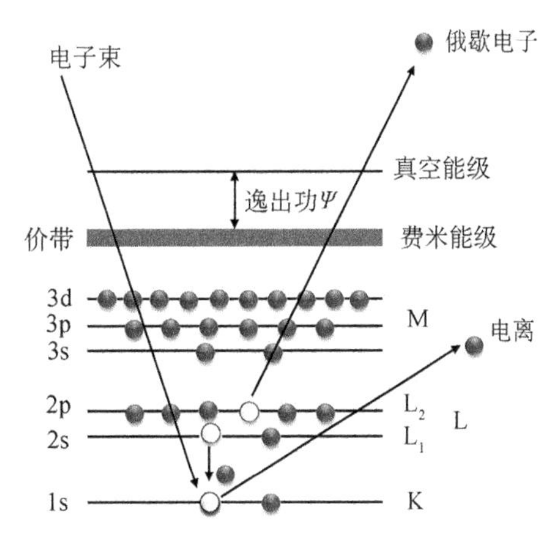

图 8-3　电子束作用于样品原子后产生的俄歇电子示意图

有些固体被电子束激发后，原子的价电子被激发至原子轨道高能级或能带中，被激发的材料产生弛豫发光，被称为阴极荧光，波长在近红外、可见和紫外光范围内。

8.1.1.3　扫描电子显微镜的构造

扫描电子显微镜主要由六部分组成，分别为电子束汇聚系统、样品室、信号收集与成像系统、真空系统、电源系统。电子束光汇聚系统包括电子束的产生和聚焦，由电子枪、磁透镜（2～3 个）、扫描线圈组成。电子枪的主体部件为发夹式热发射钨丝栅极（阴极）和阳极（图 8-4）。在真空状态下加热钨丝产生电子束，在高压下（0.5～30 kV）电子束向阳极高速运动，从狭缝中射出，直径在 30～50 μm 之间。电子束到达第一磁透镜和第二磁透镜，在外加磁场的作用下改变运动方向，发生折射和聚焦，直径缩小至 50 nm，电子束的密度增大。随后，在扫描线圈部件中，电子束在样品表面做光栅式扫描，得到样品的表面形貌等信息。扫描线圈通常由两个偏转线圈组成，在扫描发生器的作用下，扫描线圈可有规律地偏转。

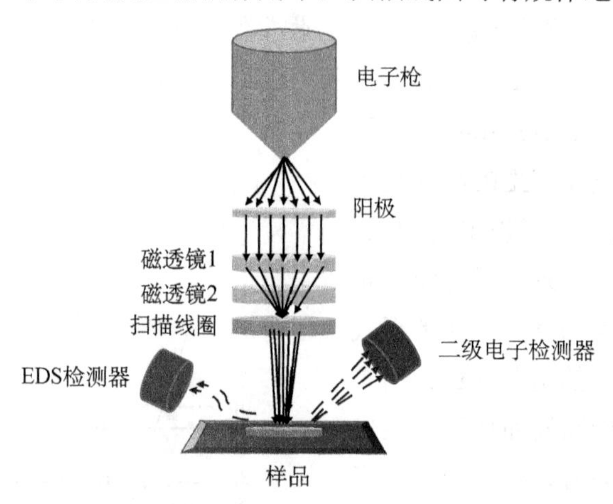

图 8-4 扫描电子显微镜的构造示意图

样品室则为样品固定和与电子束相互作用的场所。扫描电子显微镜的样品室容积较大，样品室的直径最大可为 15 cm。通常将样品滴涂到导电基底如硅片或 ITO 导电玻璃表面，然后将导电基底固定到样品台上，并用导电胶带将基底的导电面与样品台连接。将样品台置于样品室中的样品架中，关闭舱门，抽真空后，施加高压，进行检测。样品架与微动装置相连，可沿 *X* 轴和 *Y* 轴方向移动，在 *T* 轴做 0°～90° 旋转，在 *R* 轴做 360° 旋转，在 *Z* 轴做 6～48 mm 的升降。

在高真空的工作状态下，二次电子信号的图像质量最好，最能反映样品的形貌信息。二次电子探头为二次电子信号的收集与放大装置，由栅极、聚焦环、闪烁晶体、光导管和光电倍增管等组成，是扫描电子显微镜的最重要的部件之一。扫描电子显微镜的成像部分包括显像管和照相机。显像管能够将光电倍增管输出的信号电流放大并转换为信号电压，并在荧光屏上投影成像。照相机则是将显示的图片、编号、放大倍率和标尺长度，由加速电压拍摄到底片上，然后进行显影，得到样品的照片。随着现代计算机的发展，现能够在电脑端直接输出图片，进行保存。

真空系统是扫描电子显微镜的重要部分，扫描电子显微镜的镜体和样品室需要保持 1.33×10^{-2}～1.33×10^{-4} 的真空度，才能使高速运动的电子束不会与空气中的氧气、氮气等分子反应，保证二次电子的产生与检测。真空系统由机械泵和扩散泵组成，同时还有水压、停电和真空自动保护装置、置换样品和灯丝时的气锁装置。

电源系统则包括电子束汇聚系统电源、真空系统电源、信号收集与显示系统电源等。其中，真空系统电源 24 h 工作，其他系统电源可在每天测试结束时关闭。同时，在样品室侧面安装 EDS 检测器，用于样品的元素组成分析。需要液氮来冷却 EDS 检测器。

8.1.2 扫描电子显微镜的应用

8.1.2.1 形貌和尺寸的初步分析

扫描电子显微镜可用于表征纳米材料的形貌（表面起伏、凹凸、纹理等）、形状、尺寸、化学元素组成以及动植物细胞的组织结构等。如图 8-5 所示，具有多种形貌的贵金属纳米晶体可以通过扫描电子显微镜进行初步的表征，例如，Pd 纳米立方体、八面体和菱形十二面体；Pd@Au 核壳结构的凹面三八面体、凸面四六面体和凸面六八面体。Pd 纳米立方体由 6 个{100}晶面组成，八面体由 8 个{111}晶面组成，菱形十二面体由 12 个{110}晶面组成[图 8-5（a）～（c）][58]。Pd@Au 核壳结构的凹面三八面体由 24 个{*hhl*}晶面组成，其中 $h\neq l$ 且 $h>1$，如{331}晶面、{221}晶面的贵金属纳米晶体的合成已被报道[图 8-5（d）][59]。凸面四六面体由 24 个{*hk*0}晶面组成，其中，$h>k$ 且 $h\neq 1$，如{730}、{520}、{210}晶面的贵金属纳米晶体已通过胶体化学还原法获得[图 8-5（e）][60, 61]。凸面六八面体由 48 个{*hkl*}晶面组成，其中 $h>k>l$，且 $l\neq 0$，如{431}晶面贵金属纳米晶体，可通过胶体化学还原法获得[图 8-5（f）][62]。扫描电子显微镜可初步分析纳米晶体的形貌，而晶体形貌的进一步确认需要使用透射电子显微镜进行表征。根据通过晶体投影形状的相邻边的夹角、边长和表面原子排列结构等信息确认晶体的晶面结构和形貌。对于导电性不好的半导体纳米晶体如 Cu_2O、Mo_2S，则可对样品进行喷金处理，使 SEM 图像更为清晰[63]。样品表面的 1～2 nm 厚度的金膜不影响纳米晶体的形貌。如图 8-6 所示，具有立方体和八面体形貌的 Cu_2O 以及花瓣状形貌的 MoS_2 层状结构可通过喷金的方式进行 SEM 成像。否则，二次电子生成数目少，图像发暗。通过 SEM 表征，可初步对纳米粒子的尺寸进行估算，然后用 TEM 表征确定准确的尺寸。

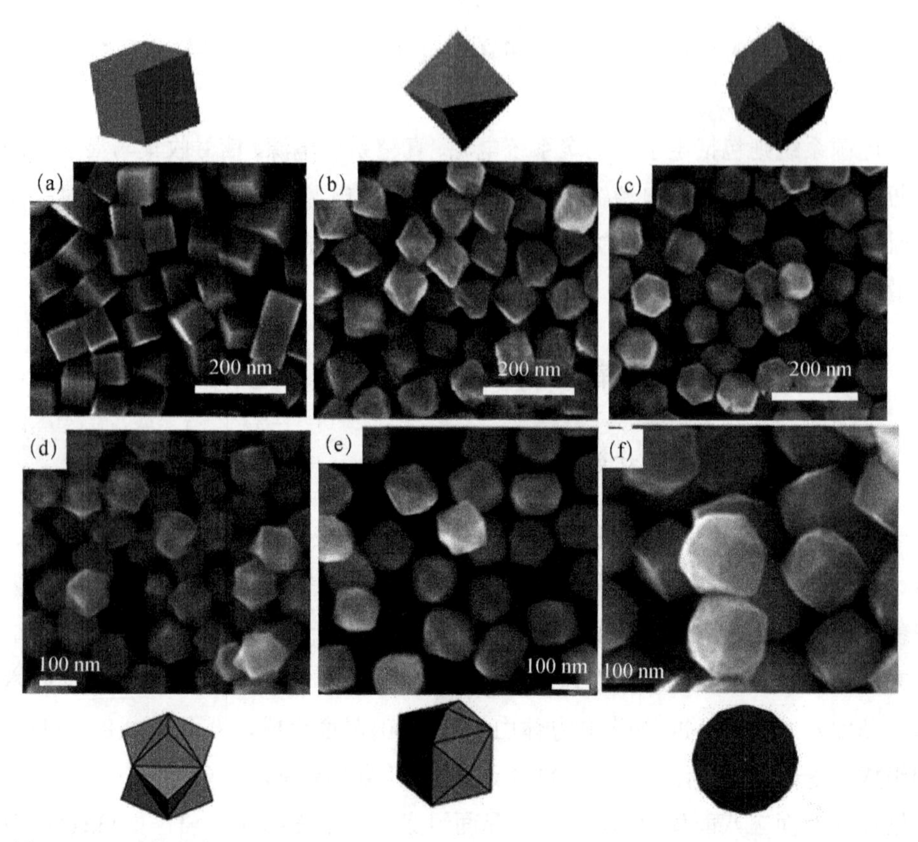

图 8-5 Pd 纳米立方体（a）、八面体（b）、菱形十二面体（c）、Pd@Au 核壳凹面三八面体（d）、凸面四六面体（e）和凸面六八面体（f）的扫描电子显微镜图和模型图

（a）～（c）和（f）分别引自文献[58]和[62]，图片引用经 American Chemical Society 授权；（d）和（e）分别引自文献[59]和[60]，图片引用经 Royal Society Chemistry 授权

图 8-6 Cu_2O 立方体（a）、八面体（b）以及 MoS_2 层状结构（c）的扫描电子显微镜图

（a）和（b）引自文献[63]，图片引用经 IOP Publishing 授权

8.1.2.2　元素分析

对 SEM 样品的某一区域进行 EDS 信号收集，能够分析该区域的样品的元素组成。如图 8-7 所示，AuAg 合金样品的 EDS 中含有 Au 和 Ag 两种元素的 X 射线特征峰，横坐标为原子轨道能级差，纵坐标为特征 X 射线的强度。每一种元素对应不同的特征峰，因此能够对元素进行定性的分析，并能获得这一区域的样品表面的元素比例（表 8-1）。

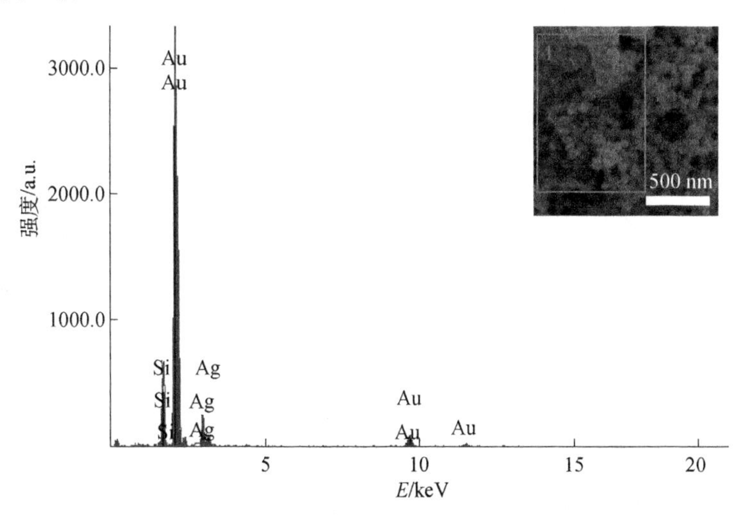

图 8-7　AuAg 合金 EDS 图

内插图：EDS 对应的样品区域（方框内）。基底：硅片

表 8-1　图 8-7 中样品和基底的 EDS 元素含量和原子比例分析

元素	原子轨道	强度	原子比例（%）	质量百分比（%）	偏差
Si	Kα	194.19	22.00	4.21	0.139
Ag	Lα	87.05	14.76	10.86	0.623
Au	Lα	1078.75	63.24	84.93	0.993
总计			100.00	100.00	

8.1.2.3　冷冻扫描电子显微镜

对于生物样品，如尺寸在微米级的植物的根毛、细胞、细菌、真菌、病毒等样品可通过喷金处理，利用 SEM 进行成像，分析其形貌。但由于生物样品在喷金处理和电子束轰击下容易变形，且化学固定法中使用的化学试剂容易引起细胞结构的变化，不能够反映生物组织的实时活动状态。冷冻法可以将生物样品快速地冷冻固定并直接进行 SEM 成像，加速高压一般为 1～5 kV，避免生物样品表面电荷的积

累。冷冻样品经过冷冻保护剂如甘油、二甲基亚砜处理后，在液氮中快速冷却，然后转移至扫描电子显微镜中的冷冻台上，在观察过程中，用液氮维持冷冻台的温度。

8.2 透射电子显微镜技术

8.2.1 透射电子显微镜的原理

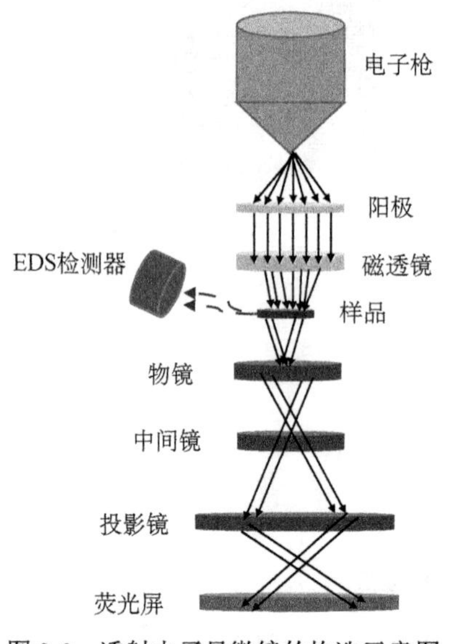

图 8-8 透射电子显微镜的构造示意图

透射电子显微镜的成像原理与扫描电子显微镜略有不同，如图 8-8 示，电子束经过加速、聚焦后，直接穿过晶体样品，在晶体中的点单元的干涉和衍射作用下，电子改变原来的运动路径，将物象投影到荧光屏上。可以认为样品或晶体中的点单元挡住了电子束，与光学显微镜的成像原理类似，只是光源不同。

透射电子显微镜的电子束汇聚系统与扫描电子显微镜相似，包括电子枪、高压装置、聚光镜等，但没有扫描线圈。透射电子显微镜的样品室极小，样品滴涂到直径 4 mm 的薄的铜网上，置于样品杆的上端的环中，通过样品杆送入样品室中。由于透射电子显微镜的分辨率极高（0.1～0.2 nm)，所以对真空度的要求很高，镜体、样品室、检测器部分的真空度在 1.0×10^{-4}～1.0×10^{-5} 之间。透射电子束的加速电压为 200～300 kV，以确保达到高分辨率。

在样品的下方为透射电子显微镜的成像放大系统和观察与记录系统。成像放大系统由物镜、中间镜、投影镜、消像散器组成。物镜为放大率很高的短距透镜，对样品的电子像进行放大，是决定 TEM 分辨率和成像质量的关键。中间镜是倍率可变的弱透镜，对电子成像进行二次放大。通过调节中间镜的电流对物体的像或电子衍射图进行放大，可起到调节物体的像放大倍数的作用。投影镜为高倍的透镜，是最后一级放大镜，用来将放大的中间像投影到荧光屏上。

观察与记录系统由荧光屏和照相机组成。电子图像最终反映到荧光屏上，实现最终样品的成像。荧光屏是表面涂有荧光粉（常用 ZnS 纳米粒子）的铝板。ZnS 纳米粒子的直径越小，荧光屏的分辨率越高。如 10 nm 直径 ZnS 纳米粒子层的荧光屏的分辨率为 10～50 nm。除荧光屏外，在主观察窗外配有 5～10 倍的双目镜光学显微镜，可对样品物像进行 3～10 倍的进一步光学放大，观察尺寸更小的纳米结构。如观察 0.5 nm 的粒子，需要 10 万倍的电子光学放大，再经过 10 倍的光学放大即可。荧光屏上的图像需要经过照相机的拍摄转换为可存储的样品的 TEM 图片。现代透射电子显微镜采用电荷耦合器件（charge-coupled device，CCD）进行慢扫描拍摄以及数字成像，分辨率很高，但价格约数十万元。总之，透射电子显微镜的造价高、操作复杂、仪器部件精密，操作人员也需要经过充分培训后才能上机操作。

8.2.2　透射电子显微镜的应用

8.2.2.1　晶体的形貌和晶格结构分析

在透射电子显微镜中，普通放大倍数的条件下（30 万至 100 万放大倍数），可以认为电子可以绕过样品，最终呈现样品的投影。通过样品的投影，能够测量纳米粒子、纳米线、纳米片等结构的边长、直径等参数。通常计算 50～100 个纳米结构，然后取平均值。如图 8-9 所示，在 Pd 纳米菱形十二面体、立方体和八面体的普通分辨率的透射电子显微镜图中，菱形十二面体的投影形状可以为六边形、四边形等，这取决于晶体的投影方向。当菱形十二面体沿[011]方向投影时，呈六边形，此时晶体的（110）晶面着陆（图 8-9 A_2）。当菱形十二面体沿[100]轴投影时，呈四边形，此时晶体的顶点着陆。晶体在基底表面的投影方向是随机的。立方体的（100）晶面着陆时，投影呈四边形，投影方向为[001]（图 8-9 B_2）。立方体的顶点着陆时，投影呈六边形，投影方向为[111]。同理，八面体的（111）晶面着陆时，投影呈六边形，投影方向为[$\bar{1}$11]（图 8-9 C_2）。八面体的顶点着陆时，投影呈四边形，投影方向为[001]。普通分别率的透射电镜只能提供样品尺寸和投影形状等信息，并不能确定晶体的结构和晶面。

晶体的结构可以通过透射电子显微镜中的电子衍射部件进行分析。电子束穿过晶体时，受到晶体内部点阵的衍射和干涉，最终形成有规律的衍射点阵或衍射环。衍射点阵排列结构或衍射环直径只与晶体的 14 种晶格结构有关。如图 8-9 A_3、B_3 和 C_3 所示，对于单个具有单晶结构的纳米粒子，原子排列只有一种取向能够呈现有规律的电子衍射点。每一个衍射点距离原点的距离决定于晶格结构，如面心立方结构的晶体，围绕着原点中心的点组成六元环，连接对称的两个点，形成的三条对角线的边长分别为 d_1、d_2、d_3。贵金属纳米晶体的晶格结构为面心立方排列，对于沿[011]方向投影的 Pd 纳米粒子，d_1/d_2=1.12，d_2=d_3（图 8-9 A_3）。对于沿[001]方向投影的 Pd 纳米粒子，$d_1/d_2=1.41$，$d_2=d_3$（图 8-9 B_3）。对于沿[111]方向投影的 Pd 纳米粒子，$d_1=d_2=d_3$（图 8-9 C_3）。每一个电子衍射点代表一组晶面，具有特征性。如果纳米粒子为多晶，原子有多种排列取向，则电子衍射电子点阵由多个单套的点阵组合。如果对多个取向投影的晶体进行电子衍射，则电子衍射点多为衍射环。每一个环的直径对应一组晶面，具有特征性。所以，通过透射电子显微镜的电子衍射分析，能够得到该种晶体的晶格结构，与 X 射线电子衍射原理类似，只是光源不同。对于立方体、八面体和菱形十二面体的形貌确认比较简单，沿特定的投影方向得到的电子衍射点阵与理论点阵结构符合，即可判定晶体的形貌。

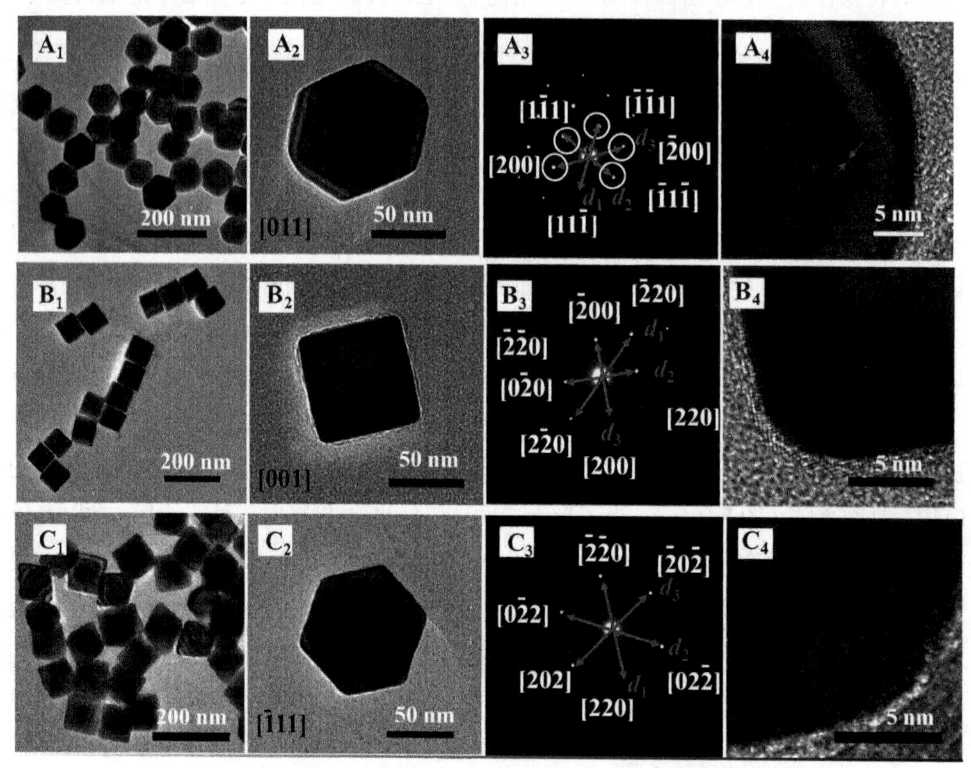

图 8-9 Pd 纳米菱形十二面体（A）、立方体（B）和八面体（C）的 TEM、电子衍射和高分辨 TEM 表征图[58]

图片引用经 American Chemical Society 授权

在高分辨透射电子显微镜工作模式下（200 万至 300 万倍放大倍数），放大倍数增加，可以看到晶体的有序的原子排列。电子束绕过晶体中的点单元，可以认为高分辨透射电子显微镜图中的白色圆点为原子（图 8-9 A_4、B_4 和 C_4）。相邻两行原子的间距对应一组晶面间距，可以通过不同取向的平行线之间的间距的测量，得到对应的晶面间距，分析晶体的结构。得到的结构信息与电子衍射结构一致。对于面心立方结构的晶体来讲，（100）、（111）和（110）晶面对应的间距分别为 0.20 nm、0.23 nm 和 0.27 nm。

8.2.2.2　单个纳米粒子的元素组成分析

在透射电子显微镜中，可以配置 EDS 检测器，用于样品的元素组成分析。由于透射电子显微镜的电子束能量高，所以分辨率高，可以用于单个纳米粒子的元素组成分析，其分辨率高于扫描电子显微镜表征。EDS 工作环境为暗场模式，该种模式结合了扫描电子显微镜和透射电子显微镜的优点，能够给出纳米粒子的三维形貌。在该种模式下，不同的元素亮度有所不同。如图 8-10 所示，Au 的原子质量高于 Pd 原子，产生的二次电子数目多，图像更亮。通过高角环状暗场成像分析，可以清晰地看到 Pd 纳米立方体位于壳核结构的内部，边长约为 20 nm，Au 原子分布在 Pd 纳米立方体周围，厚度约为 25 nm。通过信号采集，能够得到元素分布图，更清楚地表达核壳结构[图 8-10（b）]。此为区分单个纳米粒子或纳米线的元素组成的最有效的方法。

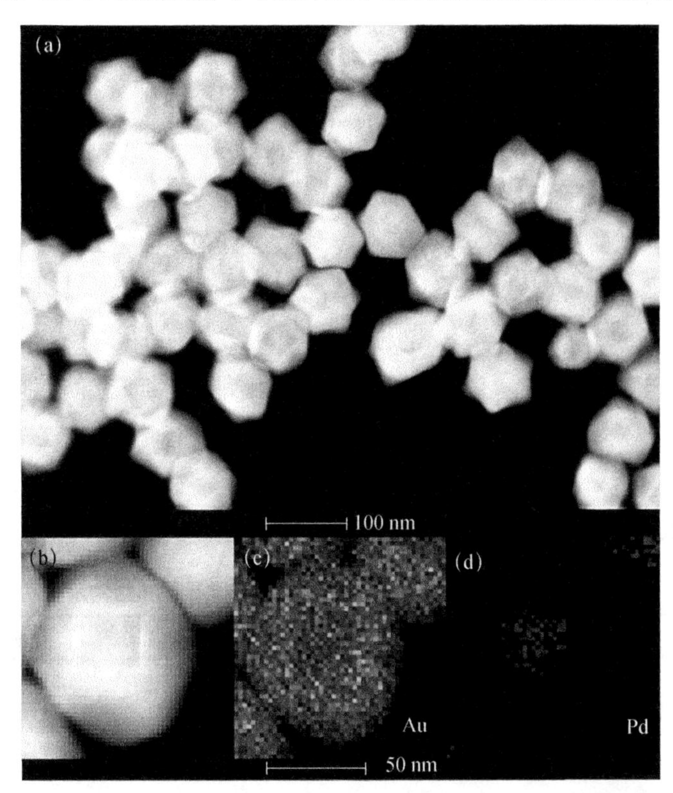

图 8-10　Pd@Au 核壳凹面三八面体的高角环状暗场扫描透射电子显微镜图[（a）和（b）]和单个晶体的 Au、Pd EDS 元素分布图[（c）和（d）][59]

图片引用经 Royal Society Chemistry 授权

8.3 X 射线衍射分析和光电子能谱分析

8.3.1 X 射线衍射分析

8.3.1.1 晶体的结构

1）晶胞、晶胞参数、晶面间距

晶体包括金属晶体、盐晶体、半导体晶体、有机物晶体等。晶体可以看作是空间中的几何点有规律地排列而形成空间点阵。空间点阵由最小的平行六面体重复堆积而成，最小的平行六面体被称为晶胞。以晶胞的其中一个顶点为原点，3 个晶胞轴所在的方向分别为 x、y、z 方向，组成空间坐标系（图 8-11）。晶胞轴的 3 个边长分别为 a、b、c，3 个夹角分别为 α、β、γ。最小平行六面体晶胞的选取应遵循四个原则：选取的平行六面体应反映出点阵的最高对称性；平行六面体内的棱和角相等的数目应最多；当平行六面体的夹角存在直角时，直角数目应最多；当满足上述条件的情况下，平行六面体应具有最小的体积。根据以上三个条件，布拉维（A. Bravais）用数学方法推导出能够反映空间点阵全部特征的单位平行六面体只有 14 种，这 14 种空间点阵也称布拉维点阵，在晶体结构中，它们分属于 7 个晶系（表 8-2）。

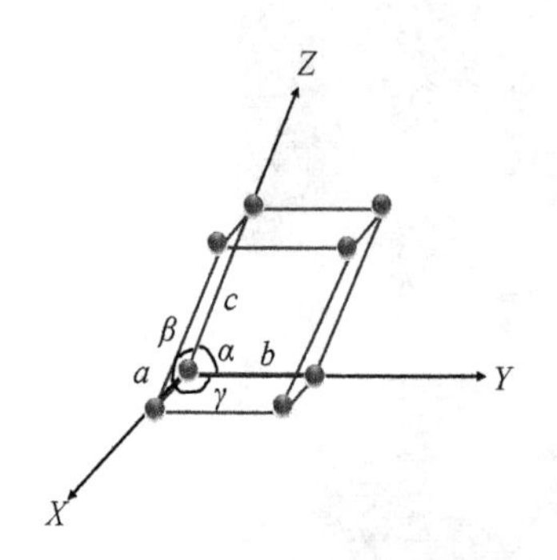

图 8-11 晶胞的边长和夹角参数

表 8-2 7 种晶系和 14 种布拉维晶格的晶胞参数和结构示意图

晶系	晶格	棱	夹角	晶胞示意图
三斜	简单三斜	$a \neq b \neq c$	$\alpha \neq \beta \neq \gamma \neq 90°$	

续表

晶系	晶格	棱	夹角	晶胞示意图
单斜	简单单斜	$a \neq b \neq c$	$\alpha=\beta=90^{\circ} \neq \gamma$	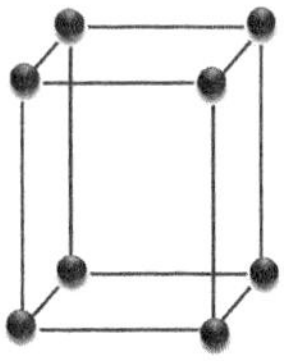
	底心单斜			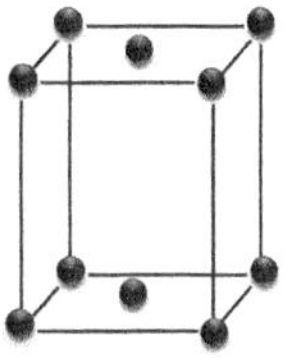
正交	简单正交	$a \neq b \neq c$	$\alpha=\beta=\gamma=90^{\circ}$	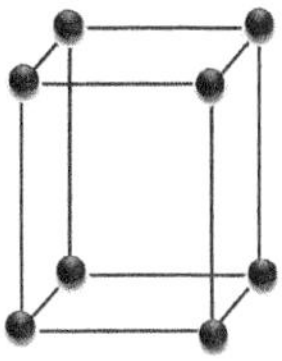
	底心正交			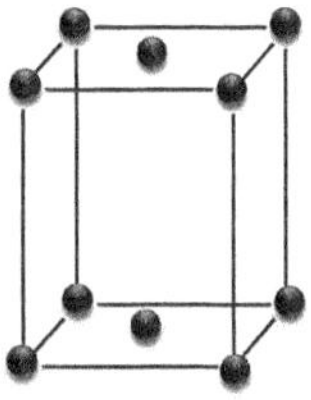
	体心正交			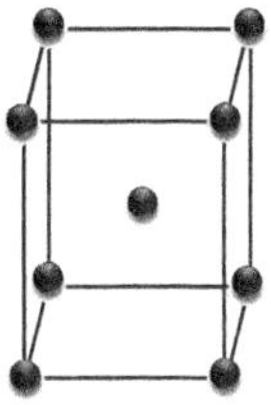
	面心正交			

续表

晶系	晶格	棱	夹角	晶胞示意图
六方	简单六方	$a_1=a_2=a_3\neq c$	$\alpha=\beta=90°$，$\gamma=120°$	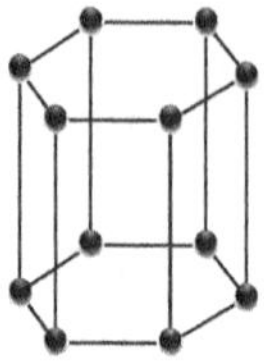
菱方	简单菱方	$a=b=c$	$\alpha=\beta=\gamma\neq 90°$	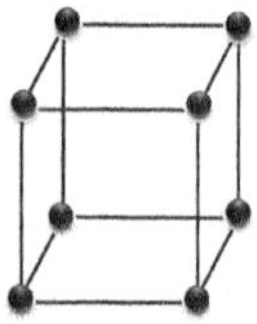
四方	简单四方	$a=b\neq c$	$\alpha=\beta=\gamma=90°$	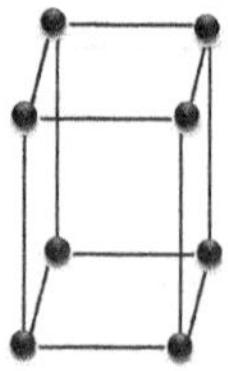
	体心四方			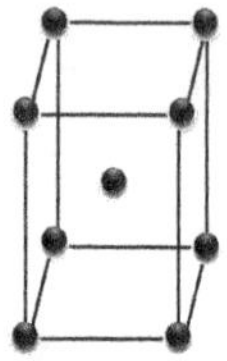
立方	简单立方	$a=b=c$	$\alpha=\beta=\gamma=90°$	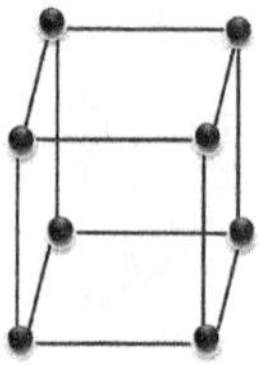
	体心立方			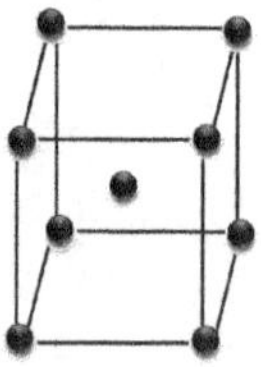
	面心立方			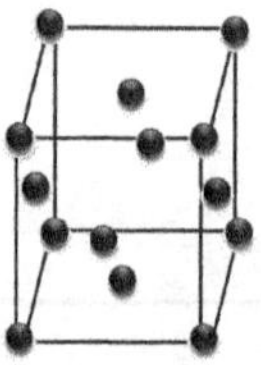

不在一条直线上的任意三个阵点所决定的点阵平面被称为晶面。如图 8-12 所示，如某一不通过原点的晶面在三个轴矢方向上的截距表示为 m（以 a 为单位）、n（以 b 为单位）和 p（以 c 为单位）。令 $1/m:1/n:1/p=h:k:l$（$h:k:l$ 为互质整数比），h、k、l 则称为晶面指数或米勒指数（Miller index)，记为$\{hkl\}$。如果晶面与某一轴平行，其截距为∞，倒数是 0。

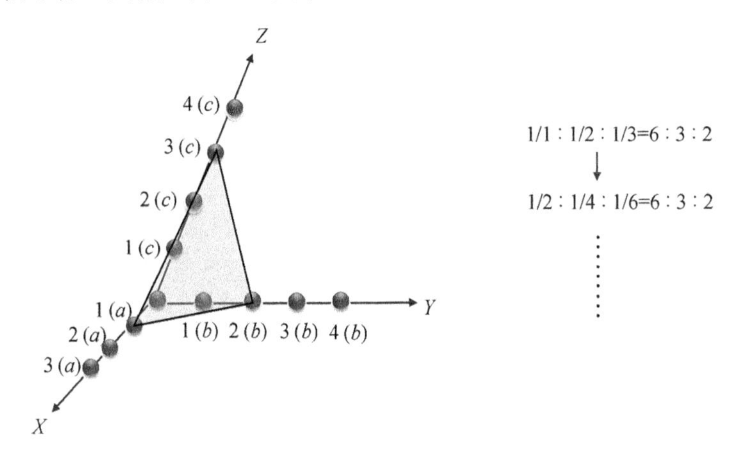

图 8-12　晶面指数计算示意图

同一晶面指数代表了一族相互平行的点阵平面（晶面），如{110}代表（110）、（220）、（330）等一族晶面。最邻近的两个晶面间的距离称为晶面间距，用 d_{hkl} 表示。则最靠近原点的晶面的实际截距数值分别为 a/h、b/k 和 c/l，与之最近的同组晶面与晶胞轴的实际截距数值分别为 $2a/h$、$2b/k$ 和 $2c/l$（图 8-13)。晶面间距、晶胞边长、晶胞夹角应满足以下关系，

$$\begin{aligned} d_{hkl} &= \left(2\frac{a}{h}\cos\alpha' - \frac{a}{h}\cos\alpha'\right) = \left(2\frac{b}{k}\cos\beta' - \frac{b}{k}\cos\alpha\beta'\right) \\ &= \left(2\frac{c}{l}\cos\gamma' - \frac{c}{l}\cos\gamma'\right) \end{aligned} \tag{8-7}$$

$$\cos^2\alpha' + \cos^2\beta' + \cos^2\gamma' = 1 \tag{8-8}$$

$$d_{hkl}^2\left(\frac{h^2}{a^2} + \frac{k^2}{b^2} + \frac{l^2}{c^2}\right) = 1 \tag{8-9}$$

式中，h、k、l 为晶面指数；d_{hkl} 为晶面间距；a、b、c 为沿晶轴方向的晶胞边长；α'、β'、γ' 为晶轴与晶面矢量方向的夹角。

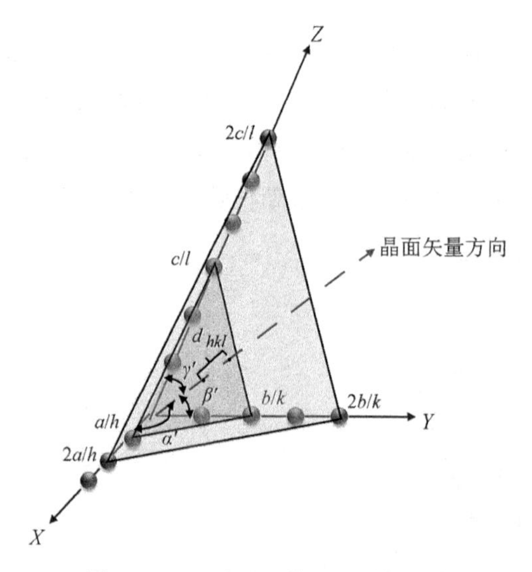

图 8-13 {*hkl*}晶面截距计算示意图

2）劳厄方程

当两个波的振动方向相同、波长（频率）相同，并存在一定的波程差Δ（又称光程差、相位差，单位：m）时，它们就会产生相互干涉作用。当波程差为波长的整数倍（即$\Delta=n\lambda$），两个波相互加强，当波程差为半波长的奇数倍时[即$\Delta=(n+1/2)\lambda$]，二者刚好相互抵消。晶体中存在大量周期性重复的原子（多波源），散射的X射线会发生干涉。减弱的干涉多次重复最终消失，光程差为波长整数倍的光线互相叠加，得到最大干涉条纹（围绕中心斑点形成一些小的衍射斑）。1912年，德国物理科学家马克斯·劳厄（Max Laue）第一次成功地进行了X射线通过晶体发生衍射的实验，验证了晶体的点阵结构理论，并确定了著名的晶体衍射劳厄方程式，从而形成了一门新的学科——X射线衍射晶体学（劳厄因此于1914年获得诺贝尔物理学奖）。

当波长为λ的X射线从某一角度照射一维直线点阵的各点时[图8-14（a）]，相邻两点的散射X射线的波程差为

$$\Delta = a(\cos\alpha - \cos\alpha_0) \tag{8-10}$$

式中，a为直线点阵相连两点间的距离，m；α为入射X射线与直线夹角；α_0为散射X射线与直线夹角。

产生最大干涉的条件为

$$a(\cos\alpha - \cos\alpha_0) = h\lambda \tag{8-11}$$

式中，h 为次级衍射级次，$h=0$，±1，±2…。

从 α_0 角度入射的光线被直线点阵衍射后形成一个圆锥状衍射面，因此最终的衍射结果为一套以直线点阵为轴、顶角为 2α 的一系列圆锥面[图 8-14（b）]。

平面点阵可视为无数直线点阵在二维平面的平行排列产生，包括 X 方向和 Y 方向两个维度。X 射线从某一角度照射平面点阵上的各原子，入射线与 X 方向和 Y 方向的夹角分别为 α_0、β_0，散射线与 X 方向和 Y 方向的夹角分别为 α、β，两个方向的相邻两点之间的距离分别为 a 和 b，并符合方程（8-11）和方程（8-12）。入射的光线被直线点阵 X 衍射后形成一个顶角为 2α 的圆锥状衍射面；入射的光线被直线点阵 Y 衍射后形成一个顶角为 2β 的圆锥状衍射面；要同时符合上述衍射条件，则衍射方向只能位于两套圆锥面的交汇处（线）[图 8-14（c）]。

$$b(\cos\beta-\cos\alpha\beta_0)=k\lambda \tag{8-12}$$

式中，k 为 Y 轴方向次级衍射级次，$k=0$，±1，±2…。

同理，空间点阵可以看作是点阵平面沿垂直方向平行排列产生，包括 X、Y、Z 三个方向维度，每个方向上的相邻两点距离分别为 a、b 和 c。X 射线从某一角度照射空间点阵上的各点，入射线与三个坐标轴方向的夹角分别为 α_0、β_0 和 γ_0，散射线三个坐标轴的夹角分别为 α、β 和 γ，则满足方程（8-11）至方程（8-14）。这三个方程被称为劳厄方程。被直线点阵 X 衍射后形成一个顶角为 2α 的圆锥状衍射面；被直线点阵 Y 衍射后形成一个顶角为 2β 的圆锥状衍射面；被直线点阵 Z 衍射后形成一个顶角为 2γ 的圆锥状衍射面[图 8-14（d）]。要同时符合三个方向衍射条件，则衍射方向只能位于三套圆锥面的交汇处（点）。在直角坐标系中，衍射角 α、β 和 γ 同时满足方程（8-14）。

$$c(\cos\gamma-\cos\gamma_0)=l\lambda \tag{8-13}$$

$$\cos^2\alpha+\cos^2\beta+\cos^2\gamma=1 \tag{8-14}$$

式中，l 为 Z 轴方向次级衍射级次，$k=0$，±1，±2…。α、β 和 γ 分别为 X、Y 和 Z 轴方向的衍射角。在入射线波长和入射角度一定的情况下，劳厄方程只有两个独立的变量（变量即三个衍射角），可能无解，即无衍射产生。为了获得衍射线，需增加变量。第一种方法是晶体不动，使波长连续变化，这种方法被称为劳厄法。第二种方法为波长固定，旋转晶体（即改变入射角度），这种方法被称为回转晶体法。第三种方法为粉末法（实质上也是改变入射角）。通常采用粉末 X 射线衍射分析法分析晶格结构。

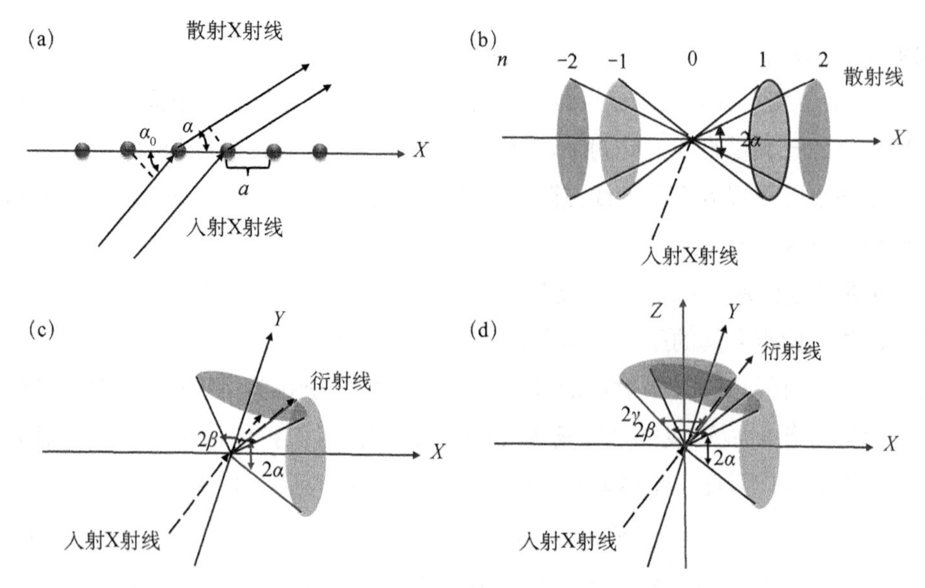

图 8-14　直线点阵（a）和（b）、平面点阵（c）和空间点阵（d）对入射 X 射线的散射和衍射分析

3）布拉格公式

劳厄方程给出了晶体衍射的基本规律。1913 年，英国科学家威廉·劳伦斯·布拉格爵士（Sir William Lawrence Bragg）根据镜面反射的原理导出 X 射线晶体结构分析的基本公式，即著名的布拉格公式，表达了晶面间距与 X 射线入射角和波长的关系，并测定了 NaCl 的晶体结构（其于 1915 年获得诺贝尔物理学奖）。晶体（空间点阵）可以看成是由一簇相互平行的晶面（点阵平面）构成；晶面的空间取向不同，晶面之间的间距 d 也不尽相同[图 8-15（a）]。波长为 λ 的平行 X 射线照射到该点阵面上，入射角为 θ（掠过角），则产生衍射的条件为：入射角与散射角相等（像反射），入射角不是任意角度，必须满足衍射的基本条件，即波程差为 $\Delta=n\lambda$（n=1, 2, 3, …）[图 8-15（b）]。根据以下推导，得出晶面间距与 X 射线入射角和波长的关系，

$$\Delta = AB + BC = d\sin\theta + d\sin\theta = n\lambda$$

$$2d_{hkl}\sin\theta = n\lambda \tag{8-15}$$

当 X 射线照射在晶体上时，若入射 X 射线与晶体中的某个晶面（***hkl***）之间的夹角满足布拉格方程，在其反射线的方向上就会产生衍射线（即最大干涉），否则就不产生。将布拉格方程改写为

$$2(d_{hkl}/n)\sin\theta=\lambda$$

$$\text{令}\ d_{hkl}/n=d_{HKL}，\ \text{则}\ 2d_{HKL}\sin\theta=\lambda \qquad (8\text{-}16)$$

式中，d_{HKL}为干涉面（HKL）的晶面间距；H、K、L为干涉指数，$H=nh$；$K=nk$；$L=nl$；θ为 X 射线与晶面的夹角（入射角）。这样把（hkl）晶面的 n 级衍射看作与（hkl）晶面平行的、面间距为 d_{HKL} 的晶面的一级衍射。干涉面不一定是真实的原子晶面。当干涉指数互为互质整数时，代表一族真实的晶面。因$|\sin\theta|\leqslant 1$；只有$\lambda\leqslant 2d_{HKL}$时，才能产生衍射。

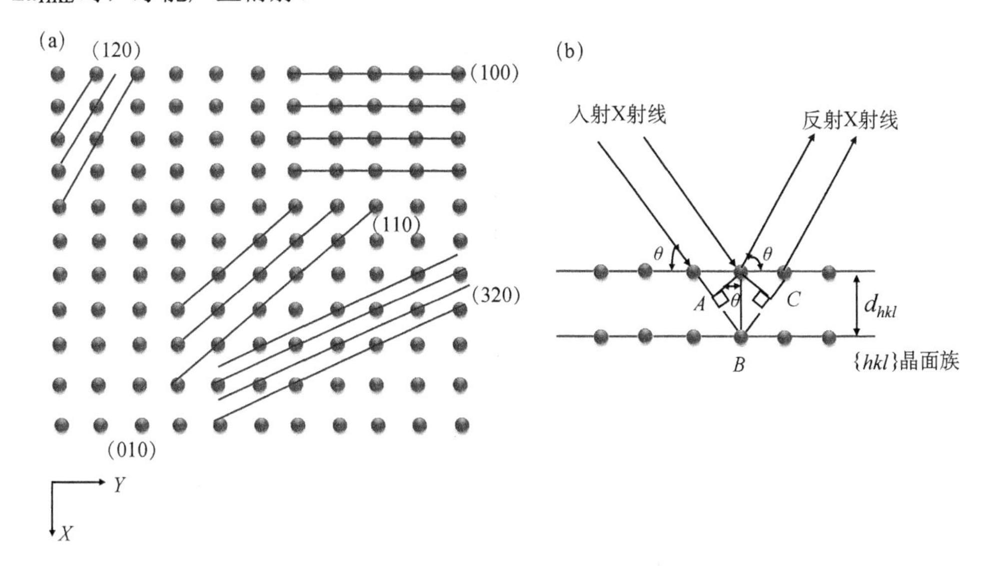

图 8-15　（a）晶体剖面图；（b）晶体对 X 射线镜面反射示意图

布拉格方程简明地指出了 X 射线衍射的方向（夹角 θ）。其现象类似于光的镜面反射，故常把 X 射线的衍射称为 X 射线反射。但实际上 X 射线的入射角和散射角略有不同。布拉格方程的物理意义在于，已知 X 射线波长，通过测入射角 θ，可计算各晶面间距 d_{hkl}，此为 X 射线晶体衍射分析的理论依据；已知晶面间距 d_{hkl}，测入射角 θ，得到特征波长 λ，此为 X 射线荧光分析的理论依据。

8.3.1.2　X 射线衍射分析的应用举例

改变入射 X 射线的入射角 θ，可以得到晶体的特征 X 射线衍射峰，峰所在的入射角代表一组晶面指数。在 X 射线衍射谱中，横坐标为 2θ，纵坐标为衍射峰的强度。X 射线衍射分析可用于分析晶体的晶格结构，包括金属晶体、半导体晶体、金属盐晶体、蛋白质晶体等。如图 8-16 所示，XRD 图谱能够用于判断晶体结构，不能确定晶体的形貌，各峰的相对强度只取决于粉末状晶体在基底表面取向[64]。如 Pd 纳米立方体沿[100]方向着陆，所以（200）取向的峰相对强度大。Pd 菱形十二面体多沿[111]方向着陆，所以（111）晶面取向的峰强度大。

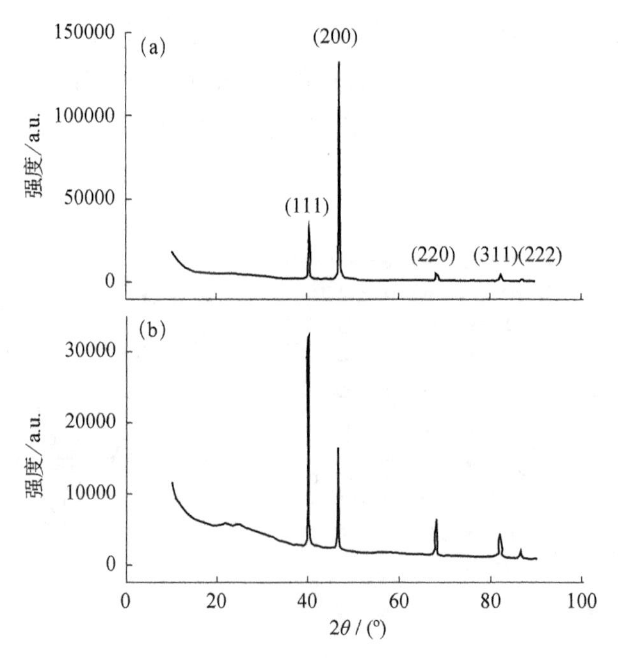

图 8-16 Pd 纳米立方体（a）和菱形十二面体（b）的 XRD 衍射图谱（JPCDS 数据库卡号 05-0681）[64]

图片引用经 Royal Society Chemistry 授权

8.3.2 光电子能谱分析技术

8.3.2.1 光电子能谱分析的原理

同理，用 X 射线轰击样品，使样品中原子的内层电子被激发，脱离样品表面，逸出电子在外加磁场的作用下沿一定的轨迹到达接收器，转换为光学信号（图 8-17）。不同能级的轨道逸出的电子动能不同，到达接收器的时间不同，从而能够形成逸出电子数目与原子轨道能级的谱图，亦被称为 X 射线光电子能谱。电子脱离样品表面后的运动速度只与 X 射线的强度和元素种类以及化学价态有关。固定 X 射线的强度，收集电子能谱，可以分析样品表面元素的组成和化学价，是常用的分析方法。

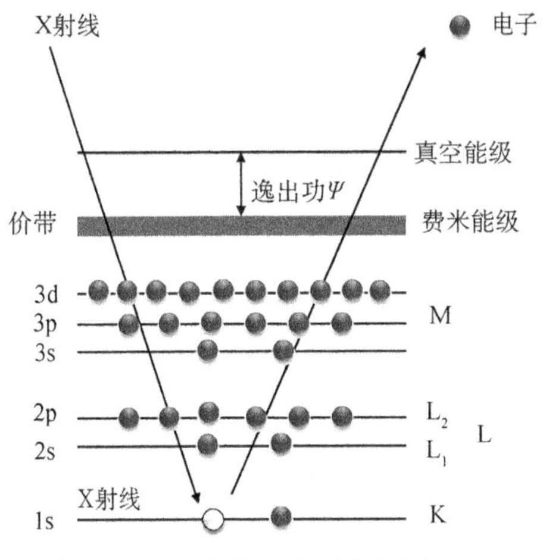

图 8-17　X 射线光电子产生示意图

8.3.2.2　光电子能谱分析的应用举例

X 射线光电子能谱可用于各种样品的表面元素的种类和化合价的分析。样品可为金属、金属化合物、聚合物、半导体、生物大分子等。X 射线光电子能谱图的横坐标为电子结合能，纵坐标为光电子强度。电子结合能只与元素种类和元素化合价有关。由于 XPS 分别率较高，横坐标电子结合能的测量误差不小于 0.2 eV。不同元素的 XPS 峰相差较远，所以在 XPS 测量时，首先在大范围的电子结合能区间收集广谱的 XPS 信号，初步分析样品表面（深度一般为 1～3 μm）的元素组成。然后在小范围的电子结合能区间内收集精细 XPS 信号，得到某一元素的原子轨道电子结合能。如图 8-18 所示，Au 元素的 4f 轨道电子被 X 射线激发，变为光电子。4f 轨道产生能级分裂，$4f_{5/2}$ 和 $4f_{7/2}$ 能级的电子可以被激发，形成位置不同的 XPS 峰[62]。

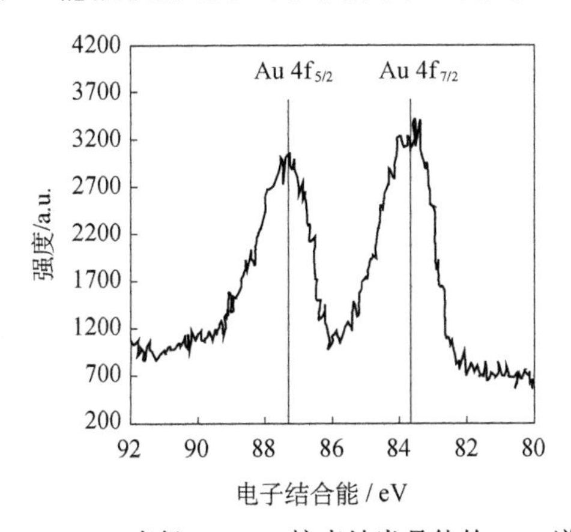

图 8-18　60 nm 直径 Pd@Au 核壳纳米晶体的 XPS 谱图[62]

图片引用经 American Chemical Society 授权

思 考 题

1. 简要说明电子束轰击样品时产生的二次电子、X 射线、俄歇电子的原理。
2. 扫描电子显微镜由哪些系统组成，各部分的作用是什么？
3. 透射电子显微镜与扫描电子显微镜的仪器构造有哪些相同和不同之处？
4. 简要说明扫描电子显微镜的主要应用。
5. 简要说明透射电子显微镜的主要应用。
6. 布拉格公式的物理意义是什么？测量晶体的 X 射线衍射谱图有哪些方式？
7. 简要说明 X 射线光电子能谱的检测原理和主要应用？

参考文献

[1] Zhang L，Ulstrup J，Zhang J. Voltammetry and molecular assembly of G-quadruplex DNAzyme on single-crystal Au(111)-electrode surfaces-hemin as an electrochemical intercalator. Faraday Discussions，2016，193：99-112.

[2] Kim J，Jeerapan I，Sempionatto J R，et al. Wearable bioelectronics：Enzyme-based body-worn electronic devices. Accounts of Chemical Research，2018，51：2820-2828.

[3] Lucio A J，Meyler R E P，Edwards M A，et al. Investigation of sp^2-carbon pattern geometry in Boron-doped diamond electrodes for the electrochemical quantification of hypochlorite at high concentrations. ACS Sensors，2020，5：789-797.

[4] Hu Y，Lu X. Rapid pomegranate juice authentication using a simple sample-to-answer hybrid paper/polymer-based lab-on-a-chip device. ACS Sensors，2020，5：2168-2176.

[5] Santos-Figueroa L E，Moragues M E，Climent E，et al. Chromogenic and fluorogenic chemosensors and reagents for anions. A comprehensive review of the years 2010—2011. Chemical Society Reviews，2013，42：3489-3613.

[6] Gokel G W，Leevy W M，Weber M E. Crown ethers: Sensors for ions and molecular scaffolds for materials and biological models. Chemical Reviews，2004，104：2723-2750.

[7] Dolman M，Mason A J，Sandanayake K，et al. Chromogenic reagents. Analyst，1996，121：1775-1778.

[8] Nakamura H，Takagi M，Ueno K. Photometric reagents for alkali metal ions，based on crown-ether complex formation：III. 4′-Picrylaminobenzo-15-crown-5 derivatives. Talanta，1979，26：921-927.

[9] Kaneda T，Sugihara K，Kamiya H，et al. Synthetic macrocyclic ligands. IV. Lithium ion-characteristic coloration of a “crowned” dinitrophenylazophenol. Tetrahedron Letters，1981，22：4407-4408.

[10] Kim J S，Shon O J，Ko J W，et al. Synthesis and metal ion complexation studies of proton-ionizable calix[4]azacrown ethers in the 1,3-alternate conformation. The Journal of Organic Chemistry，2000，65：2386-2392.

[11] Parker D. In Crown Compounds：Towards Future Applications. Cooper S R，ed. New York：VCH，1992：53.

[12] Li T，Wang E，Dong S. Potassium-lead-switched G-quadruplexes：A new class of DNA logic gates. Journal

of the American Chemical Society，2009，131：15082-15083.

[13] Li T，Wang E，Dong S. Lead(II)-induced allosteric G-quadruplex DNAzyme as a colorimetric and chemiluminescence sensor for highly sensitive and selective Pb^{2+} detection. Analytical Chemistry，2010，82：1515-1520.

[14] Li T，Wang E，Dong S. Parallel G-quadruplex-specific fluorescent probe for monitoring DNA structural changes and label-free detection of potassium ion. Analytical Chemistry，2010，82：7576-7580.

[15] Li T，Li B，Wang E，et al. G-quadruplex-based DNAzyme for sensitive mercury detection with the naked eye. Chemical Communications，2009，24：3551-3553.

[16] Huang C C，Chang H T. Parameters for selective colorimetric sensing of mercury(II) in aqueous solutions using mercaptopropionic acid-modified gold nanoparticles. Chemical Communications，2007，1215-1217.

[17] Lin C Y，Yu C J，Lin Y H，et al. Colorimetric sensing of silver(I) and mercury(II) ions based on an assembly of Tween 20-stabilized gold nanoparticles. Analytical Chemistry，2010，82：6830-6837.

[18] Chen L，Lou T T，Yu C W，et al. *N*-1-(2-Mercaptoethyl)thymine modification of gold nanoparticles：A highly selective and sensitive colorimetric chemosensor for Hg^{2+}. Analyst，2011，136：4770-4773.

[19] Chen L，Li J，Chen L. Colorimetric detection of mercury species based on functionalized gold nanoparticles. ACS Applied Materials & Interfaces，2014，6：15897-15904.

[20] Annadhasan M，Muthukumarasamyvel T，Babu V R S，et al. Green synthesized silver and gold manoparticles for colorimetric detection of Hg^{2+}，Pb^{2+}，and Mn^{2+} in aqueous medium. ACS Sustainable Chemistry & Engineering，2014，2：887-896.

[21] Fu R，Li T，Park H G. An ultrasensitive DNAzyme-based colorimetric strategy for nucleic acid detection. Chemical Communications，2009，5838-5840.

[22] Chen S，Hai X，Chen X-W，et al. *In situ* growth of silver nanoparticles on graphene quantum dots for ultrasensitive colorimetric detection of H_2O_2 and glucose. Analytical Chemistry，2014，86：6689-6694.

[23] Liu Y，Ding D，Zhen Y，et al. Amino acid-mediated 'turn-off/turn-on' nanozyme activity of gold nanoclusters for sensitive and selective detection of copper ions and histidine. Biosensors and Bioelectronics，2017，92：140-146.

[24] Feng J，Huang P，Shi S，et al. Colorimetric detection of glutathione in cells based on peroxidase-like activity of gold nanoclusters：A promising powerful tool for identifying cancer cells. Analytica Chimica Acta，2017，967：64-69.

[25] Jiang Y，Zhao H，Zhu N，et al. A simple assay for direct colorimetric visualization of trinitrotoluene at picomolar levels using gold nanoparticles. Angewandte Chemie International Edition，2008，47：8601-8604.

[26] Lee J-S，Ulmann P A，Han M S，et al. A DNA-gold nanoparticle-based colorimetric competition assay for the detection of cysteine. Nano Letters，2008，8：529-533.

[27] 于爱莲，王月丹，田喜凤，等. 病原生物与免疫学. 北京：北京大学医学出版社，2015.

[28] Wang Z F，Zheng S，Cai J，et al. Fluorescent artificial enzyme-linked immunoassay system based on Pd/C

nanocatalyst and fluorescent chemodosimeter. Analytical Chemistry，2013，85：11602-11609.

[29] Yang Y，Fan X，Li L，et al. Semiconducting polymer nanoparticles as theranostic system for near-infrared-II fluorescence imaging and photothermal therapy under safe laser fluence. ACS Nano，2020，14：2509-2521.

[30] Ortgies D H，de la Cueva L，del Rosal B，et al. *In vivo* deep tissue fluorescence and magnetic imaging employing hybrid nanostructures. ACS Applied Materials & Interfaces，2016，8：1406-1414.

[31] Wu S，Li A，Zhao X，et al. Silica-coated gold-silver nanocages as photothermal antibacterial agents for combined *anti*-infective therapy. ACS Applied Materials & Interfaces，2019，11：17177-17183.

[32] Hu L，Xu G. Applications and trends in electrochemiluminescence. Chemical Society Reviews，2010，39：3275-3304.

[33] Liu Z，Qi W，Xu G. Recent advanccs in electrochemiluminescence. Chemical Society Reviews，2015，44：3117-3142.

[34] Xia T，Gao Y，Zhang L，et al. Sensitive detection of caffeic acid and rutin via the enhanced anodic electrochemiluminescence signal of luminol. Analytical Sciences，2020，36：311-316.

[35] Gao W Y，Hui P，Qi L M，et al. Determination of copper(II) based on its inhibitory effect on the cathodic electrochemiluminescence of lucigenin. Microchimica Acta，2017，184：693-697.

[36] Liu X，Shi L，Niu W，et al. Environmentally friendly and highly sensitive Ruthenium(II) tris(2,2′-bipyridyl) electrochemiluminescent system using 2-(dibutylamino) ethanol as co-reactant. Angewandte Chemie International Edition，2007，46：421-424.

[37] Han S，Gao Y，Li L，et al. Synergistic enhancement effects of carbon quantum dots and Au nanoclusters for cathodic ECL and non-enzyme detections of glucose. Electroanalysis，2020，32：1155-1159.

[38] Chen Y，Xu J，Su J，et al. *In situ* hybridization chain reaction amplification for universal and highly sensitive electrochemiluminescent detection of DNA. Analytical Chemistry，2012，84：7750-7755.

[39] Hu L，Bian Z，Li H，et al. $[Ru(bpy)_2dppz]^{2+}$ Electrochemiluminescence switch and its applications for DNA interaction study and label-free ATP aptasensor. Analytical Chemistry，2009，81：9807-9811.

[40] Wu M-S，He L-J，Xu J-J，et al. RuSi@ $Ru(bpy)_3^{2+}$ /Au@Ag_2S Nanoparticles electrochemiluminescence resonance energy transfer system for sensitive DNA detection. Analytical Chemistry，2014，86：4559-4565.

[41] Qi W，Wu D，Zhao J，et al. Electrochemiluminescence resonance energy transfer based on $Ru(bpy)_3^{2+}$ - doped silica nanoparticles and its application in “Turnon” detection of ozone. Analytical Chemistry，2013，85：3207-3212.

[42] Wang S，Li C，Saqib M，et al. Quasi-photonic crystal light-scattering signal amplification of SiO_2-nanomembrane for ultrasensitive electrochemiluminescence detection of cardiac troponin I. Analytical Chemistry，2020，92：845-852.

[43] Lilja H，Ulmert D，Vickers A J. Prostate-specific antigen and prostate cancer：Prediction，detection and monitoring. Nature Reviews Cancer，2008，8：268-278.

[44] Krishnan S，Mani V，Wasalathanthri D，et al. Attomolar detection of a cancer biomarker protein in serum by

surface plasmon resonance using superparamagnetic particle labels. Angewandte Chemie-International Edition，2011，50：1175-1178.

[45] Wei F，Liao W，Xu Z，et al. Bio/abiotic interface constructed from nanoscale DNA dendrimer and conducting polymer for ultrasensitive biomolecular diagnosis. Small，2009，5：1784-1790.

[46] Sardesai N P，Barron J C，Rusling J F. Carbon nanotube microwell array for sensitive electrochemiluminescent detection of cancer biomarker proteins. Analytical Chemistry，2011，83：6698-6703.

[47] Cao J-T，Wang Y-L，Zhang J-J，et al. Immuno-electrochemiluminescent imaging of a single cell based on functional nanoprobes of heterogeneous $Ru(bpy)_3^{2+}$ SiO_2/Au nanoparticles. Analytical Chemistry，2018，90：10334-10339.

[48] Zhang L，Miranda-Castro R，Stines-Chaumeil C，et al. Heterogeneous reconstitution of the PQQ-dependent glucose dehydrogenase immobilized on an electrode：A sensitive strategy for PQQ detection down to picomolar levels. Analytical Chemistry，2014，86：2257-2267.

[49] Durand F，Limoges B，Mano N，et al. Effect of substrate inhibition and cooperativity on the electrochemical responses of glucose dehydrogenase. Kinetic characterization of wild and mutant types. Journal of the American Chemical Society，2011，133：12801-12809.

[50] Pollok N E，Rabin C，Walgama C T，et al. Electrochemical detection of NT-proBNP using a metalloimmunoassay on a paper electrode platform. ACS Sensors，2020，5：853-860.

[51] Kogan M R，Pollok N E，Crooks R M. Detection of silver nanoparticles by electrochemically activated galvanic exchange. Langmuir，2018，34：15719-15726.

[52] Rogers J A，Someya T，Huang Y. Materials and mechanics for stretchable electronics. Science，2010，327：1603-1607.

[53] Gao W，Emaminejad S，Nyein H Y Y，et al. Fully integrated wearable sensor arrays for multiplexed in situ perspiration analysis. Nature，2016，529：509-510.

[54] Xu H，Lu Y F，Xiang J X，et al. A multifunctional wearable sensor based on a graphene/inverse opal cellulose film for simultaneous，in situ monitoring of human motion and sweat. Nanoscale，2018，10：2090-2098.

[55] Kim J，Jeerapan I，Imani S，et al. Noninvasive alcohol monitoring using a wearable tattoo-based iontophoretic-biosensing system. ACS Sensors，2016，1：1011-1019.

[56] Lu Y，Jiang K，Chen D，et al. Wearable sweat monitoring system with integrated micro-supercapacitors. Nano Energy，2019，58：624-632.

[57] Sarma P V，Kayal A，Sharma C H，et al. Electrocatalysis on edge-rich spiral WS_2 for hydrogen evolution. ACS Nano，2019，13：10448-10455.

[58] Niu W X，Zhang L，Xu G B. Shape-controlled synthesis of single-crystalline palladium nanocrystals. ACS Nano，2010，4：1987-1996.

[59] Zhang L，Niu W X，Li Z Y，et al. Facile synthesis and electrochemil- uminescence application of concave trisoctahedral Pd@Au core-shell nanocrystals bound by {331} high-index facets. Chemical Communications，

2011，47：10353-10355.

[60] Zhang L，Niu W，Gao W，et al. Synthesis and electrocatalytic properties of tetrahexahedral，polyhedral，and branched Pd@Au core-shell nanocrystals. Chemical Communications，2013，49：8836-8838.

[61] Zhang L，Niu W，Xu G. Synthesis and applications of noble metal nanocrystals with high-energy facets. Nano Today，2012，7：586-605.

[62] Zhang L，Niu W，Gao W，et al. Synthesis of convex hexoctahedral palladium @gold core-shell nanocrystals with {431} high-index facets with remarkable electrochemiluminescence activities. ACS Nano，2014，8：5953-5958.

[63] Zhang L，Qi L，Gao W，et al. New electrochemiluminescence catalyst：Cu_2O Semiconductor crystal and the enhanced activity of octahedra synthesized by iodide ions coordination. Materials Research Express，2017，4：115021.

[64] Zhang L，Niu W，Xu G. Seed-mediated growth of palladium nanocrystals：The effect of pseudo-halide thiocyanate ions. Nanoscale，2011，3：678-682.

简写对照表

简写	全称	中文
Ab	antibody	抗体
AFM	atomic force microscope	原子力显微镜
AFP	alpha-fetoprotein	甲胎蛋白
Ag	antigen	抗原
APTES	3-aminopropyltriethoxysilane	3-氨基丙基三乙氧基硅烷
ATP	adenosine triphosphate	三磷酸腺苷
BPB	bromophenol blue	溴酚蓝
BSA	bovine serum albumin	牛血清蛋白
C	cytosine	4-氨基-2-羰基嘧啶（胞嘧啶）
CCD	charge coupled device	电感耦合器件
CD	circular dichroism	圆二色
CTnI	cardiac troponin I	心肌钙蛋白 I
DCPIP	2,6-dichlorophenolindophenol	2,6-二氯靛酚
DDTC	diethyldithiocarbamate	二乙基二硫代氨基甲酸酯
DMSO	dimethyl sulfoxide	二甲基亚砜
DNA	deoxyribonucleotide	脱氧核糖核苷酸
dsDNA	double-strand DNA	双链 DNA
E2	estradiol	雌激素
EC	external conversion	外转换
ECL	electrochemiluminescence	电化学发光
EDC	1-(3-dimethylaminopropyl)-3-ethylcarbodiimide hydrochloride	1-(3-二甲氨基丙基)-3-乙基碳二亚胺盐酸盐
EDS	energy dispersive spectrum	能量色散谱
EDTA	ethylene diamine tetraacetic acid	乙二胺四乙酸
ELISA	enzyme-linked immunosorbent assay	酶联免疫吸附测定法
FcMeOH	ferrocene methanol	甲醇基二茂铁
G	guanine	2-氨基-6-羟基嘌呤（鸟嘌呤）
G_4	G-quartet	G 四极子
GCE	glassy carbon electrode	玻碳电极

GDH	glucose dehydrogenase	葡萄糖脱氢酶
GFP	green fluorescence protein	绿色荧光蛋白
Gox	glucose oxidase	葡萄糖氧化酶
GQDs	graphene quantum dots	石墨烯量子点
hCG	human chorionic gonadotropin	人绒毛膜促性腺激素
hIgE	human immunoglobulin E	人免疫球蛋白 E
hIgG	human immunoglobulin G	人免疫球蛋白 G
HRP	horseradish peroxidase	辣根过氧化物酶
HSA	human serum albumin	人血清蛋白
IC	internal conversion	内转化
IDS	indigo carmine	靛蓝
Ig	immunoglobulin	免疫球蛋白
IL-8	protein interleukin-8	蛋白质细胞介素-8
ISC	intersystem conversion	系间窜越
ITO	indium tin oxide	氧化铟锡
Mb	myoglobin	肌红蛋白
MF	microfiltration	微滤
NF	nanofiltration	纳滤
NHS	*N*-hydroxy succinimide	*N*-羟基琥珀酰亚胺
NPs	nanoparticles	纳米粒子
PB	Prussian blue	普鲁士蓝
PCR	polymerase chain reaction	聚合酶链式反应
PDGF-BB	platelet-derived growth factor BB	血小板衍生生长因子 BB
PLGA	poly(lactic-*co*-glycolic acid)	聚乳酸-羟基乙酸共聚物
PMS	phenazine methosulfate	吩嗪硫酸甲酯
PP	polypropylene	聚丙烯
PQQ	pyrroloquinoline quinone	吡咯喹啉醌
PSA	prostate specific antigen	前列腺癌特异抗原
QDs	quantum dots	量子点
RNA	ribonucleic acid	核糖核酸
RO	reverse osmosis	反渗透
SECM	scanning electrochemical microscope	扫描电化学显微镜
SEM	scanning electron microscope	扫描电子显微镜
SPCE	screen-printed carbon electrode	丝网印刷石墨电极
SPM	scanning probe microscope	扫描探针显微镜
ssDNA	single-strand DNA	单链 DNA
STM	scanning tunneling microscope	扫描隧道显微镜
T	thymine	5-甲基尿嘧啶（胸腺嘧啶）
TEM	transmission electron microscope	透射电子显微镜

TEOS	tetraethoxysilane	四乙氧基硅烷
TMB	3,3′,5,5′-tetramethylbenzidine	3,3′,5,5′-四甲基联苯胺
TPA	tripropylamine	三丙基胺
Tris	tris(hydroxymethyl)aminomethane	三（羟甲基）氨基甲烷
UF	ultrafiltration	超滤
VR	vibration relaxation	振动弛豫
XPS	X-ray photoelectron spectrum	X 射线光电子能谱
XRD	X-ray diffraction	X 射线衍射